教育部高职高专煤化工专业规划教材编审委员会

主 任 委 员　郝临山
副主任委员　唐福生　薛利平　梁英华　张星明
委　　　员　（按姓氏汉语拼音排序）

白保平	陈启文	池永庆	崔晓立	段秀琴
谷丽琴	郭晓峰	郭玉梅	郝临山	何建平
李　刚	李聪敏	李红晋	李建锁	李丕明
李小兵	李云兰	梁英华	刘　军	刘永新
彭建喜	冉隆文	孙晓然	唐福生	田海玲
王家蓉	王荣青	王晓琴	王中惠	谢全安
许祥静	薛金辉	薛利平	薛士科	薛新科
阎建新	曾凡桂	张福仁	张现林	张星明
张子峰	赵晓霞	赵雪卿	朱银惠	朱占升

教育部高职高专规划教材

煤化工安全与环保

谢全安　薛利平　主编
孙晓然　　　　主审

化学工业出版社
教材出版中心
·北京·

图书在版编目（CIP）数据

煤化工安全与环保/谢全安，薛利平主编．—北京：化学工业出版社，2004.12（2022.4重印）
ISBN 978-7-5025-5754-6

Ⅰ.①煤… Ⅱ.①谢… ②薛… Ⅲ.①煤化工-安全生产-高等职业教育-教材②煤化工-环境保护-高等职业教育-教材 Ⅳ.①TQ53②X784

中国版本图书馆 CIP 数据核字（2022）第 037609 号

责任编辑：张双进　于　卉　　　　　　　　　装帧设计：潘　峰
责任校对：郑　捷

出版发行：化学工业出版社（北京市东城区青年湖南街13号　邮政编码100011）
印　　装：天津盛通数码科技有限公司
787mm×1092mm　1/16　印张12½　字数284千字　2022年4月北京第1版第11次印刷

购书咨询：010-64518888　　　　　　　　售后服务：010-64518899
网　　址：http://www.cip.com.cn
凡购买本书，如有缺损质量问题，本社销售中心负责调换。

定　价：21.00元　　　　　　　　　　　　　　　　　　　版权所有　违者必究

出版说明

　　高职高专教材建设工作是整个高职高专教学工作中的重要组成部分。改革开放以来，在各级教育行政部门、有关学校和出版社的共同努力下，各地先后出版了一些高职高专教育教材。但从整体上看，具有高职高专教育特色的教材极其匮乏，不少院校尚在借用本科或中专教材，教材建设落后于高职高专教育的发展需要。为此，1999年教育部组织制定了《高职高专教育专门课课程基本要求》（以下简称《基本要求》）和《高职高专教育专业人才培养目标及规格》（以下简称《培养规格》），通过推荐、招标及遴选，组织了一批学术水平高、教学经验丰富、实践能力强的教师，成立了"教育部高职高专规划教材"编写队伍，并在有关出版社的积极配合下，推出一批"教育部高职高专规划教材"。

　　"教育部高职高专规划教材"计划出版500种，用5年左右时间完成。这500种教材中，专门课（专业基础课、专业理论与专业能力课）教材将占很高的比例。专门课教材建设在很大程度上影响着高职高专教学质量。专门课教材是按照《培养规格》的要求，在对有关专业的人才培养模式和教学内容体系改革进行充分调查研究和论证的基础上，充分吸取高职、高专和成人高等学校在探索培养技术应用性专门人才方面取得的成功经验和教学成果编写而成的。这套教材充分体现了高等职业教育的应用特色和能力本位，调整了新世纪人才必须具备的文化基础和技术基础，突出了人才的创新素质和创新能力的培养。在有关课程开发委员会组织下，专门课教材建设得到了举办高职高专教育的广大院校的积极支持。我们计划先用2~3年的时间，在继承原有高职高专和成人高等学校教材建设成果的基础上，充分汲取近几年来各类学校在探索培养技术应用性专门人才方面取得的成功经验，解决新形势下高职高专教育教材的有无问题；然后再用2~3年的时间，在《新世纪高职高专教育人才培养模式和教学内容体系改革与建设项目计划》立项研究的基础上，通过研究、改革和建设，推出一大批教育部高职高专规划教材，从而形成优化配套的高职高专教育教材体系。

　　本套教材适用于各级各类举办高职高专教育的院校使用。希望各用书学校积极选用这批经过系统论证、严格审查、正式出版的规划教材，并组织本校教师以对事业的责任感对教材教学开展研究工作，不断推动规划教材建设工作的发展与提高。

教育部高等教育司
2001年4月3月

前　言

　　煤化工主要包括煤的焦化、气化及液化等生产过程，煤化工生产存在着火灾爆炸、中毒、电击触电、机械伤害、高处坠落、高温烫伤等事故，因而煤化工安全生产具有非常重要的地位，煤化工专业的学生必须掌握炼焦工艺、化产回收与精制、气化工艺等过程的安全生产技术与管理知识，保证安全生产。

　　煤化工生产过程产生大量的废水、烟尘、废渣，对环境造成很大的污染，学生只有了解"三废"的危害，掌握其治理措施，才能在今后的生产、管理、设计及研究等工作中自觉地把环境污染控制放在首位。

　　煤化工生产中存在着毒物、粉尘、高温、噪声、振动等许多威胁职工健康的职业卫生问题，煤化工专业的学生应掌握这些职业危害的防护措施，防止职业病的发生。

　　煤化工安全与环保是相互联系的，如煤化工生产过程产生的烟尘既是毒物又是废气污染，噪声既可归入环境污染，也可归入职业卫生的内容，而煤化工企业的安全及环保管理通常是一个部门。因此，教材将安全与环保内容融在一起。

　　全书共分十章。河北理工大学谢全安任主编并编写第四、八、九章，山西综合职业技术学院工贸分院薛利平任主编并编写第一章，山西工业职业技术学院谷丽琴任副主编并编写第三、十章，太原科技大学段秀琴编写第二、六章，山西工业职业技术学院李云兰编写第五、七章，全书由谢全安负责统稿，河北理工大学孙晓然担任本书的主审。

　　由于编者水平有限，书中错误及不妥之处在所难免，敬请广大读者批评指正。

编者

2004 年 8 月

目 录

第一篇 煤化工安全技术

第一章 安全生产概论 … 3
第一节 煤化工安全生产的重要性 … 3
一、煤化工生产的特点 … 3
二、安全生产的重要性 … 3
第二节 煤化工企业的安全管理 … 4
一、安全生产的基本任务 … 4
二、安全生产管理的基本原则 … 5
三、安全生产的管理措施 … 5
四、安全生产的管理制度 … 7

第二章 备煤与炼焦安全技术 … 13
第一节 备煤安全技术 … 13
一、备煤生产的安全特性及常见事故 … 13
二、煤的贮存安全 … 13
三、备煤机械设备安全 … 14
第二节 炼焦安全技术 … 17
一、炼焦生产的安全特性及常见事故 … 17
二、焦炉机械伤害事故及其预防 … 18
三、焦炉坠落事故及其预防 … 20
四、焦炉烧、烫伤害事故及其预防 … 21
五、煤气事故及其预防 … 22
六、焦炉触电事故及其预防 … 24
七、其他安全防护措施 … 25
第三节 焦炉砌筑、烘炉、开工安全技术 … 25
一、砌筑安全技术 … 25
二、烘炉安全技术 … 26
三、开工生产安全技术 … 29

第三章 化产回收与精制安全技术 … 30
第一节 防火防爆技术 … 30
一、燃烧 … 30
二、爆炸 … 31
三、焦化生产中火灾、爆炸的危险性 … 32
四、防火防爆措施 … 33

五、消防安全 …………………………………………………………… 35
　第二节　电气安全技术 ……………………………………………………… 38
　　　一、用电安全技术 ………………………………………………………… 38
　　　二、电气防火防爆 ………………………………………………………… 40
　　　三、静电防护技术 ………………………………………………………… 42
　　　四、防雷技术 ……………………………………………………………… 44
　第三节　检修安全技术 ……………………………………………………… 46
　　　一、检修的分类及安全检修的重要性 …………………………………… 46
　　　二、检修作业管理 ………………………………………………………… 47
　　　三、停车检修前的安全处理 ……………………………………………… 47
　　　四、检修作业中的安全技术措施 ………………………………………… 48
　第四节　化产回收与精制安全措施 ………………………………………… 49
　　　一、化产回收安全措施 …………………………………………………… 49
　　　二、粗苯加工安全措施 …………………………………………………… 51
　　　三、焦油加工安全措施 …………………………………………………… 52
　　　四、机械设备安全 ………………………………………………………… 53
第四章　气化安全技术 …………………………………………………………… 56
　第一节　发生炉煤气生产与净化安全 ……………………………………… 56
　　　一、煤气发生站的区域布置和厂房建筑的安全要求 …………………… 56
　　　二、发生炉的安全 ………………………………………………………… 57
　　　三、电捕焦油器 …………………………………………………………… 57
　　　四、洗涤塔 ………………………………………………………………… 58
　第二节　水煤气生产与净化安全 …………………………………………… 58
　　　一、区域布置和厂房建筑的安全要求 …………………………………… 58
　　　二、U.G.I型水煤气发生炉的安全 ……………………………………… 59
　　　三、电除尘器 ……………………………………………………………… 61
　　　四、废热锅炉 ……………………………………………………………… 62
　第三节　煤气输配安全 ……………………………………………………… 63
　　　一、煤气的组成与分类 …………………………………………………… 63
　　　二、煤气管道安全 ………………………………………………………… 63
　　　三、煤气设备与管道附属装置安全 ……………………………………… 68
　　　四、煤气管道故障处理 …………………………………………………… 70
　第四节　煤气贮存安全 ……………………………………………………… 71
　　　一、煤气柜的工作原理和流程 …………………………………………… 71
　　　二、气柜常见事故的预防措施 …………………………………………… 71
　　　三、开、停车操作要点 …………………………………………………… 72
　　　四、置换操作要点 ………………………………………………………… 72
　　　五、湿式煤气柜发生危险的原因及防火防爆措施 ……………………… 73
　第五节　煤气设施的操作安全 ……………………………………………… 73

一、正压操作 …………………………………………………………… 73
　　二、煤气的供入 ………………………………………………………… 73
　　三、停产与开工 ………………………………………………………… 74

第二篇　煤化工环境保护

第五章　环境保护概论 …………………………………………………… 77
第一节　环境与环境问题 ………………………………………………… 77
　　一、环境 …………………………………………………………………… 77
　　二、环境问题 ……………………………………………………………… 77
　　三、环境科学 ……………………………………………………………… 80
第二节　中国环境保护的政策 …………………………………………… 81
　　一、环境保护的基本方针与对策 ………………………………………… 81
　　二、有关的环保法规与标准 ……………………………………………… 81
第三节　煤化工环境污染与防治对策 …………………………………… 82
　　一、煤化工环境污染 ……………………………………………………… 82
　　二、煤化工污染防治对策 ………………………………………………… 83

第六章　煤化工废水污染和治理 ………………………………………… 86
第一节　煤化工废水来源与危害 ………………………………………… 86
　　一、煤化工废水来源及特性 ……………………………………………… 86
　　二、煤化工污水的危害 …………………………………………………… 88
第二节　废水处理基本方法 ……………………………………………… 89
　　一、物理处理方法 ………………………………………………………… 89
　　二、物理化学处理方法 …………………………………………………… 91
　　三、生物化学处理方法 …………………………………………………… 94
　　四、化学处理方法 ………………………………………………………… 97
第三节　煤化工废水处理工程实例 ……………………………………… 98
　　一、废水处理一般工艺 …………………………………………………… 98
　　二、气化废水处理工程实例 ……………………………………………… 99
　　三、焦化废水处理工程实例 ……………………………………………… 100
第四节　焦化废水污染防治的对策和措施 ……………………………… 102
　　一、制定污染防治规划 …………………………………………………… 102
　　二、实施清洁生产减少污水排放 ………………………………………… 102
　　三、废水循环利用 ………………………………………………………… 103
　　四、加强管理，提高人员素质，减少排污 ……………………………… 103
　　五、开发先进适用环保技术，搞好末端治理 …………………………… 103

第七章　煤化工烟尘污染和治理 ………………………………………… 104
第一节　煤化工烟尘的来源 ……………………………………………… 104
　　一、焦化生产烟尘的产生 ………………………………………………… 104
　　二、气化生产烟尘的产生 ………………………………………………… 106

第二节　烟尘控制的原理 ··· 107
　　　　一、除尘装置的性能 ··· 107
　　　　二、除尘装置的工作原理 ··· 109
　　第三节　炼焦生产的烟尘控制 ··· 116
　　　　一、装煤的烟尘控制 ··· 116
　　　　二、推焦的烟尘控制 ··· 119
　　　　三、熄焦的烟尘控制 ··· 121
　　　　四、焦炉连续性烟尘的控制 ·· 123
　　　　五、煤焦贮运过程的粉尘控制 ·· 124
　　第四节　化产回收与精制的气体污染控制 ·· 125
　　　　一、回收车间污染气体控制 ·· 125
　　　　二、精制车间污染气体控制 ·· 128
　　第五节　气化过程的烟尘控制 ··· 132
　　　　一、气化过程控制煤气的泄漏 ·· 132
　　　　二、煤气站循环冷却的废气治理 ··· 132
　　　　三、吹风阶段排出吹风气时废气的治理 ·· 132
　　　　四、改革气化的工艺和设备 ·· 133
　第八章　煤化工废液废渣的处理与利用 ··· 134
　　第一节　煤化工废液废渣的来源 ·· 134
　　　　一、焦化生产废液废渣的来源 ·· 134
　　　　二、气化生产过程的废渣 ··· 137
　　第二节　焦化废渣的利用 ··· 138
　　　　一、焦油渣的利用 ·· 138
　　　　二、酸焦油的利用 ·· 139
　　　　三、再生酸的利用 ·· 141
　　　　四、洗油再生残渣的利用 ··· 142
　　　　五、酚渣的利用 ··· 142
　　　　六、脱硫废液处理 ·· 143
　　　　七、污泥的资源化 ·· 144
　　第三节　气化废渣的利用 ··· 147
　　　　一、筑路 ··· 147
　　　　二、用于循环流化床燃烧 ··· 147
　　　　三、建材 ··· 147
　　　　四、化工 ··· 149
　　　　五、轻金属 ·· 149

第三篇　煤化工职业卫生

第九章　煤化工职业危害与防护 ·· 153
　　第一节　毒物的危害与防护 ·· 153

一、职业中毒分类及特点 …………………………………………………… 153
　　二、常见毒物性质及危害 …………………………………………………… 154
　　三、中毒急救 ………………………………………………………………… 158
　　四、毒物泄露处置 …………………………………………………………… 158
　　五、预防措施 ………………………………………………………………… 159
　第二节　粉尘的危害与防护 …………………………………………………… 159
　　一、粉尘的种类 ……………………………………………………………… 159
　　二、粉尘的危害 ……………………………………………………………… 160
　　三、粉尘的防护 ……………………………………………………………… 160
　第三节　高温辐射的危害与防护 ……………………………………………… 161
　　一、高温中暑 ………………………………………………………………… 161
　　二、高温辐射的危害 ………………………………………………………… 161
　　三、防止高温辐射的措施 …………………………………………………… 161
　第四节　噪声的危害与防护 …………………………………………………… 162
　　一、声音的物理量 …………………………………………………………… 162
　　二、噪声的来源及分类 ……………………………………………………… 163
　　三、噪声的危害 ……………………………………………………………… 164
　　四、噪声控制 ………………………………………………………………… 164
　第五节　振动的危害与防护 …………………………………………………… 167
　　一、振动及其类型 …………………………………………………………… 167
　　二、振动的危害 ……………………………………………………………… 167
　　三、振动对人体影响的因素 ………………………………………………… 167
　　四、振动控制 ………………………………………………………………… 167
　第六节　电磁辐射危害与防护 ………………………………………………… 169
　　一、非电离辐射的危害与防护 ……………………………………………… 169
　　二、电离辐射的危害与防护 ………………………………………………… 171

第十章　职业卫生设施与个人防护 ……………………………………………… 173
　第一节　职业卫生设施 ………………………………………………………… 173
　　一、暖通空调设施 …………………………………………………………… 173
　　二、采光与照明设施 ………………………………………………………… 175
　　三、辅助设施 ………………………………………………………………… 175
　第二节　个人防护用品 ………………………………………………………… 176
　　一、头部、面部的防护 ……………………………………………………… 176
　　二、呼吸器官的防护 ………………………………………………………… 177
　　三、眼部的防护 ……………………………………………………………… 180
　　四、听觉器官的防护 ………………………………………………………… 180
　　五、手臂的防护 ……………………………………………………………… 181
　　六、足部的防护 ……………………………………………………………… 181
　　七、躯体的防护 ……………………………………………………………… 182

八、皮肤的防护……………………………………………………… 183
　　九、防坠落用具…………………………………………………… 184
附录 ……………………………………………………………………… 185
　　附录1　焦化厂主要生产场所火灾危险性分类……………………… 185
　　附录2　焦化厂主要爆炸危险场所等级……………………………… 185
　　附录3　作业场所空气中有毒气体最高容许浓度…………………… 186
参考文献 ………………………………………………………………… 187

第一篇
煤化工安全技术

在煤化工生产过程中，由于生产的性质和特点，存在很多不安全因素，若设计不当、安装不好、操作失误、设备未定期维修，生产管理不科学、不合理，不遵守劳动保护安全技术生产规程，就很有可能发生燃烧、爆炸、中毒、机械伤害等事故。但任何事物都是一分为二的，只要认真贯彻执行党的安全生产方针，牢固树立安全生产观点，掌握安全技术，在实际生产中又能切实注意和解决安全生产技术方面的问题，严格执行各项安全技术规程和制度，按科学办事，事故就可以避免，就能够实现文明、安全生产。

第一篇
集体工安全技术

第一章　安全生产概论

第一节　煤化工安全生产的重要性

一、煤化工生产的特点

煤化工是以煤为原料经化学加工使煤转化为气体、液体和固体燃料以及化学产品的过程。从煤加工过程区分，煤化工包括煤的干馏（含炼焦和低温干馏）、煤的气化、煤的液化和合成化学产品等。

煤化工生产除了化工生产共有的特点之外，又具有其特殊性，其特点如下。

1. 易燃易爆易中毒的物质多

煤化工生产中有许多成品、半成品、副产物为化学危险品，如生产中的煤气、氨气、粗苯等与氧或空气混合达到一定比例时，遇到火源或一定的温度，就可能燃烧和爆炸；而生产过程中的一氧化碳、硫化氢、氨、苯、酚等物质能使人中毒。

2. 高温露天作业粉尘烟气多

焦炉在高温下炼焦，而且处于露天，高温作业易于烧伤烫伤和夏季中暑，焦炉和气化炉在生产过程中都产生大量的粉尘和烟气，烟气中含有许多有害物质如：苯并[a]芘（BaP）、SO_2、NO_x、H_2S、CO 和 NH_3 等，既危害职工健康，又造成环境污染。

3. 生产工艺的条件苛刻

高温炼焦，必须在隔绝空气的条件下，使焦饼中心温度高达 950～1050℃，才能形成焦炭，并有利于化学产品的生成。在化学产品的回收过程中，化工设备和机械较多，这些设备如果防护装置失灵、操作失误或违章作业，都有可能引起严重的后果。

煤的气化需在高温下进行，有些还需加压才能气化。煤的直接液化，需高压高温加氢，压力达 30MPa，温度 400～450℃，才有利于人造石油的生成。

4. 生产规模的大型化和生产过程的自动化

近 20 年来，煤化工生产装置规模大型化发展迅速。以炼焦为例，炼焦炉炭化室高由 4m 左右增到 6～8m，长由 13m 左右增到 16～17m，每孔炭化室的容积由 $25m^3$ 左右增加到 $50m^3$ 左右，每孔炉一次装煤量由 20t 增到 40t。生产规模的大型化促使焦炉生产的自动化水平不断提高，生产过程的自动化，必须有大量的机械设备协同工作，因此煤化工生产具有行动设备、运输车辆、机械、电气设备较多的特点。

二、安全生产的重要性

安全是指客观事物的危险程度能够为人们普遍接受的状态，也就是说安全是不存在能够导致人身伤害和财产损失的状态，然而这种状态实际上是没有的。自古以来，哪里有生产活动，哪里就存在危险（危及人身健康和财产损失）的因素。由于煤化工生产具有易燃、易爆、易中毒、高温、易发生机械伤害等特点，因而较其他部门有更大的危险性，因此煤化工生产的安全具有特殊的重要性，必须要加强安全生产。

1. 安全是生产的前提条件

由于煤化工生产的特点，接触高温、粉尘、毒物、噪声的岗位多，有较多的易燃易爆物质，生产流程复杂，加热煤气管线导致设施复杂的环境，中国尚有一些煤化工企业技术装备水平不高等形成了多种不安全因素。爆炸、急慢性中毒、各种人身和设备事故屡有发生，职业病的发病率也较多，给职工生命和国家财产带来很大威胁。随着生产技术的发展和生产规模的大型化，安全生产已成为社会问题。因为一旦发生火灾和爆炸事故，就会造成生产链中断，使生产力下降，而且还会造成人身伤亡，产生无法估量的损失和难以挽回的影响。例如，1975年1月28日，某市化工四厂苯罐发生爆炸，死亡6人，轻伤8人，经济损失4.9万元。是日，该厂二号罐内存有苯540kg，三号罐内存有苯约800kg。8时20分，6名操作人员在三号罐进行分盐操作，但在分盐操作时，操作人员私自打开加热阀门，之后又在忘记关阀门的情况下脱离岗位，致使348kg苯喷出，21时30分遇明火爆炸，致使人员伤亡，883m² 的车间被摧毁。

2. 安全生产是煤化工生产发展的关键

设备规模的大型化，生产过程的连续化，过程控制自动化，是煤化工生产的发展方向，但要充分发挥现代化工生产的优越性，必须实现安全生产，确保设备长期、连续、安全运行，否则就会有一定损失。以炼焦为例，如58-Ⅰ型焦炉停产一天，就会少产大约200t焦炭，同时影响后面工段的回收利用。开停车越频繁，经济损失就越大，同时失去了设备大型化的优越性，使设备受损，事故发生的可能性增大。例如，1990年12月11日上午，某焦化厂的10多名职工头戴防毒面具，按计划和煤气操作规程要求正在对焦化厂一号焦炉回炉煤气管道（ϕ600）进行封存，12时10分，煤气作业工打开焦炉煤气管道法兰作业时，逸出的大量煤气迅速向正在生产的二号焦炉蔓延，恰逢二号焦炉有一孔炭化室炉门缝隙处突然喷出明火，导致充满焦炉煤气的作业区爆燃，作业区（一号焦炉地下室走廊）顿时成了一片火海，已经炸开的管道法兰口处烈焰翻腾，焦炉煤气管道直往外喷气，火焰高达四五米。消防部门奋战近3h才将肆虐的火魔制服。

上述一些实例充分说明，离开安全生产这一前提条件，煤化工企业的生产就不能正常进行，更谈不上发展。因此，安全生产成为煤化工生产发展的关键问题。必须树立"安全第一，预防为主"的思想，贯彻"管生产必须同时管安全"的原则，生产必须安全，安全才能促进生产。

第二节 煤化工企业的安全管理

一、安全生产的基本任务

安全生产的任务归纳起来有两条：其一，在生产过程中保护职工的安全和健康防止工伤事故和职业性危害;其二,在生产过程中防止其他各类事故的发生,确保生产装置的连续、正常运转,保护企业财产不受损失。

安全生产工作包括安全管理和安全技术两方面。

安全管理的主要内容是为贯彻执行国家和上级有关安全生产的法律、法规、规范、规程、条例、标准和命令,确保安全而确定的一系列组织措施。如建立和健全安全组织机构,制定和完善安全管理制度,编制和实施安全措施计划,进行安全宣传教育,组织安全检查,开展安全竞赛以及评比总结,奖励处分等。

安全技术的基本内容包括以下几个方面。

① 预防工伤事故和其他各类事故的安全技术。如防火防爆、化学危险品贮运、锅炉压力容器、电气设备、人体防护等的安全技术,以及装置安全评价、事故数理统计等。

② 预防职业性伤害的安全技术。如防尘、防毒、通风采暖、照明采光、噪声治理、振动消除、放射性防护、现场急救等。

③ 制定和完善安全技术规定、规范、条例和标准。

二、安全生产管理的基本原则

1. 生产必须安全

从一个国家到一个企业都必须保护人民的利益。企业生产的最终目的,就是造福于人民。因此,实现安全生产,保护职工在生产劳动过程中的安全和健康,便成了企业管理的一项基本原则。

人类要生存和发展必须进行生产劳动,生产劳动中必然存在着各种不安全、不卫生的因素,如果不予以重视,随时可能发生各种事故和职业病。实现安全生产,保护劳动者的安全、健康,是中国现代化建设的客观要求。同时也是关心和爱护群众的具体体现。实现安全生产,更有利于调动职工积极性,充分发挥他们的才智,促进生产力发展。

2. 安全生产、人人有责

安全生产是一项综合性工作,必须贯彻专业管理和群众管理相结合的原则,在充分发挥专职安全技术人员和安全管理人员的骨干作用同时,充分调动和发挥全体职工的安全生产积极性。实现"全员、全过程、全方位、全天候"的安全管理和监督。同时还要建立健全各种安全生产责任制、岗位安全技术操作规程等安全规章制度。加强政治思想工作和经常性的监督检查。

3. 安全生产、重在预防

这是对安全工作提出的更高层次的要求。以往由于人们对客观事物的认识不够深刻,往往是发生事故之后,再调查原因,采取措施,始终处于被动地位。现代化的化工生产及高度发达的科学技术,要求而且也能够做到防患于未然。这就要加强对职工的安全教育和技术培训。提高职工的技术素质,组织各种安全检查,完善各种检测手段,及时掌握生产装置及环境的变化,及时发现隐患,防止事故的发生。

三、安全生产的管理措施

1. 严格执行安全生产法律、法规

国家和行业安全监察部门颁布的如《中华人民共和国安全生产法》、《中华人民共和国消防法》、《中华人民共和国劳动法》、《中华人民共和国职业病防治法》、《焦化安全规程》(GB 12710—91)、《工业企业煤气安全规程》(GB 6222—86)、《建筑设计防火规范》(GB 50016—2003)、《化工企业安全卫生设计规定》(HG 20571—1995)、《生产设备安全卫生设计总则》(GB 5083—1999)、《安全生产四十一条禁令》等安全生产法律、法规和标准一定要严格执行。

2. 制定并贯彻执行各项安全管理制度

根据国家颁布的有关安全规定，结合本单位的生产特点，建立安全生产责任制，做到安全工作有制度、有措施、有布置、有检查，责任分明；抓好安全教育；开展安全检查活动；加强事故管理。

3. 搞好安全文明检修

机械设备检修时必须严格执行各项检修安全技术规程，办理检修任务书、许可证、动火证、工作票等手续。做到器具齐全、安全可靠、文明检修。车间、班组安全员，在生产、检修过程中，应认真检查《安全生产四十一条禁令》的执行情况，杜绝一切事故的发生。

4. 加强防火防爆管理

对所有易燃易爆物品及易引起爆炸危险的过程和设备，都必须严格管理，积极采取先进的防火、灭火技术，大力开展安全防火教育和灭火技术训练，加强防火检查和灭火器材的管理，防止发生火灾爆炸事故。

5. 加强防毒防尘管理

配置相应的劳动保护和安全卫生设施，认真做好防毒、防尘工作。要做到全面规划，因地制宜，采取综合治理措施，消除尘毒危害，不断改善劳动条件，保护职工的安全健康，实现安全、文明生产。要限制有毒有害物质的生产和使用。杜绝跑、冒、滴、漏，防止粉尘、毒物的泄漏和扩散，保持作业场所符合国家规定的卫生标准；采取有效的卫生和防护措施，定期进行监测和体检。

6. 加强危险物品的管理

对于易燃易爆、腐蚀、有毒害的危险物品的管理，应严格执行《爆炸物品管理规则》、《化学危险物品贮存管理暂行办法》、《化学易燃物品防火管理规则》、《危险货物运输规则》等规定。危险品生产或使用中的废气、废水、废渣的排放，必须符合国家《工业企业设计卫生标准》和《三废排放标准》的规定。

7. 配置安全装置和加强防护器具的管理

煤化工生产具有高温、易燃易爆、有毒有害物质多、生产连续和生产方法多样等特点，为了保证安全生产，必须配备安全装置和加强防护器具的管理。

在现代化工业生产中的安全装置有：温度、压力、液面超限的报警装置；安全联锁装置；事故停车装置；高压设备的防爆泄压装置；低压真空的密闭装置；防止火焰传播的隔绝装置；事故照明安全疏散装置；静电和避雷防护装置；电气设备的过载保护装置以及机械运转部分的防护装置等。对于上述安全装置必须加强维护，保证灵敏好用。

对于个人防护器具，如安全帽、安全带、安全网、防护面罩、过滤式防毒面具、氧气呼吸器、防护眼镜、耳塞、防毒防尘口罩、特种手套、防护工作服、防护手套、绝缘手套和绝缘胶靴等，也需要妥善保管并会正确使用。

四、安全生产的管理制度

煤化工企业必须严格执行国家和行业安全监察部门颁布的有关安全生产法律、法规和规程、标准。同时必须建立符合本单位特点的安全管理制度。煤化工企业的安全管理制度有安全生产责任制、安全教育制度、安全检查制度、安全技术措施计划管理制度、事故管理制度等。

这些制度是多年来安全生产经验教训的积累和总结,是煤化工生产必须遵守的法规。同时在不断发展的生产过程中,这些规章制度也会不断完善和充实,从而不断提高煤化工生产的安全生产技术和管理水平。下面就几个管理制度作较详细的说明。

1. 安全生产责任制

安全生产责任制是根据"安全生产,人人有责"的原则,有岗必有责。企业的每一个职工都必须在自己的岗位上认真履行各自的安全职责,实现全员安全生产责任制。

(1) 企业行政领导的安全职责　企业法人是本企业安全生产的第一责任人,对企业的安全生产工作全面负责,要"为官一方,保一方平安"。企业的领导要严格贯彻执行国家关于安全生产的方针、政策、法律、法规和各项规章制度;亲自主持并批准安全生产规划、计划,确定本单位的安全生产目标;亲自主持并批准重大安全技术措施和隐患治理计划,确保安全生产资金的投入,不断改善劳动条件。

按照"管生产必须管安全"的原则,主管生产的副厂长负责安全生产的具体管理工作。总工程师在技术上对本企业的安全生产工作全面负责。其他副职领导,按着"谁主管谁负责"的原则,在分管的业务范围内对本系统的安全工作负责。

(2) 职能处(科)室的安全职责　企业各职能处(科)室都要根据业务管理范围,搞好所管辖单位及具体业务中的安全工作,制定具体的安全生产责任制。

(3) 工会的安全监督职责　工会组织应依法对企业的安全生产进行监督,维护职工合法权益,保护职工的安全与健康。企业负责人应定期向职工代表大会报告企业安全生产情况,接受工会及职工的监督。工会组织应参加企业的安全检查和事故调查、处理及善后工作;关心职工劳动条件的改善;要把职业安全卫生工作列入工作议题;协助安全部门搞好安全劳动竞赛、合理化建议活动和安全教育培训;支持厂长关于安全生产的奖惩,开展安全生产的宣传工作。

(4) 车间干部与安全技术员　根据"安全生产,人人有责"的原则,车间主任对本车间的安全生产全面负责。保证国家和企业安全生产法令、规定、指示和有关规章制度在本车间的贯彻执行;把职业安全卫生工作列入议事日程,做到"五同时";组织制定并实施车间的安全管理规定、安全技术操作规程和安全技术措施计划;开展安全教育、培训和考核;坚持安全检查;开展班组安全活动;发挥车间安全管理网的安全人员的作用。

车间及班组安全技术员,在车间主任或班长的领导下负责车间或班组的安全技术工作,在业务上接受厂安全监督部门的指导,有权向上级安全监督部门汇报工作;负责或参与制定、修改有关安全生产管理制度和安全技术规程;负责车间或班组一级的安全教育,组织安全活动;负责对消防器材和设施的管理;深入现场检查,发现隐患及时整改;制止违章作业,在紧急情况下对不听劝阻者,可停止其工作,并立即报请领导处理;检查落实动火措施,确保动火安全;参加车间(班组)各类事故的调查处理,负责统计分析,及时上报；健全安全管理基础资料。

（5）生产操作人员　生产操作人员要认真学习和严格遵守各项规章制度，遵守劳动纪律，不违章作业，对本岗位的安全生产负直接责任；生产操作人员应精心操作，严格执行工艺规程和操作规程，做好记录；交接班必须交接安全情况，并为接班者创造良好的安全生产条件；认真进行巡回检查，发现异常情况，正确判断，及时处理，把事故消灭在萌芽状态；发生事故时要及时上报，妥善处理，保护现场，做好记录；维护设备及作业环境卫生，按规定着装及佩戴劳动保护用品，正确使用防护用具及灭火器材；有权拒绝违章作业的指令，对他人违章作业加以劝阻和制止。

2. 安全教育制度

根据国家《劳动法》和原劳动部《企业职工职业安全卫生教育管理规定》，企业必须经常开展职业安全卫生教育（简称安全教育）。企业安全教育由安全部门和人事部门实施。对象是全体职工，以及进入企业作业的外单位施工人员和实习人员。

（1）企业领导的安全教育　企业领导包括在职的正副厂长、经理都要参加由行业管理安全部门组织的安全教育培训班，并经考核合格取证。新上任的正副厂长和经理，要先培训，后上岗。安全教育的内容有：

① 国家及行业管理部门有关职业安全卫生的方针、政策、法律、法规和规章制度；

② 工伤保险法律、法规；

③ 安全生产管理职责、企业职业安全卫生管理知识及安全环保知识；

④ 有关事故案例及事故应急处理措施等。

（2）企业安全处（科）长及安全技术管理人员的安全教育　企业的安全处（科）长，必须参加培训，持证上岗。新上任的安全处（科）长要先进行培训，取得上岗资格证书后方能上岗。企业安全技术管理人员，必须经过安全教育并经考核合格后方能任职。安全教育内容包括：

① 国家及行业管理部门的有关职业安全卫生的方针、政策、法律、法规，有关职业安全卫生标准和工伤保险的法律、法规；

② 企业安全生产管理、安全技术、职业卫生知识，环保知识；

③ 火灾、爆炸基本知识，压力容器安全管理知识，电气知识；

④ 有关事故案例及事故应急处理措施。

（3）企业其他管理部门和车间负责人的安全教育　企业各职能部门负责人、基层单位负责人、车间负责人、专业工程技术人员和班组长，按其管理权限逐级组织安全教育，经考核合格后方可任职。安全教育内容包括：

① 职业安全卫生法律、法规；

② 安全技术、职业卫生及环保知识；

③ 本企业、本岗位（班组）的危险危害因素、安全注意事项，本岗位的安全生产职责；

④ 典型事故案例及事故抢救与应急处理措施，消防和救护器材的使用等。

（4）生产岗位职工的安全教育　所有新入厂职工（包括学徒工、外单位调入职工、合同工、代培人员和大中专院校实习生）上岗前必须进行厂级、车间级和班组级的三级安全教育。

① 厂级安全教育。厂级安全教育由企业安全部门会同劳资、人事部门组织实施，教育内容为国家有关安全生产法令、法规和职业安全卫生法律、法规；通用安全技术和职业卫生基本知识，包括一般机械、电气安全知识、消防知识和气体防护常识等；本企业安全生产的一般状况、工厂性质、安全生产的特点和特殊危险部位介绍；本行业及本企业的安全生产规章制度和企业的劳动纪律、操作纪律、工艺纪律、施工纪律和工作纪律；典型事故案例及其教训，预防事故的基本知识。

② 车间级安全教育。车间级安全教育由车间负责人组织实施，教育内容为本车间的生产概况，安全卫生状况；本车间主要危险危害因素及安全事项，安全技术操作规程和安全生产制度；安全设施、工具、个人防护用品、急救器材及其性能和使用方法，预防事故和职业病的主要措施等；典型事故案例及事故应急处理措施。新职工经车间级安全教育并考核合格，再分配到班组。

③ 班组安全教育。班组安全教育由班组长组织实施，教育内容为班组、岗位的安全生产概况，本岗位的生产流程及工作特点和注意事项；本岗位的职责范围和应知应会的内容；本岗位安全操作规程，岗位间衔接配合的安全卫生事项；本岗位预防事故及灾害的措施，安全防护设施的性能、作用、使用和操作方法，个人防护用品的保障及使用方法；典型事故案例。

企业新职工应按规定通过三级安全教育并经考核合格后方可上岗。职工厂际调动后必须重新进行入厂三级教育；厂内工作调动，干部顶岗劳动以及脱离岗位6个月以上者，应进行车间和班组两级安全教育，经考试合格后，方可从事新岗位工作。

(5) **特殊安全教育** 从事电气、锅炉、放射、压力容器、金属焊接、起重、车辆（船舶）驾驶、爆破等特殊工种的作业人员，必须由企业有关部门与当地政府主管部门组织进行专业安全技术教育，经考试合格，取得特殊作业操作证，方可上岗工作。特种作业人员应按当地劳动部门的有关规定，定期参加培训和复审，成绩记在个人安全教育卡上。

发生重大事故或恶性未遂事故时，安全主管部门要组织有关人员进行现场事故教育，吸取教训，防止类似事故发生。对事故责任者要进行脱产安全教育，教育合格后方可恢复工作。

在新工艺、新技术、新装置、新产品投产前，安全主管部门要组织有关人员编制新的安全操作规程，进行专门教育，经考试合格取得安全作业证后，方可上岗操作。

(6) **其他人员及外来人员的安全教育** 多种经营的企业干部和职工也要按上述规定进行安全教育；临时工、农民工的安全教育，由招收和使用部门负责实施，同级安全部门实行检查、监督，教育内容包括本企业生产特点、入厂须知、所从事工作的性质、注意事项、事故教训及有关的安全制度等；外来施工人员的安全教育，分别由委托单方和外包、外来人员主管部门负责组织，由用工单位进行教育；来厂参观人员的安全教育，由接待部门负责，内容为本厂有关安全规定和注意事项，参观人员要有专人陪同，在生产不正常时或危险性大的岗位一般不接待参观。

3. 安全检查制度

安全检查是安全管理的重要手段。各级安全管理部门和监督、监察机构，依据国家及行业有关安全生产方针、政策、法律、法规、标准规范及各种规章制度，组织相关部门和人员对企业的安全工作进行安全检查，通过查领导、查思想、查制度、查管理、查隐患等

"五查",对企业安全生产状况做出正确评价,督促企业做好安全工作。

企业安全检查有以下几种形式。

(1) 综合性安全大检查　综合性安全大检查的内容是岗位责任制大检查。一般每年进行一次,检查要有安排、有组织、有总结、有考核、有评比。既要检查管理制度,又要检查现场。

(2) 专业性安全检查　专业性安全检查主要对关键生产装置、要害部位,以及按行业部门规定的锅炉、压力容器、电气设备、机械设备、安全装置、监测仪表、危险物品、消防器材、防护器具、运输车辆、防尘防毒、液化气系统等分别进行检查。

这种检查应组织专业技术人员或委托有关专业检查单位来进行,这些单位应是有资质的,能开据有效检验证书的。

(3) 季节性安全检查　季节性安全检查是根据季节特点和对企业安全生产工作的影响,由安全部门组织相关管理部门,专业技术人员来进行。如雨季防雷、防静电、防触电、防洪等,夏季以防暑降温为主要内容,冬季以防冻保温为主要内容的季节性安全检查。此外,节假日前也要针对安全、消防、危险物品、防护器具及重点装置和设备等进行安全检查。

(4) 日常安全检查　日常安全检查是指各级领导者、各职能处室的安全技术人员经常深入现场进行岗位责任制、巡回检查制和交接班制度的执行情况的检查。

(5) 特殊安全检查　特殊安全检查指的是生产装置在停工检修前、检修开工前及新建、改建、扩建装置试车前,必须组织有关部门参加的安全检查。

安全检查人员在检查中有权制止违章指挥、违章操作,批评违反劳动纪律者。对情节严重者,有权下令停止工作,对违章施工、检修者,有权下令停工。对检查出的安全隐患及安全管理中的漏洞,有权发出《隐患通知单》,要求定措施、定时间、定负责人的"三定"原则限期整改。对严重违反国家安全生产法规,随时可能造成严重人身伤亡的装置、设备、设施,可立即查封,并通知责任单位处理。

4. 安全技术措施计划管理制度

为了有计划地改善劳动条件,保障职工在生产过程中的安全和健康,国家要求企业在编制生产、技术、财务计划的同时,必须编制安全技术措施计划。安全技术措施计划分长期计划和年度计划,它的编制与企业生产、技术、财务计划的编制同步。

(1) 安全技术措施项目的范围　防止火灾、爆炸、中毒、工伤等为目的的各项安全技术措施,如防护装置、监测报警信号等;改善生产环境和操作条件,防止职业病和职业中毒的职业卫生技术措施,如防尘、防毒、防暑降温、消除噪声、改善及治理环境污染的措施等;有关保证职业卫生所必需的辅助设施及措施,如淋浴室、更衣室、卫生间、消毒间等;编写安全技术教材,购置图书、仪器、音像设备、计算机,建立安全教育室,办安全展览,出版安全刊物等所需的材料和设备等安全宣传教育措施;为了安全生产、职业卫生所开展的试验、研究和技术开发所需的设备、仪器、仪表、器材等技术科研措施。

(2) 不能列入安全技术措施计划的项目　虽然符合上述5种项目,但其主要目的是为了合理安排和改进生产的项目;新建、改建、扩建工程项目中的职业安全卫生措施项目,这些项目应按"三同时"原则,在基建开支中解决;新购置设备的安全装置,它应该由设备采购单位向制造单位配套订货;采用新技术措施时的安全技术项目,它应该与实施新技术措施项目同时解决；日常开支的劳动保护费用和安全技术设备的运行维修费；使用年限在一年之内的非固定资产项目；福利性开支的项目。

(3) 安全技术措施经费来源　按照国家规定，企业安全技术措施经费每年由更新改造资金中提取，化工企业提取的比例不小于20%；从税后留利或利润留成等自有资金中补充；申请银行贷款或上级拨款；在进行企业改造、扩建投资时，将原有设备、设施中应该解决的安全措施一并解决。

5. 事故管理制度

凡能引起人身伤害、导致生产中断或物资财产损失的事件都叫事故。为了便于管理，按其性质的不同，事故可分为生产事故、设备事故、火灾事故、爆炸事故、伤亡事故、污染事故等。事故管理的内容包括事故的报告、统一调查、分析处理、结案等一系列管理工作。

(1) 伤亡事故的等级划分　按原劳动部劳办发[1993]140号《企业职工伤亡事故报告统计问题解答》中规定，伤亡事故分为如下几类。

① 轻伤及轻伤事故。轻伤是指造成职工肢体伤残，或某些器官功能性或器质性轻度损伤，表现为劳动能力轻度或暂时丧失的伤害。一般指受伤职工歇工在1个工作日以上，但够不上重伤者。轻伤事故是指1次事故中只发生轻伤的事故。

② 重伤及重伤事故。重伤是指造成职工肢体残缺或视觉、听觉等器官受到严重损伤，一般能引起人体长期存在功能障碍，或劳动能力有重大损失的伤害。重伤事故是指1次事故中发生重伤（包括伴有轻伤）、无死亡的事故。

③ 死亡事故和重大死亡事故。死亡事故是指1次事故中死亡职工1~2人的事故，重大死亡事故是指1次事故中死亡3人以上（含3人）的事故。1次事故中死亡10人以上者为特大事故。

④ 急性中毒事故。急性中毒事故是指生产性毒物一次性或短期内通过人的呼吸道、皮肤或消化道大量进入人体内，使人体在短时间内发生病变，导致职工立即中断工作，必须进行急救或死亡的事故。急性中毒的特点是发病快，一般不超过1个工作日，有的毒物因毒性有一定的潜伏期，可在下班后数小时发病。慢性中毒属于职业病范畴。

(2) 事故调查及调查报告　伤亡事故的调查是由伤亡事故调查组独立完成的，根据伤亡事故的严重程度不同由不同的部门组织调查组。轻伤事故由发生事故的车间负责组织；重伤（1~2人）事故由企业负责组织；重伤3人以上事故，由企业安全主管部门、劳动部门、工会组织及有关部门共同组织；重伤3人以上或死亡1人以上的伤亡事故，人民检察院要立案侦查；死亡事故由市级劳动部门、企业主管部门、公安部门、工会、监察部门、检察部门共同组织；重大死亡事故由省级主管部门、劳动部门、公安部门、工会、监察及检察部门共同组织；特别重大死亡事故由国务院负责组织。

事故调查后，调查组有责任向调查委托单位及有关部门提供事故调查报告。

(3) 事故处理　事故处理是在事故调查报告基础上，本着"三不放过"的精神进行的，包括对事故责任者进行公开处理和落实防止事故的安全措施。

因忽视安全生产、违章作业、玩忽职守，或者发现事故隐患、危害情况而不采取措施以致造成伤亡事故的，由企业主管部门或者按照国家规定，对企业负责人和直接责任人员给予批评教育、行政处分、经济处罚；构成犯罪的，由司法机关依法追究刑事责任。

对在伤亡事故发生后隐瞒不报、谎报、故意迟延不报、故意破坏事故现场，或者无正当理由，拒绝接受调查以及拒绝提供有关情况和资料的，对单位负责人和直接责任人，给予行政处分，严重者追究刑事责任。在调查、处理事故中玩忽职守，徇私舞弊或打击报复者，也要给予处分或追究刑事责任。

事故调查组提出的事故处理意见和防范措施建议，由发生事故的企业及其主管部门负责处理。按照规定，伤亡事故处理工作应当在90天内结案，特殊情况不得超过180天。结案权限，轻、重伤事故由企业负责调查处理结案；死亡事故由市级劳动部门批准结案；重大死亡事故由省级劳动部门批准结案。

第二章 备煤与炼焦安全技术

第一节 备煤安全技术

一、备煤生产的安全特性及常见事故

备煤包括原料煤的装卸、贮存、输送、配煤、粉碎等工序。备煤车间运煤车辆多，装卸设备多，运输皮带多，事故多为机械伤害事故。机械伤害主要包括以下几个方面。

① 碰撞伤害。机械零部件迅速运动使在运动途中的人受到伤害。

② 夹挤伤害。机械零部件的运动可以形成夹挤点或缝，如手臂被两辊之间的辊隙夹挤，截获过往运动的衣服而被夹挤等。

③ 接触伤害。机械零部件由于其锋利、有磨蚀性、热、冷、带电等，而使与其接触的人受到伤害。这可以是运动的也可以是静止的机械。

④ 缠结伤害。运动的机械零部件可以卷入头发、环状饰品、手套、衣服等而引起缠结伤害。

⑤ 抛射伤害。机械零部件或物料被运转的机械抛射出而造成伤害。

机械设备的安全运转首先应基于机械本身的安全设计，对于可以预见的危险和可能的伤害，也应该有适当的安全防护措施。高质量机械防护罩的应用，并附以定期检查和维护，管理控制，如安全培训制度的建立，是预防机械危险的有效方法。

另外，煤是可燃性固体燃料，易发生自燃，且在处理中易于产生煤尘，煤尘在一定条件下还能爆炸。贮煤槽和煤塔又深又陡，清扫时容易发生事故。

二、煤的贮存安全

煤堆容易自燃，其原因是由于煤堆内部接触空气所发生的氧化反应。氧化反应产生的热量不能散发出来，因而又加速了煤的氧化。这样使热量逐渐积聚在煤堆里层，促使煤堆内部温度不断升高，当温度达到煤的燃点时，煤堆就会自行着火。

另一种自燃原因就是煤与水蒸气相遇，由于煤本身有一种吸附能力，水蒸气能在它表面凝结变成液体状态，并析出大量的热量，当煤堆温度达到一定的温度后，因氧化作用，温度就会继续升高达到煤的自燃点，发生自行着火。

这两种情况在煤堆的自行着火过程中是相互进行的，因此，在贮存煤时要采取安全措施，不可麻痹大意。

贮存煤的防火要求如下。

① 煤堆不宜过高过大，煤堆贮存高度可按表 2-1 执行。

表 2-1　煤堆贮存高度要求

煤的种类	贮存期限/月	煤堆高度/m		煤堆宽度/m	煤堆长度/m
		2月以下	2月以上		
褐煤	1.5	2～2.5	1.5～2	<20	不限
烟煤	3	2.5～3.5	2～2.5	<20	不限
瘦烟煤	6	3.5	2.5	<20	不限
无烟煤	6	不限	不限	不限	不限

② 煤堆应层层压实，减少与空气的接触面，减少氧化的可能性，或用多洞的通风孔散发煤堆内部的热量，使煤堆的温度经常保持在较低的状态。

③ 较大的煤仓中，煤块与煤粉应分别堆放。

④ 经常检查煤堆温度，自燃一般发生在离底部 1/3 堆高处，测量温度时应在此部位进行。如发现煤堆温度超过 65℃，应立即进行冷却处理。

⑤ 室内贮煤最好用非燃烧材料建造的库房，室内通风要良好，煤堆高度离房顶不得少于 1.5 米。

⑥ 为使煤堆着火之初能及时扑灭，煤仓应有专用的消防水桶，铁铲，干沙等灭火工具。

⑦ 如发现煤堆已着火，不能直接往煤堆上浇水进行扑灭，因这样水往往浸透不深，并可产生水蒸气，会加速燃烧，如果用大量的水能将煤淹没，可用水扑救。一般都是将燃烧的煤从煤堆中挖出后，再用水浇灭。此外，还可用泥浆水灌救，泥浆可在煤的表面糊上一层泥土，阻止煤堆继续燃烧。在进行扑灭煤堆火时，应注意防止煤堆塌陷伤人的事故。

三、备煤机械设备安全

1. 卸煤及堆取煤机械

焦化厂卸煤一般采用翻车机、螺旋卸煤机或链斗卸煤机等机械，堆取煤采用堆取料机、门式起重抓斗机、桥式起重抓斗机、推土机等，为防止机械伤人等事故的发生，应遵循下列安全规定。

(1) 翻车机操作安全　翻车机应设事故开关、自动脱钩装置、翻转角度极限信号和开关，以及人工清扫车厢时的断电开关，且应有制动闸。翻车机转到 90°时，红色信号灯熄灭前禁止清扫车底。翻车时，其下部和卷扬机两侧禁止有人工作和逗留。

(2) 螺旋卸煤机和链斗卸煤机操作安全　严禁在车厢撞挂时上下车，卸煤机械离开车厢之前，禁止扫煤人员进入车厢内工作。螺旋卸煤机和链斗卸煤机应设夹轨器。螺旋卸煤机的螺旋和链斗卸煤机的链斗起落机构，应设提升高度极限开关。在操作链斗卸煤机中，要由机车头或调车卷扬机进行对位作业，必须避免碰撞情况的发生。

(3) 堆取料机操作安全　堆取料机应设风速计、防碰撞装置、运输胶带联锁装置、与煤场调度通话装置、回转机构和变幅机构的限位开关及信号、手动或具有独立电源的电动夹轨钳等安全装置。堆取料机供电地沟，应有保护盖板或保护网，沟内应有排水设施。

(4) 门式或桥式起重机操作安全　门式或桥式起重机抓斗具有运行灵活可靠的优点，但操作不当或违章作业也有发生伤害事故的可能。为避免事故，门式或桥式抓斗起重机应设夹轨器和自下而上的扶梯，从司机室能看清作业场所及其周围的情况。门式或桥式抓斗起重机应设卷扬小车作业时大车不能行走的联锁、卷扬小车机电室门开自动断电联锁或检修断电开关、抓斗上升极限位装置、双车间距限位装置等。大型门式抓斗起重机应设风速计、扭斜极限装置和上下通话装置。抓斗作业时必须与车厢清理残煤作业的人员分开进行，至少保持1.5m的距离。尤其是抓斗故障处理必须在停放指定位置进行，切不可将抓斗停放在漏斗口上处理，以免滑落引起重大伤害事故。应禁止推土机横跨门式起重机轨道。

2. 破碎机及粉碎机

破碎机是破碎过程中的关键机械，用于破碎大块的煤料，破碎后的煤料采用粉碎机进行粉碎，焦化厂采用的粉碎机有反击式、锤式和笼型等几种形式。

对于破（粉）碎机必须符合下列安全条件：加料、出料最好是连续化、自动化，产生的粉尘应尽可能少。对各类破（粉）碎机，必须有紧急制动装置，必要时可迅速停车。运转中的破碎机严禁检查、清理和检修，禁止打开其两端门和小门。破（粉）碎机工作时，不准向破（粉）碎机腔内窥视，不要拨动卡住的物料。如破（粉）碎机加料口与地面一般平或低于地面不到1m均应设安全格子。

为保证安全操作，破（粉）碎装置周围的过道宽度必须大于1m。如破（粉）碎机安装在操作台上，则台与地面之间高度应在1.5～2m。操作台必须坚固，沿台周边应设高1m的安全护栏。

颚式破碎机应装设防护板，以防固体物料飞出伤人。为此，要注意加入破碎机的物料粒度不应大于其破碎性能。当固体物料硬度相当大，且摩擦角（物料块表面与颚式破碎机之间夹角）小于两颚表面夹角之一半时，即可能将未破碎的物料甩出。当非常坚硬的物料落入两颚之间，会导致颚破碎，故应设保险板。在颚破碎之前，保险板先行破裂加以保护。

对于破碎机的某些传动部分，应用安全螺栓联结，在超负荷情况下，弯曲或断掉以保护设备和操作人员。粉碎机前应设电磁分离器，用来吸出煤中的铁器，破（粉）碎机应有电流表、电压表及盘车自动断电的联锁。

【事故案例2-1】 某焦化厂备煤车间工人王某，在破碎机运转中抬胳膊拧破碎机轴头上的油盒，由于破碎机盘车器的防护罩检修后没有复原，王某肥大的衣服被旋转的盘车器绞住，王被绞起来，绞伤胸腹部，造成肺、脾、胃、肾和肋骨多处损伤。

事故的主要原因：在机械设备外露的转动部分加油，没有停车；没有采取可靠的防护措施；没有穿紧口工作服。

【事故案例2-2】 某研究所王某、李某，用小型对辊式破碎机破碎试验用煤，因煤块较大，下料不畅，二人决定停车清理。王某去断电，李某打开上盖，用手拨对辊上的煤块，由于惯性，对辊还没有停下来，把李某的手连同手套卷入辊间，以致李某的中指、无名指截肢。

事故的主要原因：违章操作，机械设备没有完全停下来，不能进行操作；安全意识淡薄。

3. 皮带运输机

皮带运输机是焦化厂备煤和筛焦系统常用的输送设备，它是由皮带、托辊、卷筒、传动装置和紧张机组所组成。皮带运输机具有结构简单、操作可靠、维修方便等优点。虽然皮带运输机是一种速度不高，安全问题不大的设备，但根据许多厂矿尤其是备煤工序的实践经验说明，皮带轮和托辊绞碾伤亡是皮带运输机的多发性和常见的事故，必须引起足够重视。

(1) 皮带输送机的安全要求　从传动机构到墙壁的距离，不应少于1m，以便检查和润滑传动机构时能自由出入；输送机的各个转动和活动部分，务必用安全罩加以防护；传动机构的保护外罩取下后，不准进行工作；输送机的速度过高时，应加栏杆防护；输送机应设有连锁装置，防止事故的发生；皮带机长度超过30m，应设人行过桥，超过50m应设中间紧急停机按钮或拉线开关，"紧急停机"的拉线开关应设在主要人行道一侧；启动装置旁边，应设音响信号，在未发出工作信号之前，运输装置不得启动；运输机的启动装置，应设辅助装置（如锁），为防止检修时被启动，应在启动装置处悬挂"机器检修，禁止开动"的小牌；倾斜皮带机必须设置止逆、防偏、过载、打滑等保护装置。

(2) 皮带运输机安全操作规程　皮带运输机操作应执行以下的安全操作规程。

① 开车前应将皮带机所属部件和油槽进行检查，检查传动部分是否有障碍物卡住，齿轮罩和皮带轮罩等防护装置是否齐全，电器设备接地是否良好。发现问题及时处理。听到开车信号，待上一岗位启动后再启动本岗位。听到停车信号，待皮带上无料时方可停车。捅溜槽、换托辊，必须和上一岗位取得联系，并有专人看护。

② 开车后，要经常观察轴瓦、减速器运转是否正常，特别要注意皮带跑偏，负载量大小，防止皮带破裂。运行中禁止穿越皮带。

③ 运行中没有特殊情况不允许重负荷停车。

④ 皮带机被物料挤住时，必须停止皮带机后方可取出，禁止在运行中取出。

⑤ 禁止在运行中清理滚筒，皮带两侧不准堆放障碍和易燃物。

⑥ 运转过程中严禁清理或更换托辊、机头、机尾、滚筒、机架，不允许加油，不准站在机架上铲煤、扫水，机架较高的皮带运输机，必须设有防护遮板方可在下面通过或清扫。

⑦ 清理托辊、机头、机尾、滚筒时必须办理停电手续。必须切断电源，取下开关保险，锁上开关室。

⑧ 输送机上严禁站人、乘人，或者躺着休息。

【事故案例2-3】　某焦化厂一名操作工在处理皮带输送机跑偏时，违章不停车用扳手撬皮带轮上的异物，由于扳手打滑，手臂被皮带机卷入，颈部受到挤压当场死亡。

事故的主要原因：安全意识差，违反操作规程。

【事故案例2-4】　某焦化厂备煤车间机械师徐某在检查输送皮带时，被开启运行的皮带碾压死亡。

事故的主要原因：徐某在皮带停车时检查皮带，没有通知当班的操作工及值班长；在检查皮带时没有悬挂有人检修作业、禁止合闸的警示牌；操作工在开车前没有按规定认真检查、没有按规定在开车前报警。

4. 配煤槽和煤塔

配煤槽是用来贮存配煤所需的各单种煤的容器，其位置一般是设在煤的配合设备之上。为防止坠落事故发生，煤槽上部的入孔应设金属盖板或围栏，为防止大块煤落入煤槽，煤流入口应设篦子，受煤槽的篦格不得大于0.2m×0.3m，翻车机下煤槽篦格不得大于 0.4m×0.8m,粉碎机后各煤槽篦缝不得大于 0.2m。煤槽的斗嘴应为双曲线形,煤槽应设振煤装置,以加快漏煤。煤槽地下通廊应有防止地下水浸入的设施,其地坪应坡向集水沟,集水沟必须设盖板。煤塔顶层除胶带通廊外,还应另设一个出口。

煤槽、煤塔要定期清扫,当溜槽堵塞、挂煤、棚料或改变煤种时也需清扫。由于煤槽煤塔深度较深,清扫时不仅有坠落陷没的危险,还有可能发生挂煤坍塌被埋没窒息死亡事故,所以对清扫煤塔工作安全应十分重视,清扫煤槽煤塔工作必须有组织有领导地进行。首先要履行危险工作申请手续,采取可靠的安全措施,经领导批准,在安全员的监督下进行。在清扫过程中还必须遵守下列安全事项。

① 清扫工作应在白天进行,病弱者不准参加作业。
② 清扫中的煤塔煤槽必须停止送煤,并切断电源。
③ 设专人在塔上下与煤车联系,漏煤的排眼不准清扫,清扫的排眼不准漏煤。
④ 下塔槽作业的人员必须穿戴好防护用具。
⑤ 下煤槽煤塔者,必须带好安全带,安全带要有专人管理,活动范围不可超过1.5m,以防煤层陷塌时被埋。
⑥ 上下塔煤,禁止随手携带工具材料,必须由绳索传递。
⑦ 清扫作业,必须从上而下进行,不准由下而上挖捅,以免挂煤坍落埋人危险。
⑧ 清扫所需临时照明,应用 12V 的安全灯,作业中严禁烟火。
⑨ 清扫中应遵守高空作业的有关安全规定。

【事故案例 2-5】 某焦化厂备煤车间检修工石某在贮煤斗中窒息死亡。事故的主要原因:煤斗中的氮气没有排干净,没置换就进行作业;进入煤斗内作业,没有进行分析;没有采取任何的防护措施;车间管理人员思想麻痹,安全意识不强,管理混乱。

第二节 炼焦安全技术

一、炼焦生产的安全特性及常见事故

焦炉生产工艺、机械设备及生产组织有着区别其他生产工艺的特性。焦炉本身具有高温、明火、露天、高位、多层交叉、连续作业的特点,还没有多少回转余地,环境条件较差。用于焦炉加热的煤气有易燃、易爆、易中毒的特性。四大车是焦炉生产的重要设备,这些设备既有车辆的特点又不同于车辆,在移动中作业,一机多用,协作性很强,互相制约,稍有配合不当,易出问题。这些特点决定了焦炉作业具有较大的危险性和发生事故的可能性。焦炉常见的事故如下。

(1) 碰撞、挤压事故　炼焦生产过程的完成,主要是通过焦炉机械运行和部分人工操作来实现的,焦炉机械操作的全过程存在以下几个不足:自动化协调程序差,60%的岗位操作靠人工操作,多数程序靠人工指挥;四大车车体笨重、运行频繁且视线不开阔;机械运行与人工活动空间狭窄,极易造成碰、撞、挤、压事故的发生。

(2) 坠落、滑跌事故　焦炉岗位系多层布局,基本上形成地下室、走廊、平台、炉顶、走台五层作业,焦炉四大车体也是由多层结构组成,故楼梯分布多、高层作业多,每

层高度均在 3m 左右，易导致滑跌、坠落、被下落物件碰砸事故的发生。

（3）烧伤、烫伤事故　炼焦工艺的主要条件是高温，焦炉内的温度在 1000℃ 以上，而炼焦原料煤及其产生的焦炭，煤气都是燃料，因此其多数岗位及操作人员的作业条件均处在高温、明火的环境中，易导致烧伤、烫伤事故的发生。

（4）煤气爆炸、中毒事故　炼焦过程产生大量煤气、部分经净化后的煤气送回焦炉加热，由于煤气大量集中，加之通风条件不好（地下室），极易导致中毒和爆炸事故的发生。

（5）电击、触电事故　焦炉机械四大车的动力线，均系无绝缘层钢轨或钢铝导线，沿焦炉长向分别排布于炉台下部、顶部、炉顶顶部侧面等处，而出焦操作与检修时多有铁制长工具或钢、铁长材料使用，全部设备均系露天作业，遇阴雨天稍不留意极易导致电击、触电事故的发生。

（6）防护品穿戴不齐全　焦炉操作的特殊条件决定了焦炉岗位所配备的各种劳动保护用品，如上岗不能正确使用，也易导致事故的发生。如某焦化厂上升管工陈某在对上升管进行检查时，未将手中的面罩及时戴上就探身对上升管进行观察，由于压力突然波动火焰喷出将面部头发烧伤。

由以上六个方面不难看出，焦炉安全技术有其特定的内涵和特点，进入车间的人员必须熟悉和掌握这些知识，严格执行车间安全制度，才能保证安全生产。

二、焦炉机械伤害事故及其预防

1. 焦炉机械的特点

焦炉机械设备主要是四大机车，推焦车除了整机开动，还有推焦、摘上炉门、提小炉门和平煤等多种功能；拦焦车则有启上炉门和拦焦等功能。而四大车必须在同一炭化室位置上工作，推焦时，拦焦车必须对好导焦槽，熄焦车作好接红焦的准备，装煤车装煤时，必须在推焦车和拦焦车都上好炉门以后进行。如果四大车中任何一个环节失控或指挥信号失误，都有可能造成严重的事故。除了四大车，焦炉机械设备还有捣固机、换向机、余煤提升机、熄焦水泵，防暑降温风扇以及焦粉抓斗机、皮带机、炉门修理站卷扬机等。

2. 焦炉机械伤害的事故事故案例及统计

焦炉机械伤害事故主要是四大车事故，四大车常见的事故有挤、压、碰、撞和倾覆引起的伤害事故；拦焦车、熄焦车倾覆事故；四大车设备烧坏事故。据不完全统计焦炉四大车事故，发现拦焦车事故最高，约占 1/2 以上，其次装煤车事故约占 1/5，熄焦车事故占 1/10，推焦车事故不到 1/10。

【事故案例 2-6】　1989 年 4 月 11 日，某焦化厂炼焦车间更换 4 号炉柱，起重工刘×将炉柱绑在 1 号拦焦车尾部由刘××开车西行。车经 6 号柱时，刘××在车行进中将头从观察炉号的窗口伸出，观察炉柱是否到位。结果头部被 7 号炉柱与车帮挤住，经抢救无效死亡。

事故的主要原因：刘××无证驾驶拦焦车，并违章将头伸出窗口是事故的直接原因；拦焦车观察窗口玻璃损坏未及时上防护栏网。

【事故案例 2-7】　某焦化厂工人裴某在清理凉焦台时，未注意熄焦车动向，被熄焦车楼梯将腿部挂伤，休息治疗三个月。

事故的主要原因：思想麻痹安全意识不强；从事特殊作业安全措施不得力；注意力不

集中。

【事故案例 2-8】 1986 年 1 月 29 日，某焦化厂出焦工薛××上夜班，担任 1 号炉出焦任务，当清完 8 号炭化室炉门尾焦，拦焦车司机开车向北移动，在对 8 号炭化室炉门时，拦焦车的北端东侧将靠在 11 号炭化室炉门处的薛××挤住，抢救无效死亡。

事故的主要原因：违反焦化安全规程，为避车靠炉门是造成事故的主要原因；照明视线不好是事故另一原因。

3. 机械伤害的原因分析

产生四大车事故的原因是多方面的，既有人为原因，也有管理原因，还有设备缺陷和环境的不良因素。原因虽复杂多样，但主要原因是违规操作，其次是思想麻痹，这充分说明，要不断地提高全员的安全思想素质。另外，新工人技术不熟和非标准化操作引起的事故也不少，也应值得重视。

4. 防范措施

（1）四大车安全措施

① 推焦车、拦焦车、熄焦车、装煤车，开车前必须发出音响信号；行车时严禁上、下车；除行走外，各单元宜按程序自动操作。

② 推焦车、拦焦车和熄焦车之间，应有通话、信号联系和联锁。

③ 推焦车、装煤车和熄焦车，应设压缩空气压力超限时空压机自动停转的联锁。司机室内，应设风压表及风压极限声、光信号。

④ 推焦车推焦、平煤、取门、捣固时，拦焦车取门时以及装煤车落下套筒时，均应设有停车联锁。

⑤ 推焦车和拦焦车宜设机械化清扫炉门、炉框以及清理炉头尾焦的设备。

⑥ 应沿推焦车全长设能盖住与机侧操作台之间间隙的舌板，舌板和操作台之间不得有明显台阶。

⑦ 推焦杆应设行程极限信号、极限开关和尾端活牙或机械挡。带翘尾的推焦杆，其翘尾角度应大于 90°，且小于 96°。

⑧ 平煤杆和推焦杆应设手动装置，且应有手动时自动断电的联锁。

⑨ 推焦中途因故中断推焦时，熄焦车和拦焦车司机未经推焦组长许可，不得把车开离接焦位置。

⑩ 煤箱活动壁和前门未关好时，禁止捣固机进行捣固。

⑪ 拦焦车和焦炉焦侧炉柱上应分别设安全挡和导轨。

⑫ 熄焦车司机室应设有指示车门关严的信号装置。

⑬ 寒冷地区的熄焦车轨道应有防冻措施。

⑭ 装煤车与炉顶机、焦两侧建筑物的距离，不得小于 800mm。

（2）余煤提升机安全措施

① 单斗余煤提升机应有上升极限位置报警信号、限位开关及切断电源的超限保护装置。

② 单斗余煤提升机下部应设单斗悬吊装置。地坑的门开启时，提升机应自动断电。

③ 单斗余煤提升机的单斗停电时，应能自动锁住。

（3）炉门修理站安全措施

① 炉门修理站旋转架上部应有防止倒伏的锁紧装置或自动插销，下部应有防止自行旋转的销钉。

② 炉门修理站卷扬机上的升、降开关应与旋转架的位置联锁，并能点动控制；旋转架的上升限位开关必须准确可靠。

三、焦炉坠落事故及其预防

1. 焦炉作业特点与坠落事故

跌落事故是焦炉五害之一，据不完全统计约占焦炉事故的1/6。这是由焦炉生产的作业特点所决定的。因为焦炉炉体作业各部位至炉底均有一定高度，炉顶至炉底，小焦炉有5~6m，大焦炉近10m，大容积焦炉更高，机焦两侧平台离地面至少也在2m以上，均符合国家高处作业的规定。由于机侧有推焦车作业，焦侧有拦焦车运行，不可能设防护栏杆，而两侧平台场地狭窄，炉顶、炉台、炉底又是多层交叉作业，加上烟尘蒸汽大，稍不留心就可能引起坠落伤亡事故。从已发生的焦炉坠落事故看，又可分为人从高处坠落，煤车从炉顶坠落和物体坠落打击伤害等三种情况。

2. 焦炉坠落事故事故案例

【事故案例2-9】 某焦化厂煤车司机连某，在煤车从2号炉返回煤塔途中，跨坐在车上西南角栏杆拐角处，当车行至煤塔下时被一绑在塔柱上的架杆当胸拦下煤车，坠落在炉顶上，造成头部内伤住院休息一年之多后痊愈。

事故的主要原因：违反安全规定中不许在栏杆上跨坐条例；安全意识淡薄，精力不集中。

【事故案例2-10】 1986年11月23日某焦化厂2号煤车行驶时撞断安全档和二根钢轨连接处，造成煤车从炉顶坠落，两名司机摔死，经济损失5万余元。

事故的主要原因：司机误操作；两根钢轨与安全档连接孔用气割开口，组织改变，在低温下脆化，受冲击而断裂。

【事故案例2-11】 1987年3月9日某焦化分厂装煤车合同工司机郝××装煤后全速行驶，接近装煤炉时才回零位滑行，发现异常，准备倒车，因思想不集中，慌乱中错开前进控制器，使煤车加速向安全档撞去，撞坏两道安全档，掉道后停车，仅差30多厘米险些从炉顶坠落。

事故的主要原因：违章超速行车；合同工技术不熟练，操作失误。

3. 焦炉坠落事故分析

从焦炉过去的坠落事故可以看出：装煤车坠落事故，轻者为轻、重伤，重者可死亡，而且造成设备严重损坏影响生产。人员在装煤车和平台上坠落和落物砸伤人员之事故甚至死亡也屡见不鲜。造成坠落事故的原因主要是违章，其次是设备、设施有缺陷，还有是安全措施不力或思想麻痹。

4. 防范措施

（1）装煤车坠落的防范措施

① 在炉端台与炉体的磨电轨道设分断开关隔开，平时炉端台磨电道不送电，煤车行至炉端台，因无电源，而自动停车，从而避免坠落事故。也便于煤车在炉端台停电检修，分断开关送电后，仍可返回炉顶。

② 设置行程限位装置。

③ 煤车抱闸制动装置要保持有效好使，无抱闸装置的煤车要调节好走行电机的电磁抱闸，保证停电后及时停车。

④ 安全挡一定要牢固可靠。

⑤ 提高煤车司机的素质。必须由经培训合格的司机驾驶，非司机严禁操作；严格执行操作规程，不准超速行驶；司机离开煤车必须切断电源。

(2) 防止人物坠落伤害事故的措施

① 焦炉炉顶表面应平整，纵拉条不得突出表面。

② 设置防护栏。单斗余煤提升机正面（面对单斗）的栏杆，不得低于 1.8m，栅距不得大于 0.2m；粉焦沉淀池周围应设防护栏杆，水沟应有盖板；敞开式的胶带通廊两侧，应设防止焦炭掉下的围挡。

③ 凡机焦两侧作业人员必须戴好安全帽，防止落物砸伤。

④ 禁止从炉顶、炉台往炉底抛扔东西。如有必要时，炉底应设专人监护，在扔物范围内禁止任何人停留或通行。

⑤ 焦炉机侧、焦侧消烟梯子或平台小车（带栏杆），应有安全钩。

⑥ 在机焦两侧进行扒焦、修炉等作业时，要采取适当安全措施，预防坠落。如焦炉机侧、焦侧操作平台不得有凹坑或凸台，在不妨碍车辆作业的条件下，机侧操作平台应设一定高度的挡脚板。

⑦ 由于焦炉平台，特别是焦侧平台，距熄焦塔和焦坑较近，特别在冬季熄焦、放焦时，蒸汽弥漫影响视线，给操作和行走带来不便，易于引起坠落，应特别注意防范。

⑧ 为防止炉门坠落，要加强炉门、炉门框焦油石墨的清扫，使炉门横铁下落到位，上好炉门、拧紧横铁螺丝后，必须上好安全插销，以防横铁移位脱钩而引起坠落。

⑨ 上升管、桥管、集气管和吸气管上的清扫孔盖和活动盖板等，均应用小链与其相邻构件固定。

⑩ 清扫上升管、桥管宜机械化，清扫集气管内的焦油渣宜自动化。

四、焦炉烧、烫伤害事故及其预防

1. 焦炉作业特点与烧烫事故

赤热的焦炭和燃烧的煤气使整个焦炉生产处于高温中，而且上升管、装煤口在推焦装煤时经常有火焰、火星、明火外喷，燃烧室看火孔以及两侧炉门冒烟冒火都可能给操作者带来烧伤烫伤的危险。在 50～60 年代，由于经验不足，管理不善，炉顶作业曾多次发生大面积烧伤引起的重伤甚至死亡事故。

2. 焦炉烧、烫伤亡事故事故案例

【事故案例 2-12】 某焦化厂四大班工长韩某在对 53 号炭化室 3 号装煤孔盖着火进行处理时，用脚去踩盖斜了的炉盖，结果从盖缝中喷出的火苗将裤子引燃，同时将一起处理故障的漏煤工范某脸部烧伤。

事故的主要原因：未对着火源进行分析，盲目采取措施；上升管堵塞单炉压力提高，处理手段不正确，违反操作规程。

【事故案例 2-13】 1961 年 1 月 22 日某焦化厂漏煤工吴××在 10 号炉装完煤去上升

管打钎,上升管冒出含灰火星掉在衣服上,引起背部衣服着火,当发现时火已烧大,待扑灭,烧伤已达三度,面积达55%,抢救无效死亡。

事故的主要原因:冬季穿衣多,又破旧,易着火,发现晚,烧伤面积大,当时医疗水平也低。

【事故案例2-14】 某焦化厂一大班上升管操作工周某在出焦过程中,对18号上升管桥管进行清扫,未关翻板打开清扫孔,大量煤气从集气管处返出,周某被迫背向清扫孔反身清扫,时值春季多风,煤气被16号上升管明火引燃,火点燃了周某的棉大衣,待觉察起火时,已将衣服烧穿,造成背部大面积烧伤。

事故的主要原因:未按规定关闭水封翻板;未将周围明火熄灭;未能正确判断选择站位。

3. 烧、烫事故分析

烧烫伤害事故大多发生在上升管或装煤口附近。在过去,操作人员在操作中穿着劳动保护品不当或因操作技术不熟练违犯操作规程,引起的烧烫伤害事故经常发生,随着管理的加强,操作技术的提高,此类事故趋向减少。

焦化企业采用高压氨水无烟装煤新工艺,消灭了上升管和装煤口冒烟冒火,从而为杜绝烧烫伤害事故创造了条件。

4. 防范措施

① 不断改进防护用品款式质量,做到上班职工劳动防护用品必须穿戴齐全。
② 推广高压氨水无烟装煤新工艺,为防止烧烫事故提供工艺技术保证。
③ 焦炉应采用水封式上升管盖、隔热炉盖等措施。
④ 清除装煤孔的石墨时,不得打开机焦两侧的炉门,防止装煤孔冒火引起烧烫伤害。
⑤ 清扫上升管石墨时,应将压缩空气吹入上升管内压火,防止清扫中被火烧伤。
⑥ 打开燃烧室测温孔盖时,应侧身、侧脸,防止正压喷火局部烧伤。
⑦ 所有此类操作都必须站在上风向侧进行。
⑧ 禁止在距打开上升管盖的炭化室5m以内清扫集气管。

五、煤气事故及其预防

1. 焦炉生产特点与煤气事故

现代焦炉主要由炭化室、燃烧室、蓄热室、斜道区、炉顶、基础和烟道等组成。炭化室中煤料在隔绝空气条件下,受热干馏放出荒煤气变焦炭。煤气在燃烧室中燃烧提供炼焦所需热量,因此还有焦炉加热煤气设备和荒煤气导出设备,这就是说在焦炉生产过程中既生产煤气又使用煤气。由于煤气具有易燃易爆和中毒的性质,这就存在着煤气着火、爆炸和易中毒的危险性。尤其是复热式焦炉使用高炉煤气加热中毒的危险性更大。

2. 焦炉煤气事故事故案例

【事故案例2-15】 1981年7月29日某焦化厂一炼焦车间1号炉回炉煤气总阀检修,因用于切断煤气的阀门不严,仍有部分煤气泄露,当打开检修时,煤气冒出引起着火,烧坏焦炉配电线路,造成停产事故。

事故的主要原因:设备有缺陷;切断煤气措施不力。

【事故案例2-16】 1985年10月3日某焦化厂以废旧不用的45m焦炉烟囱作煤气自动

放散管之用,使煤气在烟囱内形成爆炸性混合气体,设备科领导带领 13 人去烟囱五米处拆除废蒸汽管道、气焊割切时引起煤气爆炸,45m 烟囱半截炸断倒塌,造成 4 人死亡、5 人重伤的重大事故。

事故的主要原因:利用烟囱作放散管,给煤气混合成爆炸性气体形成条件;动火审批管理不严。

【事故案例 2-17】 1983 年 1 月 14 日某焦化厂炼焦车间工程师秦××在指挥倒换 1 号焦炉与 2 号焦炉的加热煤气时,确认检修前最后一炉焦炭已推完。以为炉顶人员已脱离炉顶,当即下令打开机焦侧高炉煤气放散管进行放散,但当时仍有 30 多人在炉顶未得到撤离通知,当天风力不大,作业人员又缺乏安全知识,造成 15 人先后中毒的事故。

事故的主要原因:违章指挥;天气不利。

3. 煤气事故的原因分析

煤气设备缺陷,特别是阀门泄漏是造成煤气着火事故的主要原因。煤气与空气混合达到爆炸极限,又遇火源是造成爆炸事故的根本原因。违章作业或违章指挥是引起煤气中毒事故的重要原因。

4. 煤气事故防范措施

① 焦炉机侧、焦侧操作平台,应设灭火风管。

② 集气管的放散管应高出走台 5m 以上,开闭应能在集气管走台上进行。

③ 地下室、烟道走廊、交换机室、预热器室和室内煤气主管周围,严禁吸烟。

④ 地下室应加强通风,其两端应有安全出口。

⑤ 地下室煤气分配管的净空高度不宜小于 1.8m。

⑥ 地下室煤气管道的冷凝液排放旋塞,不得采用铜质的。

⑦ 地下室煤气管道末端应设自动放散装置,放散管的根部设清扫孔。

⑧ 地下室焦炉煤气管道末端应设防爆装置。

⑨ 烟道走廊和地下室,应设换向前 3min 和换向过程中的音响报警装置。

⑩ 用一氧化碳含量高的煤气加热焦炉时,若需在地下室工作,应定期对煤气浓度进行监测。

⑪ 要定期组织煤气设备管道阀门的维修,消除设备缺陷。禁止在烟道走廊和地下室带煤气抽、堵盲板。

⑫ 交换机室或仪表室不应设在烟道上。用高炉或发生炉煤气加热的焦炉,交换机室应配备隔离式防毒面具。

⑬ 煤气调节蝶阀和烟道调节翻板,应设有防止其完全关死的装置。

⑭ 交换开闭器调节翻板应有安全孔,保证蓄热室封墙和交换开闭器内任何一点的吸力均不低于 5Pa。

⑮ 高炉煤气因低压而停止使用后,在重新使用之前,必须把充压的焦炉煤气全部放散掉。

⑯ 出现下列情况之一,应停止焦炉加热。煤气主管压力低于 500Pa;烟道吸力下降,无法保证蓄热室、交换开闭器等处吸力不小于 5Pa;换向设备发生故障或煤气管道损坏,无法保证安全加热。

六、焦炉触电事故及其预防

1. 焦炉电气的特点与触电事故

焦炉机械设备都由电机驱动，加上电气照明，电源线路遍布焦炉上下，特别是四大车必须敷设裸露滑触线，而推焦车和熄焦车的滑触线就在人高度范围之内。虽设有防护网，仍有一定的危险性。移动设备振动磨损大，加上焦炉高温露天作业，烟尘蒸汽大的条件下，对绝缘影响较大，电气设备和线路易出故障，经常需要维修或突击抢修。焦炉电气的这些特点导致了触电事故的发生。

2. 焦炉触电事故事故案例

【事故案例2-18】 1989年6月6日，某焦化厂装煤车司机邵××与另一名职工在炉顶作业，向炭化室内装煤过程中，在煤塔西面中间台上，车内突然断电，邵××即从南门梯子到二层平台上，左手扶装煤斗边缘，右手扶装煤车顶部的滑线槽外的踏板，曲体向上蹬到煤车顶部上，触电死亡。

事故的主要原因：在没切断电源的情况下进入带电危险部位；检查处置不慎触电是这起事故发生的重要原因。

【事故案例2-19】 1983年11月15日，某焦化厂因检修安装临时电缆线，电工刘××在冷凝配电室1号盘上寻找仪表电源时，盘内两个空气开关上方铝母线放炮，电弧将刘××的前胸、脸部和臂部烧成重伤。

事故事故的主要原因：配电盘上的临时线比较乱，致使控制盘面比较拥挤；盘内一临时接地线用完后没拆，开门时将临时线震落在空气开关上，造成短路，引起电弧放炮，将刘烧伤。

【事故案例2-20】 1975年8月10日，某焦化厂熄焦车司机张××去拾掉在熄焦车轨道上的草帽，从走廊窗户里向外跨步探身钻熄焦车滑线道时，触电死亡。

事故的主要原因：未注意观察环境，违章进入危险场所；有触电危险部位，未加防护网或设警告标志。

3. 焦炉触电事故分析

焦炉触电事故大部分由于违章而引起。焦炉触电事故又大部分发生在电气检修抢修或检查中。违章指挥和操作人员缺乏电气安全知识也是值得重视的。

4. 焦炉触电事故的防范措施

① 滑触线高度不宜小于3.5m；低于3.5m的，其下部应设防护网，防护网应良好接地。

② 烟道走廊外设有电气滑触线时，烟道走廊窗户应用铁丝网防护。

③ 车辆上电磁站的人行道净宽不得小于0.8m。裸露导体布置于人行道上部且离地面高度小于2.2m时，其下部应有隔板，隔板离地应不小于1.9m。

④ 推焦车、拦焦车、熄焦车、装煤车司机室内，应铺设绝缘板。

⑤ 电气设备（特别是手持电动工具）的外壳和电线的金属护管，应有接零或接地保护以及漏电保护器。

⑥ 电动车辆的轨道应重复接地，轨道接头应用跨条连接。

⑦ 抓好焦炉电气设备检修中的安全。不论检修或抢修都必须可靠地切断电源，并挂

上"有人作业"、"禁止合闸"的警告牌；要认真测电确认三相无电，并做临时短路接地后，方可开始作业；带电作业必须采取有效的安全保护措施，电气检修必须由电工担任，禁止司机处理电气故障，并应坚持使用绝缘防护用品和工具。

七、其他安全防护措施

为防止火灾的发生，凉焦台应设水管；运焦胶带应为耐热胶带，皮带上宜设红焦探测器、自动洒水装置及胶带纵裂检测器；严禁向胶带上放红焦。筛焦楼下运焦车辆进出口，应设信号灯。禁止使用未经二级（生物）处理的酚水熄焦。

干法熄焦应采取相应的安全防护措施。干熄焦装置必须保证整个系统的严密性，投产前和大修后均应进行系统气密性试验。干熄炉排出装置外应通风良好，运焦胶带通廊宜设置一氧化碳检测报警装置。干熄焦装置最高处，应设风向仪和风速计，风速大于20m/s时，起重机应停止作业。起重机轨道两端应设置固定装置，横移牵引装置、提升机和装入装置应设限位和位置检出装置。惰性气体循环系统的一次除尘器、锅炉出口和二次除尘器上部应设防爆装置。干熄焦装置应设循环气体成分自动分析仪，对一氧化碳、氢和氧含量进行分析记录。进入干熄炉和循环系统内检查或作业前，应关闭同位素射线源快门，进行系统内气体置换和气体成分检测，一氧化碳浓度在 50×10^{-5} 以下，含氧量大于18%，方可进入，进入时，应携带检测仪器和与外部联络的通讯工具。

第三节　焦炉砌筑、烘炉、开工安全技术

一、砌筑安全技术

1. 砌炉安全规程

① 所有参加施工的人员必须进行安全教育。

② 禁止非工作人员在砌体上任意走动，操作人员进行操作时，不得蹬踩放置不稳的砖及已砌的悬空砖，以防摔伤。在砌体砌高以后，要注意杂物掩盖的地点，防止下面的空间而失足。

③ 人工加工耐火砖应戴手套、防护镜，不要两人对面加工砖，使用的手锤及其工具要经常检查，以防脱落伤人。

④ 走跳板时要小心，尤其在有坡度的地方，必须注意不要滑下摔伤。

⑤ 行走时应走在轨道外侧，注意摊砖小车。

⑥ 不要在较高的砖垛下休息和通行，如因工作需要，在较高的砖垛下进行工作时，应注意检查，防止砖垛倒塌。

⑦ 在砌体下面作业与通行时，应事先与上面的工作人员联系好，并戴上安全帽。

⑧ 禁止坐在卷扬塔的铁架上，或向塔内伸头，在钢绳拉动时不要跨过。

⑨ 倾倒灰浆时应注意防止飞溅入眼。

⑩ 使用磨砖机切砖机时应注意：开车前要检查各部件及砂轮片是否坚固良好，电气绝缘是否良好，并应试行运转；操作人员应站在砂轮运转方向的侧面，同时要防止手被砂

轮碰伤。

⑪ 在安装与砌砖同时进行时，应注意下列事项：不准抓起重机等链条和松悬着的绳套为依靠，以防坠落；不准在起重机作业区内行走；禁止在高空构件安装作业区和高空焊接、切割金属作业区的下面行走或并行作业，必要时应与上面的工作人员联系好，并设有可靠的安全设施方能进行工作。

⑫ 工地所有电气设备应由电工负责维护，其他人不得乱动。

⑬ 在工作和行走时，应注意防止触及破露电线，更不准用金属和潮湿的物体去触击电灯和动力电线。禁止脚踏电焊箱的地线。

⑭ 筑炉工程的照明，必须使用12V的安全灯，灯头要有金属结构的防护罩。用安全灯检查隐蔽工程时，应事先进行电线的检查。

⑮ 夜晚工作时，操作人员如在较黑暗的地区工作时应通知周围人员并报告负责人员。

2. 瓦工安全技术规程

(1) 一般注意事项　工作前应和架子工共同检查脚手架，合格后方可使用。不许用上下扔的办法运送砖石。在脚手架上运料和操作时，不要奔跑或多人聚集在一起。多人运送材料时，要离开一定的距离。在高空砍砖时，要面向里面，任何时候不准对着别人或站直身子砍砖。同时要严格遵守"高空作业安全规定"，不要站在墙身上砍砖、划缝，更不要行走。使用切砖机和磨砖机时，要戴口罩和防护眼镜。未经架工同意，不得自行拆除脚手架。使用带电机械，发生故障时，必须切断电源，通知电工修理。到车间工作时，不许乱动机械设备和开关按钮等，如因工作需要时，必须与所在车间联系同意后方可。参加车间检修时应事先办理好检修交接任务书，对有危险的工作，要采取一定的安全措施，否则不得作业。进入设备内部修补时，要有专人监护。

(2) 砌基础　工作前必须仔细检查地槽或地坑，如有塌方危险或支撑不牢时，要采取可靠措施后再进行工作。工作中要随时观察周围土壤情况，如发现有裂缝或其他不正常情况时应立即离开危险地点，采取必要措施后再进行工作。地槽深度超过1.5m时，运送材料要使用机具和溜槽。不许在基槽或其坑边缘堆放大量材料，也不许放在操作人员上方不稳固的跳板上。

(3) 砌墙　所用工具、灰槽、水桶、材料等、应放在适当位置，摆设要稳固齐整。在脚手架上堆放材料时，要考虑到脚手架上的承载能力，材料堆放不要过于集中，在承受负荷部位应考虑加固，并要经常检查架子的稳固情况。砌筑挑檐时，必须逐层砌起，砌凸出墙面300mm以上的挑檐时，不许使用里脚手架要搭设伸出脚手架。砌模时要先检查胎模是否牢固，砌筑时要两边同时向上砌，拆模必须小心谨慎。在石棉瓦上工作时，应搭铺脚手板，以防坠落。

(4) 砌烟囱　砌筑高大的烟囱时，其周围应设防护区，并设围栏及警告牌。烟囱外侧应设安全网。进入防护区工作人员应戴安全帽。机械工作地点应设防护棚。无伸出脚手架不许从烟囱砌体中探出身体拉取吊运材料。上下烟囱严禁用机械输运人员。新装好的爬梯在水泥砂浆未达到足够强度前不得攀登。

二、烘炉安全技术

烘炉操作是炼焦炉开工生产的一项较为复杂的热工技术，在烘炉过程中，除了应该按照烘炉规程中规定的技术操作要求执行外，还应该有严格的安全技术操作要求。

1. 固体燃料烘炉

① 烘炉期间，非有关工作人员不得随意进入炉台及烟道走廊。

② 烘炉棚内，在一般情况下不准动火和吸烟。

③ 机焦两侧风雨棚不能距小炉灶过近或过低。

④ 在焦炉炉顶和机焦两侧操作台的工作人员禁止随意往下扔东西。

⑤ 当炉顶有施工作业时，不准在下面行走。

⑥ 参加施工及烘炉的所有人员必须佩戴好劳动保护用品。

⑦ 在炉顶行走时，不准踩踏装煤孔盖及看火眼盖。

⑧ 煤场和灰场应相隔一定的安全距离，禁止混杂在一起。

⑨ 煤场和灰场均应有足够的照明设施。

⑩ 煤场和灰场的排水设施要良好，运输道路平坦而畅通。

⑪ 由炉台运输至灰场的热灰渣应及时进行消火。

⑫ 不许任何人靠近运输皮带机，并严禁乘坐皮带运输机。

⑬ 不能用工具或其他器具碰坏封墙和火床。

⑭ 烧火工在向小炉灶内添装煤时，注意不能碰坏挡砖。

⑮ 掏出的灰渣不能堆放在炉柱附近，也不能扔到操作台下面，而应运到指定地点。

⑯ 测温拔管时要戴好石棉手套，防止高温铁管烫伤手脚。

⑰ 测温时要防止雨、雪溅在温度计上。

⑱ 打开看火眼盖时，应站在上风侧，防止热气流烧伤面部。

⑲ 测温打开看火眼盖应使用安全火钩，不得使用其他不安全的工具，防止金属杂物掉入火道内。

⑳ 用热电偶测温时，要经常检查套管丝的松紧，防止其掉入立火道内。

㉑ 热修瓦工在各部位工作时，要注意防止耐火泥浆溅入眼睛。

㉒ 在炭化室封墙或蓄热室封墙刷浆时，应使用安全梯子进行操作，禁止踏在烘炉小灶或废气阀上。

㉓ 各个工种的各种操作工具应放置整齐，操作时切忌禁碰到明电线上。

2. 气体燃料烘炉

① 煤气管道及其配件，应按照焦炉加热用管道及配件的安装、试压的技术条件进行验收和检查，保证其管路系统的严密性。

② 烘炉点火之前，煤气应做爆发试验，爆发试验合格后，方能往炉内送煤气点火。

③ 烘炉开始后，当分烟道吸力小于 30~50Pa 时，应立即进行调节。

④ 机焦两侧煤气管道压力小于 500Pa 时，应关小各炉灶的小支管旋塞。当采取这一措施后，煤气压力继续下降时，可以停止加热。

⑤ 烘炉期间，更换煤气大小孔板之后，应做火把试验，检查其严密性。

⑥ 每次点火之前应先准备好火把，预先将火把点燃，放在煤气出口处，然后再开煤气旋塞。

⑦ 发现烘炉小灶火焰外喷时，要及时查找原因，必要时应停止加热。

⑧ 计器人员发现计器仪表导管及胶管脱落时，应立即关闭煤气开闭器进行修理。

⑨ 在接通煤气之前，应先排放冷凝液，正常操作时，应先定期排放冷凝液。

⑩ 应该准备一定数量的防毒面具，各级烘炉人员应懂得防毒面具的使用方法并能熟练地进行操作。

⑪ 若发现操作人员有头痛、恶心等中毒现象时，应立即将其送往医务所进行救护。

⑫ 处理煤气设备的故障或更换部件时，如更换孔板、旋塞、火把试验操作均需有两名以上人员在场。

⑬ 全炉停火和点火时，在炉灶或煤气管道附近的一切修建和安装工作，一律停止作业。

⑭ 清扫加热煤气管道时，应先用蒸汽进行吹扫，将剩余煤气从放散管处吹出，其余杂物可从冷凝液排放管处排除。送煤气时，也必须先通入蒸汽，在放散管处放散，然后用煤气撵蒸汽。

3. 液体燃料烘炉

① 油槽在安装完毕后，一般要进行充水、充气试压，试漏合格，充压试验应按设计要求进行，水压试验一般是充水后 20min 无渗漏即为合格。

② 临时油泵试运转合格，泄漏率合格，压力表、接地线齐全好使。

③ 输油管线的试压，一般试验压力为工作压力的 1.25～1.5 倍。

④ 燃油管线要和高压电线、易燃易爆的管线、高温地点保持一定的距离。

⑤ 油泵正常运转时，要防止油槽抽空。

⑥ 要严格要求燃烧用油的质量，特别是水分和杂质，含水多易汽化使燃烧火焰中断，有时甚至产生爆炸，杂质易于堵塞喷嘴。

⑦ 预热油的温度不能过高，一般不超过 90℃，要严防沸腾现象的发生。

⑧ 要选择合理而适当的风油比，保证完全燃烧。

⑨ 燃油设备出现事故时，如油槽冒顶跑油、管线和法兰处漏油等要及时进行处理。

⑩ 油槽贮油量不能太满，一般应留有一定的空间高度，贮油槽接地良好，一般要求接地电阻不大于 5～10Ω。

⑪ 冬季要注意管线、阀门的防冻防凝工作，当发生冻凝现象时，禁止用明火处理，只能用蒸汽或其他安全措施处理。

⑫ 在燃油设备上和管线上要进行明火作业时，要严格执行动火手续，并同时采取相应的安全措施，如用蒸汽吹扫、冷水冲洗、通风处理、防火物的覆盖等措施。在确认无燃烧爆炸的危险后方可动火，动火时必须有专人看护。

4. 消防与防火

在整个烘炉期间，无论采用固体的、气体的还是液体的烘炉燃料，均存在着火灾和爆炸的危险性。为了保证烘炉操作的安全进行，必须采取以下一些措施，防止火灾的发生。

设计时，如烘炉贮煤场、灰场、煤气管道、贮油和输送系统等均应按照《建筑设计防火规范》的要求，贯彻以防为主、以消为辅的方针，采取有效的消防措施。在用固体燃料烘炉时，除了煤场和灰场要有一定的安全距离外，还要求灰场消火设施齐全。烘炉现场要配备一定的防火用具，如泡沫灭火机、铁锹、砂、黄泥及消火蒸汽等。在贮油槽区及煤气区域禁止吸烟，应该贴"严禁烟火"的警告标志。煤气管道及贮送油设备设施应尽可能严密，防止跑冒滴漏。当发生火灾事故时，要立即通知消防大队，同时要听从指挥，立即组织工作人员利用一切可以利用的消防工具，扑灭火源，阻止火灾的扩散和蔓延。

三、开工生产安全技术

1. 扒封墙和拆除内部火床及装煤操作的安全技术

① 对参加开工的所有人员要进行技术培训，制定严格的操作规程。开工工艺操作时保证安全是重要的环节。

② 认真组织好开工人员的合理分工，既有明确分工又要相互协作，听从统一指挥。由于场地较窄，与拆除封墙和内部炉灶无关的人员一律不得进入炉台作业区。要特别注意防止操作人员掉至炉台下造成人身事故。

③ 参加开工的人员必须穿戴好劳保用品，防止烫伤和碰伤。

④ 拆除封墙所用的工具要特别注意，不能触到推焦车和拦焦车的磨滑触线上，严防触电。

⑤ 堵干燥孔时，操作人员应站在上风侧，拆除封墙时应注意封墙倒塌。

⑥ 在焦侧操作的人员，禁止从拦焦车导焦槽后面穿过。

2. 联通集气管、吸气管及启动鼓风机操作的安全技术

① 着火的炭化室严禁接通集气管。

② 无论采用何种燃料烘炉，爆发试验不合格的，严禁与已生产的焦炉联通或启动鼓风机。

③ 在联通集气管、吸气管及启动鼓风机时，应停止拆除封墙和内部火床的工作。

④ 鼓风机启动后，应特别注意进行吸力调节，防止集气管负压操作。

⑤ 在煤气管道内通煤气的工作程序就是要坚持用蒸汽赶空气，用煤气赶蒸汽的安全操作。待蒸汽全部赶完、爆发试验合格后，煤气才能与冷却设备、输送设备及用户设备联通。

3. 改为正常加热操作的安全技术

① 往焦炉内送煤气加热，首先严格检查交换旋塞的位置与废气瓣所处的状态应完全符合焦炉气体流向的规定要求，其动作程序为：先关门，再提砣，后开门。

② 在地下室煤气管道末道取样作爆发试验，完全合格后方可往炉内送煤气。

③ 送煤气操作一定要先调吸力到规定值，确认操作无误后，才能往炉内送煤气。

④ 地下室送煤气后，一定要用火把试验进行试漏，发现泄漏处应及时处理。

⑤ 送到焦炉内的煤气，在立火道内应即刻燃烧，当不燃烧时要立即停止送煤气并迅速查找原因，根据不同情况，迅速处理。

⑥ 煤气支管压力不能低于 500Pa，低于这个下限压力时，应采取有效措施。

⑦ 认真作好煤气救护工作，一旦发生事故，煤气救护人员要果断采取措施，防止事故扩大。

第三章 化产回收与精制安全技术

第一节 防火防爆技术

一、燃烧

1. 燃烧及燃烧条件

燃烧是可燃物质与助燃物质发生的一种发光发热的氧化反应。其特征是发光、发热、生成新物质。空气与煤反应，虽属氧化反应，有新物质生成，但没有产生光和热，不能称它为燃烧；灯泡中灯丝通电后虽发光、发热，但未产生新物质，而不是氧化反应，也不能称它为燃烧。而煤气燃烧过程发光、发热，同时产生新物质——废气。

可燃物质（一切可氧化的物质）、助燃物质（氧化剂如空气、氧气、氯气等物质）和火源（能够提供一定的温度或热量如明火、静电火花、化学能等），是可燃物质燃烧的三个基本条件。缺少三个条件中的任何一个，燃烧就不会发生。对于正在进行的燃烧，只要充分控制三个条件中的任何一个，燃烧就会终止，这就是灭火的基本原理。

2. 燃烧形式

由于可燃物质的存在状态不同，所以它们的燃烧形式是多种多样的。根据燃烧的起因和剧烈程度的不同，燃烧分为闪燃、着火及自燃。

(1) 闪燃与闪点　当火源接近易燃或可燃液体时，液面上的蒸气与空气混合物会发生瞬间（持续时间少于5s）火苗或闪光，这种现象称为闪燃。引起闪燃时的最低温度称为闪点。在闪点时，液体的蒸发速度并不快，蒸发出来的蒸气仅能维持一刹那的燃烧，还来不及补充新的蒸气，所以一闪便灭。从消防角度来说，闪燃是将要起火的先兆。某些可燃液体的闪点见表3-1。

表3-1　某些可燃液体的闪点

液体名称	闪点/℃	液体名称	闪点/℃
苯	−11.1	二硫化碳	−30
甲苯	4.4	焦油	96～105
二甲苯	30	吡啶	20
萘油	78	苯酚	79.4
洗油	100	沥青	232

某些固体，也能在室温下挥发或缓慢蒸发，因此也有闪点，如萘的闪点为78.9℃。

在化工生产中，可根据各种可燃液体闪点的高低，来衡量其危险性，即闪点越低，火灾的危险性越大。通常把闪点低于45℃的液体，叫易燃液体；把闪点高于45℃的液体，叫可燃液体。由表 3-1 可看出，苯、甲苯、二甲苯、二硫化碳、吡啶为易燃液体，焦油、洗油、苯酚为可燃液体。

(2) 着火与着火点　当温度超过闪点并继续升高时，若与火源接触，不仅会引起易燃物质与空气混合物的闪燃，而且会使可燃物燃烧。这种当外来火源或灼热物质与可燃物接近时，产生持续燃烧的现象叫着火。使可燃物质持续燃烧 5s 以上时的最低温度，称为该物质的着火点或燃点，也叫火焰点。一般，燃点比闪点高出 5~20℃，易燃液体的燃点与闪点很接近，仅差 1~5℃；可燃液体，特别是闪点在 100℃ 以上时，两者相差 30℃ 以上。

(3) 自燃与自燃点　自燃是可燃物质自行燃烧的现象。可燃物质在没有外界火源的直接作用下，常温下自行发热，或由于物质内部的物理、化学或生物反应过程所提供的热量聚积起来，使其达到自燃温度，从而发生自行燃烧。

可燃物质发生自燃的最低温度称为自燃点。自燃又可分为受热自燃和自热自燃。

受热自燃是指可燃物质在外界热源作用下，温度升高，当达到自燃点时，即着火燃烧。如化工生产中，可燃物由于接触高温表面、加热和烘烤过度、冲击摩擦，均可导致自燃。

自热自燃是某些物质在没有外来热源影响下，由于本身产生的氧化热、分解热、聚合热或发酵热，使物质温度上升，达到自燃点而燃烧的现象。

3. 热值与燃烧温度

单位质量或单位体积的可燃物质完全燃烧时所放出的热量叫该物质的热值。热值是决定燃烧温度的主要因素。热值数据是用热量计在常压下测得的。高热值包括燃烧生成的水蒸气全部冷凝成液态水所放出的热量；低热值不包括这部分热量。

物质燃烧时的火焰温度叫燃烧温度。

二、爆炸

1. 爆炸与爆炸的种类

爆炸是物质发生急剧的物理、化学变化，在瞬间释放出大量能量并伴有巨大声响的过程。爆炸常伴随发热、发光、高压、真空、电离等现象，并具有很大的破坏作用。

按爆炸性质的不同可将爆炸分为物理爆炸和化学爆炸。

物理爆炸是指物质的物理状态发生急剧变化而引起的爆炸。例如蒸汽锅炉、压缩气体、液化气体过压等引起的爆炸，都属于物理爆炸，物质的化学成分和化学性质在物理爆炸后均不发生变化。

化学爆炸是指物质发生急剧化学反应，产生高温高压而引起的爆炸，物质的化学成分和化学性质在化学爆炸后均发生了质的变化。发生化学爆炸必须具备三个条件，即反应过程的放热性，反应过程的高速度，反应过程生成气态产物。

按爆炸速度的不同可将爆炸分为轻爆、爆炸、爆轰。

轻爆：爆炸传播速度在每秒零点几米至数米之间的爆炸过程。

爆炸：爆炸传播速度在每秒十米至百米之间的爆炸过程。

爆轰：爆炸传播速度在每秒一千米至数千米以上的爆炸过程。

2. 爆炸与爆炸极限

可燃气体、液体蒸气与空气、粉尘与空气的混合物，并不是在任何组成下都可以燃烧或爆炸，而且燃烧（或爆炸）的速率也随组成而变。通常把发生爆炸的浓度就称作爆炸范围，亦称爆炸极限，爆炸极限通常用体积分数来表示，其中在空气中能引起爆炸的最低浓度称爆炸下限；最高浓度称为爆炸上限。混合物浓度低于爆炸下限时，因含有过量的空气，空气的冷却作用阻止了火焰的蔓延。当浓度高于爆炸上限时，由于过量的可燃物质使空气中的氧含量非常不足，火焰也不能传播。所以当浓度在爆炸范围以外时，混合物就不会爆炸。只有在这两个浓度之间才有爆炸危险。一些常见物质的爆炸极限见表3-2。

表3-2 一些常见物质的爆炸极限（与空气）

物质名称	爆炸极限(体积分数)/%		物质名称	爆炸极限(体积分数)/%	
	下限	上限		下限	上限
焦炉煤气	5.5	30.0	甲烷	5.3	14.0
氢气	4.0	75.6	高炉煤气	30.0	75.0
氨	15.0	28.0	苯	1.2	8.0
一氧化碳	12.5	74.0	甲苯	1.2	7.0
硫化氢	4.3	45.0	邻二甲苯	1.0	7.6

注：根据爆炸极限可以知道它们的危险程度。

① 爆炸范围越大，危险性越大，如氢气的爆炸极限范围比氨大5倍多，说明氢气危险性比氨大得多。

② 爆炸下限越低，危险性越大，稍有泄漏容易进入下限范围，应特别防止跑、冒、滴、漏，如焦炉煤气。

③ 如爆炸上限较高的可燃气体，也只需不多的空气进入设备和管道中，就能进入爆炸范围，所以应特别注意设备的密闭和保持正压，严防空气进入，如高炉煤气。

三、焦化生产中火灾、爆炸的危险性

焦炉煤气是一种易燃易爆的气体，从焦炉煤气中回收氨、苯和焦油及其产品精制的过程都具有易燃、可燃的特性。而设备在运行过程中，由于疲劳损伤、磨损、腐蚀以及操作不当、结构和材料的缺陷，均会产生故障，特别是有可能产生穿孔泄漏等现象，由此带来火灾、爆炸的危险性。

为防止火灾和爆炸事故，必须了解生产或贮存物质的火灾危险性，发生火灾事故后火势蔓延扩大的条件等，才能采取有效的防火、防爆措施。生产或贮存物质的火灾爆炸危险性分类见表3-3。

表3-3 火灾爆炸危险性分类

类别	特征
甲	① 闪点＜28℃的易燃液体 ② 爆炸下限＜10%的可燃气体 ③ 常温下能自行分解或在空气中氧化即能导致迅速自燃或爆炸的物质 ④ 常温下受到水或空气中水蒸气的作用，能产生可燃气体并引起燃烧或爆炸的物质 ⑤ 遇酸、受热、撞击、摩擦以及遇有机物或硫磺等易燃无机物，极易引起燃烧或爆炸的强氧化剂 ⑥ 受撞击、摩擦或与氧化剂、有机物接触时能引起燃烧或爆炸的物质 ⑦ 在压力容器内物质本身温度超过自燃点的生产

续表

类别	特 征
乙	① 28℃≤闪点＜60℃的易燃可燃液体 ② 爆炸下限≥10%的可燃气体 ③ 助燃气体和不属于甲类的氧化剂 ④ 不属于甲类的化学易燃危险固体 ⑤ 能与空气形成爆炸性混合物的浮游状态的可燃纤维或粉尘,闪点≥60℃的液体雾滴
丙	① 闪点≥60℃的易燃液体 ② 可燃固体
丁	具有下列情况的生产 ① 对非燃烧物质进行加工,并在高热或熔化状态下经常产生辐射热、火花、火焰的生产 ② 用气体、液体、固体作为燃料或将气体、液体进行燃烧做其他用的生产 ③ 常温下使用或加工难燃烧物质的生产
戊	常温下使用或加工非燃烧物质的生产

根据表 3-3 的火灾爆炸危险性分类标准,可对焦化厂的各车间进行火灾危险性分类,如焦炉煤气的回收净化车间、粗苯精制车间均为甲类生产场所。具体分类可见附录 1。

四、防火防爆措施

由于易燃易爆物质只有与空气混合成适当比例才能形成爆炸性的物质。因此,防火防爆技术措施就是防止这种条件的形成。

1. 杜绝火源的具体措施

杜绝火源是防止火灾爆炸的基本措施之一,而火源是多种多样的,因而具体措施也复杂繁多。从理论和实践上看,需要杜绝的火源有以下四类。

(1) 化学火源的预防 为防明火应禁止吸烟,动火、生火炉。要防止硫化铁、带油破布、棉纱头自燃,并采取隔离措施。杜绝氧化剂进入禁火现场,以防强氧化剂反应着火。

(2) 物理火源的预防 防止机器轴承摩擦发热起火,防止工具敲击摩擦起火,采用铜、铝合金等不产生火花的工具,禁止穿着带钉鞋、靴进入禁火区。对热表面要采取隔热保温措施,以防压缩热源和传导热。

(3) 电气火源的预防 为防电气设备、线路引起的火源,采用防爆电机,开关或采取隔离措施,防止超负荷运行,严禁乱拉临时电源。为防静电引起的火源,易燃设备管道要有良好的接地,输送易燃液、气体流速不得超过 25m/s,防止产生高速喷射现象。为防雷击火花,应设防雷保护装置并定期测试电阻。

(4) 日光火源的预防 防止凸透镜、玻璃瓶底和有气泡的门窗玻璃等日光聚集作用引燃起火。还要防日光直射使两种物质激烈反应而产生的火源。

2. 消除导致火灾爆炸的物质条件

杜绝漏油、漏液、漏气,消灭跑、冒、滴、漏,保持设备密闭性,是防止形成爆炸性混合物的有效措施。采取通风排气是防止爆炸性混合气体在车间或容器内积聚形成的一项有效措施。在停送煤气等可燃气体中应用蒸汽或惰性气体置换,是防止形成混合爆炸性气体的可靠方法,煤气的输送管线、设备、贮罐等,均应设吹扫或灭火用的蒸汽置换设施。进行浓度测定和含氧分析,是鉴别混合气体是否达到爆炸危险程度的方法,便于根据测定结果采取相应的安全措施。禁止使用苯类、汽油等洗手、洗衣服，擦地板，以免易燃液体挥发与空气混合成爆炸性物质。

3. 生产工艺的安全控制

控制压力是防爆的一项重要措施。在送煤气点火时，采取正确的点火程序，可防止形成爆炸性混合气体从而防止爆炸的发生。不准用压缩空气输送易燃液体或搅拌易燃产品，不准用废烟囱作放散管使用，从而防止空气与易燃物直接混合形成爆炸性气体。甲、乙、丙类液体的高位贮槽应设满流槽或液位控制装置，用以控制液位。严格执行操作规程和工艺操作指标，杜绝违章作业和超负荷生产是防止爆炸的保证。严格执行化工设备的定期检修，消除隐患，是实现安全运行，防止爆炸的有效措施。

4. 限制火灾爆炸蔓延扩大的措施

（1）执行《建筑设计防火规范》 为了限制火灾爆炸蔓延扩大，厂址选择及防爆厂房的布局和结构应按照相关要求建设，如根据所在地区主导风的风向，把火源置于易燃物质可能释放点的上风向，根据《建筑设计防火规范》建设相应等级的厂房，采用防火墙、防火门、防火堤对易燃易爆的危险场所进行防火隔离，并确保防火间距。

回收车间应布置在焦炉的机侧或一端，其建（构）筑物最外边缘距大型焦炉炉体边缘不应小于40m，距中小型焦炉不应小于30m。精苯车间不宜布置在厂区中心地带，与焦炉炉体净距不得小于50m。煤场和焦油车间宜设在厂区全年最小频率风向的上风侧，沥青生产装置应布置在焦油蒸馏生产装置的端部，并位于厂区的边缘。

化产工艺装置宜布置在露天或敞开的建（构）筑物内。易燃与可燃性物质生产厂房或库房的门窗应向外开，油库泵房靠贮槽一侧不应设门窗。有爆炸危险的甲、乙类厂房，宜采用敞开或半敞开式建筑；必须采用封闭式建筑时，应采取强制通风换气措施。

甲、乙、丙类液体贮槽之间的防火间距，不应小于表3-4的规定。汽车槽车的装车鹤管与装车用的缓冲罐之间的防火间距，不应小于5m，距装油泵房不得小于8m。铁路油品装卸设备与建（构）筑物之间的防火间距，应符合表3-5的要求。

表3-4 甲、乙、丙类液体贮槽之间的防火间距　　　　　　　　　　　　　　单位：m

液体类别	单槽容量/m³	贮槽形式			浮顶贮槽	卧式贮槽
		固定顶槽				
		地上式	半地下式	地下式		
甲乙类	≤1000	0.75D	0.5D	0.4D	0.4D	不小于 0.8D
	>1000	0.6D				
丙类	不限	0.4D	不限	不限		

注：D为相邻立式贮槽中较大槽的直径（m）；矩形贮槽的直径为长边与短边之和的一半。

表3-5 铁路油品装卸设备与建（构）筑物之间的防火间距

建（构）筑物名称	耐火等级	防火间距/m	建（构）筑物名称	耐火等级	防火间距/m
油泵房	一、二级	8	变、配电室	一、二级	30
桶装库房	一、二级	15	有明火的生产建筑物	一、二、三级	30

甲、乙、丙类液体的地上、半地下贮槽或贮槽组，应设置非燃烧材料的防火堤。闪点高于120℃的液体贮槽，桶装乙、丙类液体的堆场，甲类液体半露天堆场，均可不设防火

堤，但应有防止液体流散的设施。贮槽组内，甲类与乙、丙类液体贮槽之间应设分隔堤，高度不得低于 0.5m，应比防火堤低 0.3m。防火堤应符合下列要求。

① 防火堤内贮槽的布置不宜超过两行，但单槽容量不大于 1000m³ 且闪点高于 120℃ 的液体贮槽，可不超过四行。

② 防火堤内有效容量不应小于最大槽的容量，但对于浮顶槽，可不小于最大贮槽容量的一半。

③ 防火堤内侧基脚线至立式贮槽外壁的距离，不应小于槽壁高的一半。卧式贮槽至防火堤内侧基脚线的水平距离不应小于 3m。

④ 防火堤的高度宜为 1~1.6m，实际高度应比按有效容积计算的高度高 0.2m。

⑤ 沸溢性液体地上、半地下贮槽，每个贮槽应设一个防火堤或防火隔堤。

⑥ 含油污水排水管出防火堤处应有水封设施，雨水排水管应设阀门等封闭装置。

(2) 采用防爆泄压装置　包括安全阀、防爆片（膜）、防爆门、放空管等。系统内一旦发生爆炸或压力骤增时，可以通过这些设施释放能量，以减小巨大压力对设备的破坏或爆炸事故的发生。

(3) 采用阻火装置　如阻火器、安全液封、单向阀、防火闸门等。阻火装置的作用是防止外部火焰窜入有火灾爆炸危险的设备、管道、容器或阻止火焰在设备或管道间蔓延。

五、消防安全

1. 灭火原理与方法

由于燃烧有三个必要条件，因此，只有设法破坏其中一个或两个条件，便能使燃烧终止，达到灭火目的。因此，可把灭火归纳为四种方法。

(1) 窒息法——缺氧法　采用石棉面、浸湿棉被、帆布等不燃、难燃材料覆盖燃烧物，阻止空气流入燃烧区，使燃烧缺氧而熄灭，也可采用蒸汽、惰性气体（CO_2、N_2）灭火，此法对空间小的房屋和设备管道内灭火最为合适。

(2) 冷却灭火法——降温法　即用水直接喷洒到燃烧物上，使燃烧物体温度降低到燃点以下而燃烧终止，这是最常用的灭火方法。在使用中要特别注意不能用于密度小于水的油类，也不能用于忌水怕水的电石、生石灰、金属钠等灭火，尤其是电气着火千万不可用水浇，以免事故扩大或触电。

(3) 隔离灭火法——移走撤离法　即将燃烧体与可燃物质隔离或搬移开，断绝可燃物而使燃烧停止。

(4) 抑制灭火法——化学中断法　即灭火剂参与燃烧反应而成稳定分子或低活性游离基，而使燃烧反应停止，干粉和 1211 灭火剂均属此类型，适用于电气、油类、化工产品、可燃气体以及贵重仪器、设备等各种火灾的扑救。

2. 灭火剂的种类及选用

对化工厂火灾的扑救，必须根据化工生产工艺条件、原材料、中间产品、产品的性质，建筑物、构筑物的特点，灭火物质的价值等原则，来选择合理的灭火剂和灭火器材。化工企业常用的灭火剂有水、水蒸气、化学液、二氧化碳、干粉、1211（已禁用）等。

(1) 水和水蒸气　水是消防上最普遍应用的灭火剂，因为水在自然界广泛存在，热容量大，取用方便，成本低廉，对人体及物体基本无害，水具有隔离空气、机械冲击、稀释作用、吸收和溶解的作用。凡具有下列性质的物品及设备不能用水扑救。

① 相对密度小于水和不溶于水的易燃液体，如汽油、煤油、柴油等油品，相对密度大于水的可燃液体，如二硫化碳，可以用喷雾水扑救，或用水封阻止火势的蔓延。芳香烃类、能溶或稍溶于水的液体，如苯类、醇类、醚类、酮类等大容量贮罐，如用水扑救易造成可燃液体的溢流，使火灾更大。

② 遇水能燃烧的物质不能用水或含有水的泡沫液灭火，而应用砂土灭火。如金属钾、钠、碳化钠等。

③ 硫酸、盐酸和硝酸不能用强大的水流冲击。因为强大的水流能使酸飞溅，流出后遇可燃物质，有引起爆炸的危险。酸溅在人身上，能烧伤人。

④ 电气火灾未切断电源前不能用水扑救。因为水是良导体，容易造成触电。

⑤ 高温状态下的生产设备和装置的火灾不能用水扑救。因为可使设备遇冷水后引起形变或爆裂。

(2) 化学泡沫灭火剂　常用的化学泡沫灭火剂，主要是酸性盐（硫酸铝）和碱性盐（碳酸氢钠）与少量的发泡剂（植物水解蛋白质或甘草粉）、少量的稳定剂（三氯化铁）等混合后，相互作用而生成的泡沫。泡沫中的二氧化碳气体，一方面在发泡剂的作用下，形成以二氧化碳为核心的大量微细泡沫，同时，使灭火器中压力很快增加，将生成的泡沫从喷嘴中压出。泡沫相对密度小，易于黏附在燃烧物表面隔绝空气，达到灭火的效果。

化学泡沫灭火剂不能用来扑救忌水忌酸的化学物质和电气设备火灾。

(3) 酸碱灭火剂　手提式酸碱灭火器内装碳酸氢钠溶液和另一小瓶硫酸。使用时将筒身颠倒，硫酸便与碳酸氢钠反应，生成的二氧化碳气体产生压力，使二氧化碳和溶液从喷嘴喷出，笼罩在燃烧物上，将燃烧物与空气隔离而起到灭火的作用。

酸碱灭火剂，适用于扑救木、棉、毛等一般可燃物质的火灾初起，但不宜用于油类、忌水、忌酸物质及电气设备的火灾。

(4) 二氧化碳灭火剂　二氧化碳在通常状态下是无色无味的气体，相对密度 1.529，比空气重，不燃烧不助燃。经过压缩的二氧化碳灌入钢瓶内，从钢瓶里喷射出来的固体二氧化碳（干冰）温度为 $-78.5℃$，干冰气化后，二氧化碳气体覆盖在燃烧区内，除了窒息作用之外，还有冷却作用，火焰就会熄灭。

二氧化碳灭火剂有很多优点，灭火后不留任何痕迹，不损坏被救物品，不导电，无毒害，无腐蚀，用它可以扑救电气设备、精密仪器、电子设备、图书资料档案等火灾。但忌用于某些金属，如钾、钠、镁、铝、铁及其氢化物的火灾，也不适用于某些能在惰性介质中自身供氧燃烧的物质，也难于扑灭一些纤维物质内部的阴火。

(5) 干粉灭火剂　干粉灭火剂主要成分为碳酸氢钠和少量的防潮剂硬脂酸镁及滑石粉等。用干燥的二氧化碳或氮气作动力，将干粉从容器中喷出形成粉雾，喷射到燃烧区灭火。

在燃烧区干粉碳酸氢钠受高温作用，在反应过程中，由于放出大量的水蒸气和二氧化碳，并吸收大量的热，因此起到一定冷却和稀释可燃气体的作用；同时，干粉灭火剂与燃烧区碳氢化合物作用，夺取燃烧连锁反应的自由基，从而抑制燃烧过程，致使火焰熄灭。

干粉灭火剂无毒、无腐蚀作用，主要用于扑救石油及其产品，可燃气体和电气设备的初起火灾以及一般固体的火灾。扑救大面积的火灾时，需与喷雾水流配合，以改善灭火效果，并可防止复燃。对于一些扩散性很强的易燃气体，如乙炔、氢气，干粉喷射难以使整个范围内的气体稀释，灭火效果不佳。它也不宜用于精密机械、仪器、仪表的灭火，因为在灭火后留有残渣。

3. 消防设施

（1）消防站　大中型焦化厂宜设消防站，消防站应设在便于车辆迅速出动的位置。粗苯生产、粗苯加工和焦油加工等主要火灾危险场所，应有直通消防站的报警信号或电话，并应有灭火设施。

（2）消防给水设施　消防给水管网应采用环状管网，其输水干管应不少于两条。多层生产厂房应设消火栓和消防水泵，塔区各层操作平台应有小型灭火机并宜设蒸汽灭火接头。甲、乙、丙类液体贮槽区的消火栓应设在防火堤外，距槽壁15m范围内的消火栓，不应计算在该槽可使用的数量内。

（3）泡沫灭火系统　粗苯、精苯贮槽区，应设固定式或半固定式泡沫灭火系统，槽区周围应有消防给水系统。泡沫混合液管线宜地上敷设，不得从槽顶跨越。与泡沫发生器连接的立管段应固定在槽壁上，防火堤内的水平管段应敷设在管墩管架上，但不得固定。

（4）蒸汽灭火系统　粗苯和精苯的洗涤室、蒸馏室、原料泵房、产品泵房、贮槽室、精萘、工业萘、萘酐及焦油油泵房，精萘和工业萘的转鼓结晶机室、吡啶贮槽室、装桶间，均应设固定式或半固定式蒸汽灭火系统；管式炉炉膛及回弯头箱，萘酐生产中的汽化器、氧化器、薄壁冷却器，应设固定式蒸汽灭火系统；二甲酚、蒽、沥青、酚油等闪点大于120℃的可燃液体贮槽或其他设备和管道易泄漏着火地点，应设半固定式蒸汽火火系统。

灭火蒸汽管线蒸汽源的压力，不应小于6×10^5Pa（6.12kg/cm^2），其操纵阀门或接头应安装在便于操作的安全地点。

（5）灭火机　各厂房、建筑物、库房等应备有小型灭火机，其数量应不小于表3-6的规定，灭火机应设置在便于取用的地点。

表3-6　焦化厂小型灭火机设置数量

场　　所	设置数量/(个/km²)	场　　所	设置数量/(个/km²)
甲、乙类露天生产装置	7~10	甲、乙类仓库	12
丙类露天生产装置	5~6	丙类仓库	10
甲、乙类生产建筑物	20	甲、乙、丙类液体装卸栈台	每10~15m设一个（可设置干粉灭火机）
丙类生产建筑物	12		

4. 焦化厂常见火灾事故的扑救方法

（1）煤气火灾　扑救这类火灾可用化学干粉、蒸汽等，禁止用水扑救，并要设法密闭和堵塞泄漏处。煤气设施着火时，应逐渐降低煤气压力，通入大量蒸汽或氮气，但设施内煤气压力最低不得小于100Pa（10.2mmH$_2$O）。严禁突然关闭煤气闸阀或水封，以防回火爆炸。直径小于或等于100mm的煤气管道起火，可直接关闭煤气阀门灭火。煤气隔断装置、压力表或蒸汽、氮气接头，应有专人控制操作。

（2）油品火灾　如焦油、粗苯、煤油等物质发生的火灾。扑救这种火灾可用化学干粉、二氧化碳或泡沫灭火剂。

(3) 可燃物火灾　如建筑物、纤维、固体燃料等火灾。扑救方法可用大量水灭火。
(4) 电气火灾　电气配线、电动机、变压器及电器绝缘材料发生的火灾。扑救方法可用干粉、二氧化碳、四氯化碳等灭火。

对于不同性质的火灾，扑救方法各不相同，绝不能错用或同时乱用多种方法扑救。

第二节　电气安全技术

一、用电安全技术

1. 电流对人体的作用

电流对人体的作用是指电流通过人体内部对于人体的有害作用，如电流通过人体时会引起针刺感、打击感、痉挛、痛疼以及血压升高、昏迷、心律不齐等症状。这种有害作用的大小与通过人体的电流大小、通电时间、接触途径及种类和人体个体差异有很密切的关系。

(1) 电流大小　通过人体的电流大小不同，引起的反应也不同。一般可分为感知电流、摆脱电流、致命电流。感知电流即引起人体感觉的最小电流，人的感觉是轻微麻抖和轻微刺痛，经验表明，一般成年男性的感知电流为 1.1mA，成年女性的感知电流为 0.7mA。摆脱电流，是指人体触电后能够自己摆脱的最大电流，成年男性的平均摆脱电流为 16mA，成年女性的平均摆脱电流为 10.5mA。致命电流是指在较短时间内危及人的生命的最小电流，一般 100mA 为致命电流。

(2) 电流持续时间　电流通过人体的持续时间愈长，造成电击伤害的危险程度就愈大。

(3) 通过人体的途径　电流通过心脏会引起心颤或心脏停止跳动，电流通过中枢神经或有关部位均可致死，电流通过脊髓，会使人截瘫。一般电流从手到脚的途径最危险，其次是从手到手，从脚到脚的途径虽然伤害程度较小，但摔倒后，有可能造成全身过电的更严重的情况。

(4) 电流种类　直流电由于不交变，其频率为零所以危害程度较轻。而工频交流电频率为 50Hz，由实验知，频率为 25～300Hz 的交流电最易引起人体的心室颤动，在此范围之外，频率越高或越低，对人危害程度会相对小一些。

(5) 电压　通常确定对人体的安全条件并不采用安全电流而采用安全电压，因为影响电流变化的因素很多，而电力系统的电压却是较为固定的。中国规定的安全电压一般为 36V，在潮湿及罐塔设备容器内行灯安全电压为 12V。

(6) 人体状况　人体的健康和精神状况是否正常对于触电伤害的程度是不同的，体弱、有病者的危险性较健壮者危险性大。

2. 电流对人体的伤害

当人体接触带电体时，电流会对人体造成程度不同的伤害，即发生触电事故。触电事故可分为电击和电伤两种类型。

(1) 电击　电击是指电流通过人体时所造成的身体内部伤害，严重时会危及生命而致死亡。电击可分为直接电击和间接电击。直接电击是指人体直接触及正常运行的带电体所发生的电击;间接电击则是指电气设备发生故障后,人体触击意外带电部位所发生的电击。所以直接电击也称为正常情况下的电击,间接电击称为故障情况下的电击。

(2) 电伤　电伤是指由电流的热效应、化学效应、机械效应对人体造成的伤害。电伤可伤及人体内部,但多见于人体表面,而且常会在人体留下伤痕。电伤可分为:①电弧烧伤,又称为电灼伤,是电伤中最常见也是最严重的一种。②电烙印,是指电流通过人体后,在接触部位留下的斑痕。③皮肤金属化,是指由于电流或电弧作用产生的金属微粒渗入了人体皮肤造成的,受伤部位变得粗糙坚硬,并呈特殊的青黑色或红褐色等。④电光眼,主要表现为角膜炎或结膜炎。

3. 触电防护技术与措施

为了有效地防止触电事故,除了在思想上提高对安全用电的认识,还必须依靠一些完善的技术措施,通常可采用绝缘、屏护、安全间距、保护接地或接零、漏电保护等技术或措施。

(1) 绝缘　绝缘是用绝缘物把带电体封闭起来。电气设备的绝缘只有在遭到破坏时才能除去,电工绝缘材料是指体积电阻率在 $10^7\Omega \cdot m$ 以上的材料。要求设备的电气控制箱和配电盘前后的地板,应铺设绝缘板。变、配电室,应备有绝缘手套、绝缘鞋和绝缘杆等。

(2) 屏护和间距　屏护是借助屏障物防止触及带电体,一般可采用遮栏、护罩、护盖、箱(匣)等将带电体同外界隔绝开来的技术措施,屏护装置既有永久性装置,如电气开关罩盖等,也有临时性装置,如检修时使用的临时屏护。间距是将带电体置于人和设备所及范围之外的安全措施,安全距离的大小决定于电压的高低、设备的类型、安装方式等因素。

(3) 保护接地或接零　保护接地就是将电气设备在正常情况下不带电的金属部分与接地之间作良好的金属连接。保护接零是把设备外壳与电网保护零线紧密连接起来。

(4) 漏电保护　漏电保护器主要用于防止单相触电事故,也可用于防止有漏电引起的火灾,有的漏电保护器还具有过载保护、过电压和欠电压保护等,漏电保护装置可应用于低压线路和移动电具方面,也可用于高压系统的漏电检测。但需注意,漏电保护装置只能做附加保护,而不能单独使用。

(5) 正确使用防护用具　不论是在正常情况下工作,还是在特殊情况下工作,都必须按规定正确使用相应的防护用具,这样可以避免操作人员发生触电事故。

4. 触电急救

在生产过程中,首先应尽一切努力防止触电事故,但如果由于种种原因发生了事故,应果断采取措施,避免更严重的后果,触电急救应动作迅速,救护得法。

(1) 急救原则　人体触电后,通常会出现神经麻痹,严重的会出现呼吸中断、心脏停止跳动等症状。从外表看,有些触电者似乎已经死亡,实际是处于假死的昏迷状态,所以发生触电后,绝不能放弃急救,要有急救意识,采取有效的急救措施,进行耐心、持久的抢救是急救的基本原则。有资料记载,有触电者经过 4h 抢救复苏的病例。另据统计结果表明,从触电 1min 开始救治者,有 90% 救治效果良好,从触电 6min 开始救治者,有 10% 救治效果良好,从触电 12min 开始救治者,救治的可能性很小,因此抓紧抢救时机也是最基本的急救原则。

(2) 迅速脱离电源　一般情况如果通过人体的电流超过了摆脱电流,人就会产生痉挛或失去知觉,这样触电者就不能自行摆脱电源,所以触电急救的首要措施是让触电者脱离电源，通常有以下几种方法：①拉断触电地点最近的闸刀，拉开开关或拔出插头，使电源断开。②如远离开关可用带绝缘性能良好的工具设法割、切、砍断电源。③当电线落在触电者身上或被压在身下时，可利用手边干燥的衣服、手套、绳索、木棒、竹竿、扁担等绝缘物作为工具，挑开电线或拉开触电者。④如果是高压触电，必须通知电气人员，切断电源。

（3）现场急救措施　①触电者伤害不严重，如果只是四肢麻木，全身乏力，但神志清醒，或虽一度昏迷，但没失去知觉，可就地休息1~2h，并严密观察。②触电者伤害较严重，已失去知觉，但心脏跳动呼吸存在，应使触电者舒适、安静地平卧。若出现呼吸停止、心跳停止，应立即施行口对口人工呼吸法或胸外心脏按压法进行抢救。③触电者伤害很严重，呼吸或心跳停止，即处于所谓的"假死状态"则应立即施行口对口人工呼吸及胸外心脏按压，同时速请医生或送往医院，在送往医院的途中，不要停止抢救，要坚持抢救6h以上。

在抢救触电者时，严禁随便注射强心针。人体触电时，心脏在电流作用下出现颤动和收缩、脉搏跳动微弱，血液传播混乱。这时注射强心针只会加剧对心脏的刺激。尽管精神上可能呈现瞬间好转，但很快就会转向恶化，造成心力衰竭死亡。

二、电气防火防爆

在火灾和爆炸事故中，所发生的电气火灾爆炸事故占很大的比例。据统计，由于电气原因所引起的火灾，仅次于明火所引起的火灾，在整个火灾事故中居第二位。在具有爆炸性气体、粉尘、可燃物质的环境中一定要加强电气的防火防爆。

危险场所电气防火防爆的主要任务是不形成电气设备的着火源，引起电气设备火灾的着火源有电气设备本身的原因，也有危险温度、电气火花和电弧等外部原因，所以在化产车间要根据爆炸和火灾危险场所的区域等级和爆炸性物质的性质，对车间内的各电气动力设备、仪器仪表、照明装置和电气线路等，分别采用防爆、封闭、隔离等措施。

1. 爆炸和火灾危险场所的区域划分

按形成爆炸火灾危险可能性的大小将火灾场所分级，其目的是有区别地选择电气设备和采取预防措施，达到生产上安全、经济上合理的目的，中国将爆炸火灾危险场所分为三类八区。对爆炸性物质的危险场所具体划分见表3-7。

表3-7　爆炸和火灾危险场所的区域划分

类别	场所	分级	特征
1	有可燃气体或易燃液体蒸气爆炸危险的场所	0区	正常情况下，能形成爆炸性混合物的场所
		1区	正常情况下不能形成，但在不正常情况下能形成爆炸性混合物的场所
		2区	不正常情况下整个空间形成爆炸性混合物可能性较小的场所
2	有可燃粉尘或可燃纤维爆炸危险的场所	10区	正常情况下，能形成爆炸性混合物的场所
		11区	仅在不正常情况下，才能形成爆炸性混合物的场所
3	有火灾危险性的场所	21区	在生产过程中，生产、使用、贮存和输送闪点高于场所环境温度的可燃液体，在数量上和配置上能引起火灾危险性的场所
		22区	在生产过程中，不可能形成爆炸性混合物的可燃粉尘或可燃纤维在数量上和配置上能引起火灾危险性的场所
		23区	有固体可燃物质在数量上和配置上能引起火灾危险性的场所

根据表 3-7 的爆炸和火灾危险场所的区域划分标准，可进行焦化厂的爆炸和火灾危险场所的区域划分，附录 2 为焦化厂主要爆炸危险场所等级。

2. 电气防火防爆措施

(1) 防爆电气设备的选型　一般化工生产为了适应其防爆要求，防止电气设备经常出现的火花、电弧和危险温度，主要设计出结构和防爆性能不同的 8 种防爆电气类型，标志如下。

　　隔爆型标志　　d　　　　　充油型标志　　o
　　增安型标志　　e　　　　　充砂型标志　　q
　　本质安全型标志　ia 和 ib　　无火花型标志　n
　　正压型标志　　p　　　　　特殊型标志　　s

防爆电气设备在标志中除了表示类型外，还标出适用的分级分组，其标志一般由四部分组成，以字母或数字表示。

□	Ⅱ	□	□
防爆类型标志	工厂用防爆电气设备	爆炸混合物的级别	爆炸混合物的组别

防爆电气设备的选型原则是安全可靠，经济合理。防爆电气设备在 0 级区域只准许选用 ia 级本质安全型设备，和其他特别为 0 级区域设计的特殊型电气设备。选用防爆电气设备的级别和组别不应低于该爆炸危险场所内爆炸性混合物的级别和组别。当存在有两种或两种以上的爆炸性混合物时，应按危险程度较高的级别和组别选用。无法得到规定的防火防爆等级设备而采用代用设备时，应采取有效的防火、防爆措施。

为了更好地了解防爆电气设备和正确选择防爆电气设备，下面将 8 种防爆电气设备的特点做简单介绍。

① 隔爆型电气设备。有一个隔爆外壳，是应用缝隙隔爆原理，使设备外壳内部产生的爆炸火焰不能传播到外壳的外部，从而点燃周围环境中爆炸性介质的电气设备。隔爆型电气设备的安全性较高，可用于除 0 区之外的各级危险场所，但其价格及维护要求比较高，因此在危险性级别较低的场所使用不够经济。

② 增安型电气设备。是在正常运行情况下不产生电弧、火花或危险温度的电气设备，它可用于 1 区和 2 区危险场所，价格适中，可广泛使用。

③ 正压型电气设备。具有保护外壳，壳内充有保护性气体，其压力高于周围爆炸性气体的压力，能阻止外部爆炸性气体进入设备内部引起爆炸。可用于 1 区和 2 区危险场所。

④ 本质安全型电气设备。是由本质安全电路构成的电气设备。在正常情况下及事故时产生的火花、危险温度不会引起爆炸性混合物爆炸。ia 级可用于 0 区危险场所，ib 级可用于除 0 区之外的危险场所。

⑤ 充油型电气设备。是应用隔爆原理将电气设备全部或一部分浸没在绝缘油面以下，使得产生的电火花和电弧不会点燃油面以上及容器外壳外部的燃爆型介质。运行中经常产生电火花以及有活动部件的电气设备可以采用这种防爆形式。可用于除 0 区之外的危险场所。

⑥ 充砂型电气设备。是应用隔爆原理将可能产生的火花的电气部位用砂粒填充覆盖，利用覆盖层砂粒间隙的熄火作用，使电气设备的火花或过热温度不致引燃周围环境中的爆炸性物质。可用于除 0 区之外的危险场所。

⑦ 无火花型电气设备。在正常运行时不会产生火花、电弧及高温表面的电气设备。它只能用于 2 区危险场所，但由于在爆炸性危险场所中 2 区危险场所占绝大部分，所以该类型设备使用面很广。

⑧ 防爆特殊型电气设备。电气设备采用《爆炸性环境用防爆电气设备》中未包括的防爆形式，属于防爆特殊型电气设备。该类设备必须经指定的鉴定单位检验。

(2) 防爆电气线路　架空电线严禁跨越爆炸和火灾危险场所。爆炸和火灾危险场所不宜采用电缆沟配线；若需设电缆沟，则应采取防止可燃气体，易燃、可燃液体，酸或碱等物质漏入电缆沟的措施，进入变、配电室的电缆沟入口处，应予填实密封。

精苯车间应使用铜质导线和电缆。所有导线和电缆，五年内至少做一次绝缘试验，大修时，必须全部更新。精苯车间初馏分库房内禁止安装任何电气设备和导线，库房外布线也应穿管安装。

(3) 变电所和配电所　变电所和配电所不应设在有爆炸危险的甲、乙类场所及贴邻建造，但供上述场所专用的 10kV 及以下的变、配电室，采用防火墙隔开时，则可一面贴邻建造。已设在爆炸危险场所的 10kV 及以下的变、配电室，也应用防火墙隔开。

三、静电防护技术

1. 静电的特性

静电通常是指静止的电荷，它是由物体间的相互摩擦或感应而产生的。静电现象是一种常见的带电现象。静电的形成是十分复杂的过程，与许多因素有关，目前还没有统一解释静电的理论，只有一些假说。但静电的特性是很明显的，主要有六个方面。

① 化工生产过程中产生的静电电量都很小，但电压却很高，其放电火花的能量大大超过某些物质的最小点火能，所以易引起着火爆炸，因此是很危险的。

② 在绝缘体上静电泄漏很慢，这样就使带电体保留危险状态的时间也长，危险程度相应增加。

③ 绝缘了的静电导体所带的电荷平时无法移走，一有放电机会，全部自由电荷将一次经放电点放掉，因此带有相同数量静电荷和表观电压的绝缘的导体要比非导体危险性大。

④ 远端放电（静电远处放电）。厂房中一条管道或部件产生了静电，其周围与地绝缘和金属设备就会在感应下将静电扩散到远处，并可在预想不到的地方放电，或使人受到电击，它的放电是发生在与地绝缘的导体上，自由电荷可一次全部放掉，因此危险性很大。

⑤ 尖端放电。静电电荷密度随表面曲率增大而升高，因此在导体尖端部分电荷密度最大，电场最强，能够产生尖端放电。尖端放电可导致火灾、爆炸事故的发生，还可使产品质量受损。

⑥ 静电屏蔽。静电场可以用导电的金属元件加以屏蔽。可以用接地的金属网、容器等将带静电的物体屏蔽起来，不使外界遭受静电危害。相反，使被屏蔽的物体不受外电场感应起电，也是一种"静电屏蔽"。静电屏蔽在安全生产上被广为利用。

2. 静电的危害

静电危害在化工生产中主要有三方面，即引起火灾和爆炸、静电电击和妨碍生产。

(1) 静电引起火灾和爆炸　静电放电可引起可燃、易燃液体蒸气、可燃气体以及可燃性粉尘的着火、爆炸。在化工生产中，由静电火花引起爆炸和火灾的事故是静电最为严重的危害。从已发生的事故实例中，由静电引起的火灾、爆炸事故如苯、甲苯、汽油等有机溶剂的运输；易燃液体的灌注、取样、过滤过程，于物料泄漏喷出、摩擦搅拌等。

在化工操作过程中，操作人员在生产活动时，穿的衣服、鞋以及携带的工具与其他物体摩擦时，就可能产生静电。当携带静电荷的人走近金属管道和其他金属物体时，人的手指或脚会释放出电火花，往往酿成静电灾害。

（2）静电电击　橡胶和塑料制品等高分子材料与金属摩擦时，产生的静电荷往往不易泄漏。当人体接近这些带电体时，就会受到意外的电击。这种电击是由于从带电体向人体发生放电，电流流向人体而产生的。同样，当人体带有较多静电电荷时，电流流向接地体，也会发生电击现象。

静电电击不是电流持续通过人体的电击，而是由静电放电造成的瞬间冲击性电击。这种瞬间冲击性电击不至于直接使人死亡，大多数只是产生痛感和震颤。但是，在生产现场可造成人指尖负伤，或因为屡遭静电电击后产生恐惧心理，从而使工作效率下降。此外，还会由于电击的原因而引起手被轧进滚筒中，或造成高处坠落等二次伤害。

（3）静电妨碍生产　在某些生产过程中，如不消除静电，将会妨碍生产或降低产品质量，例如，静电使粉体吸附于设备，会影响粉体的过滤和输送。随着科学技术的现代化，化工生产普遍采用电子计算机控制，由于静电的存在可能会影响到电子计算机的正常运行，致使系统发生误动作而影响生产。

3. 静电的安全防护

防止静电引起火灾爆炸事故是化产车间静电安全的主要内容。为防止静电引起火灾爆炸所采取的安全防护措施，对防止其他静电危害也同样有效。

静电引起燃烧爆炸的基本条件有四个，一是有产生静电的来源；二是静电得以积累，并达到足以引起火花放电的静电电压；三是静电放电的火花能量达到爆炸性混合物的最小点燃能量；四是静电火花周围有可燃性气体、蒸气和空气形成的可燃性气体混合物。因此，当我们采取适当的措施，消除以上四个基本条件中的任何一个，就能防止静电引起的火灾爆炸。防止静电危害主要有以下措施。

（1）场所危险程度的控制　为了防止静电危害，可以采取减轻或消除场所周围环境火灾、爆炸危险性的间接措施。如通风、惰性气体保护、负压操作等。

（2）工艺控制　从工艺上采取措施，限制和避免静电的产生和积累，常采取的控制方式有：控制输送物料流速限制静电的产生，选用合适的材料，增加消散时间，改变灌注方式等。如灌装苯类时，必须待静电消失方可检测、取样。静电消散所需静置时间，贮槽容积小于 $50m^3$ 的，不少于 5min；小于 $200m^3$，不少于 10min；小于 $1000m^3$，不少于 20min；小于 $2000m^3$，不少于 30min；小于 $5000m^3$，不少于 60min。

（3）接地　接地是消除静电危害最常见的措施。静电接地的连接线应保证足够的机械强度和化学稳定性，连接应当可靠，操作人员在巡回检查中，应经常检查接地系统是否良好，不得有中断处。接地电阻不应超过规定值。生产、贮存和装卸甲类液体与可燃气体的管线及设备，应设接地装置，仅为防静电的接地，接地电阻一般不大于 100Ω。

（4）增湿　存在静电危险的场所，在工艺条件允许时，宜采用安装空调设备、喷雾器等办法，以提高场所环境相对湿度，消除静电危害。用增湿法消除静电危害的效果显著。

(5) 抗静电剂　抗静电剂具有较好的导电性能或较强的吸湿性。因此，在易产生静电的高绝缘材料中，加入抗静电剂，使材料的电阻率下降，加快静电泄漏，消除静电危险。

(6) 静电消除器　静电消除器是一种产生电子或离子的装置，借助于产生的电子或离子中和物体上的静电，从而达到消除静电的目的。静电消除器具有不影响产品质量、使用比较方便等优点。

(7) 人体的防静电措施　人体的防静电主要是防止带电体向人体放电或人体带静电所造成危害，具体有以下几个措施。

① 采用金属网或金属板等导电材料遮蔽带电体，防止带电体向人体放电。

② 操作人员在接触静电带电体时，宜戴用金属线和导电性纤维混纺的手套、穿防静电工作服和防静电工作鞋。防静电工作鞋的电阻为 $10^5 \sim 10^7 \Omega$，穿着后人体所带静电荷可通过防静电工作鞋及时泄漏掉。

③ 采用导电性地面是一种接地措施，不但能导走设备上的静电，而且有利于导除积累在人体上的静电。导电性地面是指用电阻率 $10^6 \Omega \cdot cm$ 以下的材料制成的地面。

④ 在易燃场所入口处，安装硬铝或铜等导电金属的接地走道，操作人员从走道经过后，可以导除人体静电。同时，入口门的扶手也可以采用金属结构并接地，当手接触门扶手时可导除静电。

四、防雷技术

1. 雷电的分类及危害

雷电实质上是大气中的放电现象，最常见的是线形雷，有时也能见到片形雷，个别情况下还会出现球形雷。雷电通常可分为直击雷和感应雷两种。

(1) 直击雷　大气中带有电荷的雷云对地电压可高达几十万千伏。当雷云同地面凸出物之间的电场强度达到该空间的击穿强度时所产生的放电现象，就是通常所说的雷击。这种对地面凸出物直接的雷击称为直击雷。

(2) 感应雷　也称雷电感应，分为静电感应和电磁感应两种。静电感应是在雷云接近地面，在架空线路或其他凸出物顶部感应出大量电荷引起的。电磁感应是由雷击后伴随的巨大雷电流在周围空间产生迅速变化的强磁场引起的。

雷击时，雷电流很大，其值可达数十至数百千安培，由于放电时间极短，故放电陡度甚高，每秒达 50kA；同时雷电压也极高。因此雷电有很大的破坏力，它会造成设备或设施的损坏，造成大面积停电及生命财产损失。其危害主要有电性质破坏、机械性质破坏、电磁感应、热性质破坏、雷电波入侵、防雷装置上的高电压对建筑物的反击作用等，雷击电流若迅速通过人体，可立即使人的呼吸中枢麻痹、心室颤动、心跳骤停，以致使脑组织及一些主要脏器受到严重损坏，出现休克甚至突然死亡。雷击时产生的火花、电弧，还会使人遭到不同程度的灼伤。

2. 常用防雷装置的种类与作用

常用防雷装置主要包括避雷针、避雷线、避雷网、避雷带、保护间隙及避雷器。完整的防雷装置包括接闪器、引下线和接地装置。而上述避雷针、避雷线、避雷网、避雷带及避雷器实际上都只是接闪器。除避雷器外，它们都是利用其高出被保护物的突出地位，把雷电引向自身，然后通过引下线和接地装置把雷电流泄入大地，使被保护物免受雷击。各种防雷装置的具体作用如下。

（1）避雷针　主要用来保护露天变配电设备及比较高大的建（构）筑物。它是利用尖端放电原理，避免设置处所遭受直接雷击。

（2）避雷线　主要用来保护输电线路，线路上避雷线也称为架空地线。避雷线可以限制沿线路侵入变电所的雷电冲击波幅值及陡度。

（3）避雷网　主要用来保护建（构）筑物。分为明装避雷网和笼式避雷网两大类。沿建筑物上部明装金属网格作为接闪器，沿外墙装引下线接到接地装置上，称为明装避雷网，一般建筑物中常采用这种方法。而把整个建筑物中的钢筋结构连成一体，构成一个大型金属网笼，称为笼式避雷网。笼式避雷网又分为全部明装避雷网、全部暗装避雷网和部分明装部分暗装避雷网等几种。如高层建筑中都用现浇的大模板和预制装配式壁板，结构中钢筋较多，把它们从上到下与室内的上下水管、热力管网、煤气管道、电气管道、电气设备及变压器中性点等均连接起来，形成一个等电位的整体，叫做笼式暗装避雷网。

（4）避雷带　主要用来保护建（构）筑物。该装置包括沿建筑物屋顶四周易受雷击部位明设的金属带、沿外墙安装的引下线及接地装置构成。多用在民用建筑，特别是山区的建筑。通常使用避雷带或避雷网的保护性能比避雷针的要好。

（5）保护间隙　是一种最简单的避雷器。将它与被保护的设备并联，当雷电波袭来时，间隙先行被击穿，把雷电流入大地，从而避免被保护设备因高幅值的过电压而被击穿。

保护间隙主要由直径 6～9mm 的镀锌圆钢制成的主间隙和辅助间隙组成。主间隙做成羊角型，以便其间产生电弧时，因空气受热上升，被推移到间隙的上方，拉长而熄灭。因为主间隙暴露在空气中，比较容易短接，所以加上辅助间隙，防止意外短路。保护间隙的击穿电压应低于被保护设备所能承受的最高电压。

（6）避雷器　主要用来保护电力设备，是一种专用的避雷设备。分为管型和阀型两类。它可进一步防止沿线路侵入变电所或变压器的雷电冲击波对电气设备的破坏。防雷电波的接地电阻一般不得大于 5～30Ω，其中阀型避雷器的接地电阻不得大于 5～10Ω。

3. 设备的防雷

① 当罐顶钢板厚度大于 4mm，且装有呼吸阀时，可不装设防雷装置。但油罐体应作良好的接地，接地点不少于两处，间距不大于 30m，接地装置的冲击接地电阻不大于 30Ω。

② 当罐顶钢板厚度小于 4mm，虽装有呼吸阀，也应在罐顶装设避雷针，且避雷针与呼吸阀的水平距离不应小于 3m，保护范围高出呼吸阀不应小于 2m。

③ 浮顶油罐（包括内浮顶油罐）可不设防雷装置，但浮顶与罐体应有可靠的电气连接。

④ 非金属易燃液体的贮罐应采用独立的避雷针，以防止直接雷击。同时还应有防止感应雷措施。避雷针冲击接地电阻不大于 30Ω。

⑤ 覆土厚度大于 0.5m 的地下油罐，可不考虑防雷措施，但呼吸阀、量油孔、采气孔应做良好接地。接地点不少于 2 处，冲击接地电阻不大于 10Ω。

⑥ 易燃液体的敞开贮罐应设独立避雷针，其冲击接地电阻不大于 5Ω。直径小于 20m

的贮槽，至少 2 处接地；大于 20m 的，至少 4 处接地。

⑦ 户外架空管道的防雷。户外输送可燃气体、易燃或可燃液体的管道，可在管道的始端、终端、分支处、转角处以及直线部分每隔 100m 处接地，每处接地电阻不大于 30Ω；当上述管道与爆炸危险厂房平等敷设而间距小于 10m 时，在接近厂房的一段，其两端及每隔 30~40m 应接地，接地电阻不大于 20Ω；当上述管道连接点（弯头、阀门、法兰盘等），不能保持良好的电气接触时，应用金属线跨接；接地引下线可利用金属支架，若是活动金属支架，在管道与支持物之间必须增设跨接线；若是非金属支架，必须另作引下线；接地装置可利用电气设备保护接地的装置。

4. 人体的防雷

雷电活动时，由于雷云直接对人体放电，产生对地电压或二次反击放电，都可能对人造成电击。因此，应采取必要的防雷措施。

① 雷电活动时，非工作需要，应尽量少在户外或旷野逗留；在户外或野外处最好穿塑料等不浸水的雨衣；如有条件，可进入有宽大金属构架或有防雷设施的建筑物、汽车或船只内；如依靠建筑物屏蔽的街道或高大树木屏蔽的街道躲避时，要注意离开墙壁和树干距离 8m 以上。

② 雷电活动时，应尽量离开小山、小丘或隆起的小道，尽量离开海滨、湖滨、河边、池旁，应尽量离开铁丝网、金属晾衣绳以及旗杆、烟囱、高塔、孤独的树木附近，还应尽量离开没有防雷保护的小建筑物或其他设施。

③ 雷电活动时，在户内注意雷电侵入波的危险，应离开照明线、动力线、电话线、广播线、收音机电源线、收音机和电视机天线以及与其相连的各种设备，防止这些线路或设备对人体的二次放电。还应注意关闭门窗，防止球形雷进入室内造成危害。

④ 防雷装置在接受雷击时，雷电流通过会产生很高电位，可引起人身伤亡事故。为防止反击发生，应使防雷装置与建筑物金属导体间的绝缘介质网络电压大于反击电压，并划出一定的危险区，人员不得接近。

⑤ 当雷电流经地面雷击点的接地体流入周围土壤时，会在它周围形成很高的电位，如有人站在接地体附近，就会受到雷电流所造成的跨步电压的危害。

⑥ 当雷电流经引下线接地装置时，由于引下线本身和接地装置都有阻抗，因而会产生较高的电压降，这时人若同其接触，就会受接触电压危害，应引起人们注意。

⑦ 为了防止跨步电压伤人，防直击雷接地装置距建筑物、构筑物出入口和人行道的距离不应少于 3m。当小于 3m 时，应采取接地体局部深埋、隔沥青绝缘层、敷设地下均压条等安全措施。

第三节 检修安全技术

一、检修的分类及安全检修的重要性

化工装置和设备检修可分为计划检修和非计划检修。计划检修是指企业根据设备管理、使用的经验以及设备状况，制定设备检修计划，对设备进行有组织、有准备、有安排

的检修。计划检修可分为大修、中修、小修。非计划检修是指因突发性的故障或事故而造成设备或装置临时性停车进行的检修。

化产生产系统，经过长期运行，由于罐槽塔釜及管道等容器设备内硫化氢、氨等介质及大气腐蚀，经常引起泄漏甚至穿孔，需要进行定期检修或临时抢修。由于化产生产系统具有易燃易爆危险大和易中毒的特性，因而在检修特别是动火作业中更有发生火灾爆炸或中毒事故的可能和危险。确保化工检修动火安全具有特殊的重要意义。

【事故案例3-1】 1979年8月20日，某焦化厂江边苯库粗苯贮罐进行焊接避雷针动火作业。由于安全措施不力，爆炸造成3人死亡的重大事故教训。

【事故案例3-2】 某焦化厂回收车间氨水澄清槽，进行检修作业，用氧焊割切管道时，发生严重爆炸，造成2人死亡、3人受伤的重大伤亡事故。

二、检修作业管理

检修动火的施工管理具有重要的作用，一定要执行以下的管理措施。

① 划定禁火区。在该区范围内，未经许可严禁烟火。

② 制定三级动火制度。对动火区内的动火分三级进行管理，并履行动火许可证的填写、申报、审核及验证手续。

③ 健全组织领导。每个项目均应有工程负责人、安全负责人及看火人。工程负责人在征得安全负责人同意的情况下下达动火指令。

④ 设专人看火，以防发生意外。

⑤ 确保动火工具安全。电焊、气焊（割）要持证操作，勿将地线搭接在易燃物工艺管上。

⑥ 加强联系。明火作业前一定要与相关岗位联系好、密切配合，防止发生事故。

⑦ 准备好消防器材。充分准备好包括水管、蒸汽管、沙子（或石棉被）、灭火器以及消防车等五道消防灭火防线。

⑧ 施工收尾。动火完毕，施工部位要及时降温，清除残余火种，还要验收、检漏，确保工程质量。

三、停车检修前的安全处理

为了给化工检修特别是动火安全创造条件，制定周密的检修方案特别是安全准备措施，并付诸实施是十分必要的，以下是检修动火前的一些准备措施。

(1) 隔绝措施 包括有效地切断煤气、氨气、苯蒸气等来源，采用插盲板、关眼镜阀或关闸阀加水封的方法进行可靠隔绝，要注意单靠一般闸阀隔断气源是不可靠的。此外，一些与煤气管道相连的蒸汽阀要断开，不同种类煤气的窜漏也要防止。检修由鼓风机负压系统保持负压的设备时，必须预先把通向鼓风机的管线堵上盲板；检修饱和器时，必须在进、出口煤气管道上堵盲板，堵好盲板之前，禁止使用器内母液。

(2) 放空措施 将所要检修的槽、罐、管道全部彻底放空排净。为确保置换彻底，放散时间要充分，要创造设施内煤气的流动条件（如插米字盲板），增大煤气与空气的接触面（如打开人孔和手孔）。需要指出的是：焦炉煤气在冷态下也会产生抽力，而一般密度与空气差不多的冷煤气（如高炉煤气）是不会产生抽力的。还要注意防止自然放散后期混合煤气及焦炉煤气设施硫化物自燃的问题。为确保置换动火成功，有条件的还可以向设施内充填惰性气体，以降低含氧量。此外，焦炉煤气管内会有易燃沉积物，开口后可向内注入泡沫，这样既可阻燃，又可防止封口内留火种。

（3）置换措施　在插堵盲板切断各种可燃物来源并放空后，对各容器设备通入蒸汽、氮气或烟气进行置换和清扫。同时打开塔、槽、罐、管的顶部放散管排气，并随时排出残渣和冷凝液，清扫置换时间一般在48h左右，并进行测定，确认清扫合格。

对测定的要求是：取样时间应在进入之前半小时以内，每2h测定一次；工作中断后，快复工作之前半小时应重新测定；取样应有代表性，防止死角，密度小于空气的在中、上部各取一个样，密度大于空气的在中、下部各取一个样。

易燃易爆气体和甲、乙、丙类液体的合格标准（体积分数）：爆炸下限大于4%的易燃易爆气体，含量小于0.5%；爆炸下限小于或等于4%者，其含量小于0.2%。

（4）注水措施　由于可燃物与空气混合是动火作业最危险的因素，凡要动火并可灌水的设备容器都可采取注满水的办法，不仅杜绝可燃物与空气混合的条件，而且将油渣封在水底，还起着直接冷却降温的作用。为动火安全提供了可靠条件。

（5）可燃物清除措施　检修动火周围有油垢、油渣等可燃物应尽量清除，没有条件清除的铺上沙子覆盖，槽罐底部清出的油渣要及时运出，减少着火的危险性。

（6）降温措施　检修操作温度等于或高于物料自燃点的密闭设备，不得在停止生产后立即打开大盖或人孔盖；用蒸汽清扫可能积存有硫化物的塔器后，必须冷却到常温方可开启；打开塔底人孔之前，必须关闭塔顶油气管和放散管。

（7）停机措施　转动设备的清扫、加油、检修和内部检查，均必须停止设备运转，切断电源并挂上检修牌，方可进行。

四、检修作业中的安全技术措施

检修前各项准备措施的落实，为安全作业创造了必要的条件，而要确保检修作业安全，还必须采取有效的安全技术措施。煤气易燃易爆而且有毒，加之检修时常常需要动用明火，因此安全问题必须引起足够重视。

1. 动火作业安全

煤气设施的明火作业，可分为置换动火与带压不置换动火两种方法。它们的共同点是采取措施消除产生爆炸的一个或两个因素。其不同点在于置换动火是把煤气设施内的煤气置换干净，使煤气浓度远低于爆炸下限；而带压不置换动火是使煤气设施内的煤气浓度远高于爆炸上限，并使之保持恒定正压。显然，置换动火较为稳妥，但影响生产，而且消耗大量惰性介质；带压不置换动火可以不影响或少影响生产，但工艺条件要求较高。

带压不置换动火安全主要是控制煤气的含氧量及相对稳定的正压。

① 含氧量控制。根据煤气浓度超过爆炸上限便不会发生爆炸的原理，可以计算出发生爆炸的最低含氧量。但是，考虑到导致爆炸上限升高的种种因素，一般推荐带压不置换动火的安全含氧量为0.8%。

② 压力控制。压力参数一是要求正压，二是要求不能太高以免妨碍动火，通常为1.0~1.5kPa。施工时要注意，补漏工程应先堵漏再补焊。无法堵漏的可站在上风侧，先点着火以形成稳定的燃烧系统防止中毒，再慢慢收口。还有个办法是在漏气部分加罩，上面有

带阀的管子，以便将煤气从管子引出燃烧，这样，动火补焊罩内的火就很小，而且封口后关上管阀，即可完成补漏，焊接时要控制电流不宜太大，以防烧穿煤气设施。带气接管要尽量避免把管子打穿。

2. 抽插盲板安全

抽插盲板属危险作业，常见的事故有着爆炸及中毒。带煤气抽堵盲板不宜在雷雨天进行，必须遵守下列安全规定。

（1）划定危险区　危险区内严禁火种及高温热源，无关人员不得入内。一般带气堵盲板，危险区半径为40m，投光器应设在中心点10m以外。

（2）确认止火　要建立三道防线，即得到岗位操作工、单位安全员及防护员的确认。这一点十分重要，不然会发生回火爆炸事故。

（3）备齐防护措施　为防煤气中毒，应佩戴氧气呼吸器；应有防护员在近旁监护，并备好苏生器；作业前要认真鉴定、检查呼吸器；一般应使用不发火的工具（如铜制工具及抹有黄油的钢制工具等），抽插焦炉煤气盲板时，盲板应涂以黄油或石灰浆，以免摩擦起火；作业场所应备有联系信号、压力表及风向标志；大型盲板作业时，应有消防车、医务人员及救护车在现场待命。

（4）确保盲板质量　主要有两方面：一是盲板的大小、厚度符合要求，边缘光滑不带毛刺，板面光滑无中度以上锈蚀。二是要确保不漏气，作业时要严守安全规章。

3. 进入煤气设施内作业的安全

这种作业危险性更大，需注意以下几点。

① 可靠地切断气源。

② 煤气设施内要经过彻底置换。

③ 进入设施之前必须经过取样测定合格。设施内测定合格的标准，建议一氧化碳含量为 30mg/m^3 或 0.0024%（体积比）。

④ 设专人在外监护，内外要经常联系，以便发生意外时及时抢救。

⑤ 照明应采用 12V 电压。

第四节　化产回收与精制安全措施

一、化产回收安全措施

1. 鼓风冷凝

鼓风冷凝工段的主要设备有初冷塔、鼓风机、电捕焦油器以及氨水槽、焦油槽等。关于电捕焦油器的安全可见本书第四章第一节。鼓风冷凝主要是对煤气进行冷却并分离焦油，用鼓风机对煤气加压，为防止煤气火灾爆炸事故的发生，应采取以下的安全措施。

① 鼓风冷凝工段应有两路电源和两路水源，采用两台以上蒸汽透平鼓风机时，应采用双母管供汽。

② 鼓风机的仪表室宜设在主厂房两侧或端部，应设有下列仪表和工具：煤气吸力记

录表、压力记录表、含氧表、油箱油位表、油压表、电压表、电流表、转速表、测振仪和听音棒,并宜有集气管压力表、初冷器前后煤气温度表。采用蒸汽透平鼓风机时,还应有蒸汽压力表和温度表。

③ 鼓风机室应设下列联锁和信号:鼓风机与油泵的联锁;鼓风机油压下降、轴瓦温度超限、油冷却器冷却水中断、鼓风机过负荷、两台同时运转的鼓内机故障停车等报警信号;通风机与鼓风机联锁,通风机停车的报警信号;焦炉集气管煤气压力上、下限报警信号。

④ 通风机供电电源和鼓风机信号控制电源,均应能自动转换。

⑤ 鼓风机室应有直通室外的走梯,底层出口不得少于两个。

⑥ 每台鼓风机应在操作室内设单独控制箱,其馈电线宜设零序保护报警信号。

⑦ 鼓风机轴瓦的回油管路应设窥镜。

⑧ 鼓风机煤气吸入口的冷凝液出口与水封满流口中心高度差,不应小于2.5m;出口排冷凝液管的水封高度,应超过鼓风机计算压力(以 mmH$_2$O 计)500mm(室外)~1000mm(室内)。初冷器冷凝液出口与水封槽液面高度差不应小于2m。水封压力不得小于鼓风机的最大吸力。

⑨ 鼓风机冷凝液下排管的扫汽管,应设两道阀门。清扫鼓风机前煤气管道时,同一时间内只准打开一个塞堵。

⑩ 蒸汽透平鼓风机应有自动危急遮断器。蒸汽透平鼓风机的蒸汽入口应有过滤器,紧靠入口的阀门前应安装蒸汽放散管,并有疏水器和放散阀,蒸汽调节阀应设旁通管。蒸汽透平鼓风机的蒸汽冷凝器出入口的阀门,不应关闭。

2. 硫铵、粗轻吡啶及黄血盐生产

① 硫酸高置槽与泵房之间,应有料位报警信号或设大于进口管管径的满流管。

② 硫铵饱和器母液满流槽的液封高度,应大于鼓风机的全压。

③ 半直接法饱和器生产时,禁止用压缩空气往饱和器内加酸或从饱和器抽取母液。

④ 从满流槽捞酸焦油时,禁止站在满流槽上。

⑤ 进入吡啶设备的管道,应设高度不小于1m的液封装置。

⑥ 吡啶的生产、计量及贮存装置应密闭。其放散管应导入鼓风机前的吸气管道,以保证吡啶装置处于负压状态;放散管应设吹扫蒸汽管。

⑦ 吡啶装桶处应设有通风装置和围堰,其地面应坡向集水坑。

⑧ 吡啶产品的保管、运输和装卸,应防止阳光直射和局部加热,并防止冲击和倾倒。

⑨ 黄血盐吸收塔尾气通过冷凝器和气液分离器后,应导入鼓风机前负压管道。

⑩ 吸收塔进口管道上应装设防爆膜。

3. 粗苯回收

① 粗苯贮槽应密封,并装设呼吸阀和阻火器,或采用其他排气控制措施。入孔盖和脚踏孔应有防冲击火花的措施。

② 粗苯贮槽放散气体,应有处理措施。

③ 粗苯贮槽应设在地上,不宜有地坑。

4. 脱硫脱氰

(1) 常压氧化铁法脱硫 氧化铁法脱硫为干法脱硫。脱硫箱应设煤气安全泄压装置,宜采用高架式，装卸脱硫剂应采用机械设备。废脱硫剂应在当天运到安全场所妥善处理。停用的脱硫箱拔去安全防爆塞后，当天不得打开脱硫剂排出孔。未经严格清洗和测定，严禁在脱硫箱内动火。

(2) HPF法　采用该法脱硫应遵守下列安全规定。

应设溶液事故槽，其容积应大于脱硫塔和再生塔的容积之和。脱硫塔、再生塔和溶液槽等设备的内壁，应进行防腐处理。进再生塔的压缩空气管和溶液管，必须高于再生塔液面，且溶液管上应设防虹吸管或采取其他防虹吸措施。再生塔与脱硫塔间的溶液管，必须设U形管，其液面高度应大于煤气计算压力（以 mmH_2O 计）500mm。除沫器排水器的冷凝液排管，应采用不锈钢制作，且不宜有焊缝。熔硫釜排放硫膏时，周围严禁明火。

(3) TAKAHAX-HIROHAX法　该法脱硫脱氰应遵守下列安全规定。

进氧化塔的空气管液封应高于氧化塔的液面，防止溶液进入压缩空气机，并设防虹吸管。进吸收塔的溶液管液封高度应大于煤气压力。吸收塔底部必须设有溶液满流管。

二、粗苯加工安全措施

1. 精苯生产

① 精苯生产区域宜设高度不低于2.2m的围墙，其出入口不得少于两个，正门应设门岗。禁止穿带钉鞋或携带火种者以及无有效防火措施的机动车辆进入围墙内。

② 精苯生产区域，不得布置化验室、维修间、办公室和生活室等辅助建筑。

③ 金属平台和设备管道应用螺栓连接。

④ 洗涤泵与其他泵宜分开布置，周围应有围堰。

⑤ 洗涤操作室宜单独布置，洗涤酸、碱和水的玻璃转子流量计，应布置在洗涤操作室的密闭玻璃窗外。

⑥ 封闭式厂房内应通风良好，设备和贮槽上的放散管应引出室外，并设阻火器。

⑦ 苯类贮槽和设备上的放散管应集中设洗涤吸收处理装置、惰性气体封槽装置或其他排气控制设施。

⑧ 苯类管道宜采用铜质盲板。

⑨ 禁止同时启动两台泵往一个贮槽内输送苯类液体。

⑩ 苯类贮槽宜设淋水冷却装置。

⑪ 各塔空冷器强制通风机的传动皮带，宜采用导电橡胶皮带。

⑫ 初馏分贮槽应布置在库区的边缘，四周应设防火堤，堤内地面与堤脚应做防水层。

⑬ 初馏分贮槽上应设加水管，槽内液面上应保持0.2~0.3m水层。露天存放时，应有防止日晒措施。

⑭ 禁止往大气中排放初馏分。

⑮ 送往管式炉的初馏分管道，应设汽化器和阻火器。

⑯ 处理苯类的跑冒事故时，必须戴隔离式防毒面具，并应穿防静电鞋或布底鞋，且宜穿防静电服。

2. 古马隆生产

① 古马隆蒸馏釜宜采用蒸汽加热，若采用明火加热，距离精苯厂房和室外设备应不

小于 30m。

② 用氯化铝聚合重苯的室内，禁止无关人员逗留。

③ 热包装仓库应设机械通风装置，热包装出口处应设局部排风设施。

3. 苯加氢

① 反应器的主要高温法兰，应设蒸汽喷射环。

② 主要设备及高温高压重要部位，应设有固定式可燃性气体检测仪。

③ 莱托尔反应器器壁应涂变色漆，以便发现局部过热。

④ 制氢还原态催化剂，严禁接触空气及氧气，停工时应处于氮封状态。

⑤ 取样时应装好静电消除器。

⑥ 加热炉和改质炉烟道废气取样，应用防爆的真空泵。

⑦ 加热炉操作时，炉膛内应保持负压。

⑧ 二硫化碳泵与其电气开关的距离，应大于 10m。

⑨ 各系统必须用氮气置换，经氮气保压气密性试验合格，其含氧量小于 0.5%，方可开工。

三、焦油加工安全措施

1. 焦油蒸馏

① 蒸馏釜旁的地板和平台，应用耐热材料制作，并应坡向燃烧室对面。

② 蒸馏釜的排沥青管，应与燃烧室背向布置。

③ 管式炉二段泵出口，应设压力表和压力极限报警信号装置。焦油二段泵出口压力不得超过 1.6×10^6 Pa。

④ 焦油蒸馏应设事故放空槽，并经常保持空槽状态。

⑤ 各塔塔压不得超过 6×10^4 Pa。

⑥ 洗涤厂房、泵房和冷凝室的地板、墙裙，以及蒸馏厂房地板，宜砌瓷砖或采取其他防腐措施。

2. 沥青冷却及加工

① 不得采用直接在大气中冷却液态沥青的工艺。沥青冷却到 200℃ 以下，方可放入水池。

② 沥青系统的蒸汽管道，应在其进入系统的阀门前设疏水器。

③ 沥青高置槽有水时，禁止放入高温的沥青。

④ 沥青高置槽下应设防止沥青流失的围堰。

⑤ 凡可能散发沥青烟气的地点，均应设烟气捕集净化装置。净化装置不能正常运行时，应停止沥青生产。

⑥ 不宜采用人工包装沥青；特殊情况下需要人工包装时，应在夜间进行，并应有防护措施。

3. 工业萘、精萘及萘酐生产

① 萘的结晶及输送宜实现机械化，并加以密封。

② 开工前，工业萘的初、精馏塔及有关管道，应用蒸汽进行置换，并预热到 100℃ 左右。

③ 萘转鼓结晶机传动系统、螺旋给料器的传动皮带和皮带翻斗提升机，均应采取防静电积累的措施；若系皮带传动，应采用导电橡胶皮带。

④ 萘转鼓结晶机的刮刀，应采用不发生火花的材料制作。

⑤ 萘蒸馏釜应设液面指示器和安全阀。

⑥ 禁止使用压缩空气输送萘及吹扫萘管道。

⑦ 脱酚洗油、轻质洗油蒸馏塔的塔压，应控制在 $5\times10^5 \sim 7\times10^5\,Pa$ 之间。

⑧ 热油泵室地面和墙裙应铺瓷砖，泵四周应砌围堰，堰内经常保持一定的水层。

⑨ 热风炉和熔盐炉，应设有温度计和防爆孔。

⑩ 苊汽化器出口温度不得超过规定，不得突然升高。

⑪ 苊汽化器、氧化器和薄壁冷凝冷却器，应设防爆膜。薄壁冷凝冷却器出口应设尾气净化装置。

⑫ 输送液体萘的管道，应有蒸汽套或蒸汽伴随管以及吹扫用的蒸汽连接管。

4. 粗酚、轻吡啶、重吡啶生产与加工

① 分解酚盐时，加酸不得过快，若分解器内温度达90℃，应立即停止加酸。

② 粗酚、轻吡啶、重吡啶的蒸馏釜，必须设有安全阀、压力表（或真空表）和温度计。

③ 轻吡啶的装釜操作，必须在常温下进行。

④ 吡啶产品装桶的极限装满度，不得大于桶容积的90%。

⑤ 酚、吡啶产品装桶处应设抽风装置。

⑥ 分解器和中和器应设放散管。

⑦ 酸槽应集中布置。

⑧ 室外贮槽与主体厂房的净距，应不小于6m。

⑨ 接触吡啶产品的设备、管道及隔断阀类配件，应采用耐腐蚀材料制作。

5. 粗蒽、精蒽及蒽醌生产

① 蒽的结晶及输送宜实现机械化，并加以密闭。

② 粗蒽生产中，严禁敞开溶解釜入孔加热。

③ 二蒽油配渣，必须远离配渣槽进行；水分过大时，严禁配渣。

④ 蒸发器运行时，严禁打开预热入孔盖。

四、机械设备安全

化产回收与精制车间的各类机械主要包括各种泵体、槽体、塔体及一些大型设备的配套电机、鼓风机等。对于固定的槽体、塔体等机械的安全隐患较小，但对于泵、离心机、鼓风机、电机等运转机械的安全加以防范，化产车间的安全生产就会得到很大改善。

1. 塔器

① 塔器经试压合格后，才能投产。

② 蒸馏、精馏塔应设压力表、温度计。塔底液体引出管应设保证塔内汽（气）体不逸出的液封。

③ 窥镜、液面计等玻璃应能耐高温、严密不漏。

④ 以蒸汽为热源的加热器、洗油再生器等压力容器，均应装有压力表和安全阀。

⑤ 各塔器、容器的对外连接管线，应设可靠的隔断装置。

⑥ 建（构）筑物内设备的放散管，应高出其建（构）筑物 2m 以上；室外设备的放散管，应高出本设备 2m 以上，且应高出相邻有人操作的最高设备 2m 以上。

⑦ 拟放散的气体、蒸汽宜按种类分别集中，并经净化处理后再放散。

⑧ 甲、乙类生产场所的设备及管线，其保温应采用不燃或难燃保温材料，应防止可燃物渗入绝热层。

2. 管式炉

① 管式炉应布置在散发可燃气体区域的主导风向的上风侧，并位于该车间的边缘。如有困难，应设防火墙。

② 管式炉应设煤气压力表、煤气低压警报器、煤气流量表、物料压力表、物料流量表和温度表。

③ 管式炉应设防爆门，防爆门不得面对管线和其他设备。高观察孔处应设梯子和平台。

④ 炉管回弯头箱应用带有隔热内衬的金属门严密关闭。

⑤ 管式炉点火前，必须确保炉内无爆炸性气体。

⑥ 管式炉出现下列情况之一，应立即停止煤气供应：煤气主管压力降到 500Pa 以下，或主管压力波动危及安全加热；炉内火焰突然熄灭；烟筒（道）吸力下降，不能保证安全加热；炉管漏油。

3. 泵

泵出口应有压力表，并设有吹扫蒸汽管。输送酸、碱、酚和易燃液体的泵应用机械密封，如用填料盒密封时应加保护罩。酸、碱、酚泵房内部或外部应设洗手盆、冲洗眼睛用的小喷泉和沐浴装置。泵房地坪及墙裙应砌上瓷砖，地坪应有坡向集水坑的坡度，并设冲洗水管。

泵的安全操作有如下规定。

① 开泵前，检查泵的进排出阀门的开关情况，泵的冷却和润滑情况，压力表、温度计、流量表等是否灵敏，安全防护装置是否齐全。

② 盘车数周，检查是否有异常声响或阻滞现象。

③ 按要求进行排气和灌注。如果是输送易燃易爆、易中毒介质的泵，在灌注、排气时，应特别注意勿使介质从排气阀内喷出。如果是易腐蚀介质，勿使介质喷到电机或其他设备上。

④ 应检查泵及管路的密封情况。

⑤ 启动泵后，检查泵的转动方向是否正确。

⑥ 停泵时，应先关闭出口阀，使泵进入空转，然后停下原动机，关闭泵入口阀。

⑦ 泵运转时，应经常检查泵的压力、流量、电流、温度等情况，应保持良好的润滑和冷却，应经常保持各连接部位、密封部位的密封性。

⑧ 如果泵突然发出异声、振动、压力下降、流量减小、电流增大等不正常情况时，应停泵检查，找出原因后再重新开泵。

⑨ 结构复杂的离心泵必须按制造厂家的要求进行启动、停泵和维护。

离心泵的故障原因及处理方法见表 3-8。

表 3-8 离心泵的故障原因及处理方法

故障	原因	处理方法
泵启动后不供液体	气未排净,液体未灌满泵 吸入阀门不严密 吸入管或盘根箱不严密 转动方向错误或转速过低 吸入高度大 盘根箱密封液管闭塞 过滤网堵塞	重新排气、灌泵 修理或更换吸入阀 更换填料,处理吸入管漏处 改变电机接线,检查处理原动机 检查吸入管,降低吸入高度 检查清洗密封管 检查清理过滤网
启动时泵的负荷过大	排出阀未关死或内漏 从平衡装置引出液体的管道堵塞 叶轮平衡盘装得不正确 电动机短相	开泵前关闭排出阀,修理或更换排出阀 检查和清洗平衡管 检查和清除不正确的装配 检查电机接线和保险丝
在运转过程中流量减小	转速降低 有气体进入吸入管或进入泵内 压力管路中阻力增加 叶轮堵塞 密封环、叶轮磨损	检查原动机 检查入口管,消除漏处 检查所有阀门、管路、过滤器等可能堵塞之处,并加以清理 检查和清洗叶轮 更换磨损的零部件
在运转过程中压头降低	转速降低 液体中含有气体 压力管破裂 密封环磨损或损坏,叶轮损坏	检查原动机,消除故障 检查和处理吸入管漏处,压紧或更换盘根,将气排出 关小排出阀,处理排气管漏处 更换密封环或叶轮
原动机过热	转数超过额定值 泵的流量大于许可流量而压头低于额定值 原动机或泵发生机械损坏	检查原动机,消除故障 关小排出阀 检查、修理或更换损坏的零部件
发生振动或异声	机组装配不当 叶轮局部堵塞 机械损坏,泵轴弯曲,转动部分咬住,轴承损坏 排出管和吸入管坚固装置松动 吸入高度太大,发生汽蚀现象	重新装配、调整各部间隙 检查、清洗叶轮 检查或更换损坏的零部件 加固紧固装置 停泵,采取措施降低吸入管高度

第四章 气化安全技术

第一节 发生炉煤气生产与净化安全

一、煤气发生站的区域布置和厂房建筑的安全要求

1. 区域布置

煤气发生站的主厂房和净化区与其他生产车间的防火间距应符合建筑设计防火规范的规定。室外煤气净化设备、循环水系统、焦油系统和煤场等建筑物和构筑物，宜布置在煤气发生站的主厂房、煤气加压机间、空气鼓风机间等的夏季最小频率风向的上风侧。并应考虑冷却塔散发的水雾对周围的影响。

非煤气发生站的专用铁路、道路不得穿越站区。煤气发生站区应设有消防车道。附属煤气车间的小型热煤气站的消防车道，可与邻近厂房的消防车道统一考虑。

煤气发生站区域不得设置与产品无关的易引起火灾的设备与建筑物。煤气加压机与空气鼓风机宜分别布置在单独的房间内，如布置在同一房间，均应采用防爆型电气设备。

热煤气发生炉厂房与生产车间的距离应符合表4-1要求。

表4-1 热煤气发生炉厂房与生产车间的间距

热煤气的产量（标准状态）/(m³/h)	至生产车间的距离	备注
≤6000	可与用户车间直接连接,但要用防火墙隔开	同其他车间的距离不小于13m
>6000	不小于13m	

2. 厂房建筑

（1）主厂房 主厂房属乙类生产厂房，其耐火等级不应低于二级；主厂房为无爆炸危险厂房，但贮煤层应采取防爆措施。当贮煤斗内不可能有煤气漏入时，或贮煤层为敞开或半敞开建筑时，贮煤层属22区火灾危险场所；主厂房各层应设有安全出口。

（2）其他建筑 焦油泵房、焦油库属21区火灾危险场所；煤场属23区火灾危险场所；贮煤斗室、破碎筛分间、运煤皮带通廊属22区火灾危险场所；煤气管道排水器室属有爆炸危险的乙类生产厂房，应通风良好，其耐火等级不应低于三级。

（3）中央控制室 应设有调度电话或一般电话与调度室、用户及煤气发生站的各生产单位保持联系，并设有煤气发生炉进口饱和空气压力计、温度计、流量计、煤气发生炉出口煤气压力计、温度计、煤气高低压和空气低压报警装置及灯光信号等。旧有煤气发生站无上述装置者，应根据条件增设。

二、发生炉的安全

1. 蒸汽夹套要求

带有水夹套的煤气炉设计、制造、安装和检验必须遵守现行的《蒸汽锅炉安全监察规程》的有关规定。煤气发生炉水夹套的给水宜采用软化水，水套下部应设有排污阀。水套集汽包应设有安全阀、自动水位控制器，进水管应设逆止阀，严禁在水夹套与集汽包连接管上加装阀门。

2. 空气供入要求

煤气发生炉的进口空气管道上，应设有阀门、逆止阀和蒸汽吹扫装置。空气总管末端应设有泄爆膜和放散管，放散管应接至室外。煤气发生炉的空气鼓风机应有两路电源供电。两路电源供电有困难的，应采取防止停电的安全措施。

3. 隔断措施

煤气发生炉、煤气设备和煤气排送机与煤气管道之间，应设置可靠隔断煤气的装置；当设置盲板时，应设便于装卸盲板的撑铁。如采用盘形阀，其操作绞盘应设在煤气发生炉附近便于操作的位置，阀门前应设有放散管

4. 除尘措施

烟煤气化的煤气发生炉与竖管或旋风除尘器之间的接管，应有消除管内积尘的措施。

5. 放散措施

煤气净化设备和煤气余热锅炉，应设放散管和吹扫管接头，其装设的位置应能使设备内的介质吹净；当煤气净化设备相连处无隔断装置时，可仅在较高的设备上或设备之间的煤气管道上装设放散管。设备和煤气管道放散管的接管上，应设取样嘴。在容积大于或等于 $1m^3$ 的煤气设备上，放散管直径不应小于100mm；容积小于 $1m^3$ 的煤气设备上的放散管直径不宜小于50mm。

6. 水封要求

煤气发生炉炉顶设有探火孔者，探火孔应有汽封，以保证从探火孔看火及插扦时不漏煤气。煤气发生炉加压机前设备水封或油封的有效高度：最大工作压力小于 $3 \times 10^3 Pa$（306mmH_2O）者为最大工作压力水柱高度加150mm，但不小于250mm；最大工作压力大于或等于 $3 \times 10^3 Pa$（306mmH_2O）者为最大工作压力水柱高度的1.5倍。钟罩阀内放散水封的有效高度，应等于煤气发生炉出口最大工作压力的水柱高度加50mm。煤气设备的水封，应采取保持其固定水位的设施。

7. 爆破阀

在电气滤清器上必须设爆破阀，在洗涤塔上宜设爆破阀。爆破阀应装在设备薄弱处或易受爆破气浪直接冲击的部位。离地面的净空高度小于2m时，应设防护措施。爆破阀的泄压口不应正对建筑物的门窗。爆破阀薄膜的材料，宜采用退火状态的工业纯铝板。

8. 防止坠落措施

为防止坠落事故的发生，在煤气设备和管道上装设爆破阀、人孔、阀门、盲板等的地方，其装设高度离操作层或地面大于2m时，应设置平台。

三、电捕焦油器

电捕焦油器是捕集焦油雾的装置，电捕焦油器常见的事故多为火灾爆炸事故，因此应

采取相应的防火防爆措施。

电捕焦油器应设泄爆阀。电捕焦油器内煤气侧电瓷瓶周围宜用氮气保护,其绝缘箱保温应采用自动控制方式,并设有自动报警装置。温度低于100℃时,发出报警信号;低于90℃时,自动断电。电捕焦油器应设煤气含氧量超过0.8%时发出报警信号及含氧量超过1.0%时自动断电的联锁;若无自动测氧仪表,应定期测定分析。电捕焦油器的变压器等电气设备,应有可靠的屏护。

四、洗涤塔

洗涤塔的污水排出管的水封有效高度,应为发生炉炉顶最高压力的1.5倍,且不小于3m。发生炉的洗涤塔下面的浮标箱和脱水器,应使用符合高压煤气要求的排水控制装置,并有可靠的水位指示器和水位报警器,水位指示器和水位报警器均应在管理室反映出来。洗涤塔应装有蒸汽或氮气管接头。在洗涤器顶部,应装有安全泄压放散装置,并能在地面操作。洗涤塔每层喷水嘴外,都应设有对开人孔,每层喷嘴应设栏杆和平台。

第二节 水煤气生产与净化安全

一、区域布置和厂房建筑的安全要求

1. 区域布置

水煤气生产车间的操作控制室可贴邻本车间设置,但应有防火墙隔开。控制室内必须设有调度电话,与使用煤气的车间保持联系,合理分配煤气使用量,保证管道系统压力稳定。水煤气生产车间设有专用的分析站,除进行生产控制指标分析外,还应定时作安全指标分析测定。

间歇式水煤气炉的排放烟囱应单独设立,不宜和其他煤气设备共用烟道。水煤气厂房区域内,应避免设经常有人工作的地沟。如必须设置,应有良好的通风设施,防止煤气积存。水煤气的生产、冷却及净化区域内,不准配置与本工序无关的易引起火灾的设施及建筑物。

多台水煤气发生炉之间的中心距离应符合表4-2的规定。

表4-2 水煤气发生炉之间的中心距离

炉子直径/m	炉子煤气产量 (标准状态)/(m³/h)	炉与炉的中心距/m
≤2.5	1000～3500	>7
≤3	5000～7000	>9
4	8000～18000	>10

2. 厂房建筑

水煤气生产厂房宜单排布置,厂房的火灾危险性属于甲类,厂房的耐火等级不低于二级。半水煤气生产厂房的火灾危险性属于乙类,如同一装置生产水煤气和半水煤气时,应按水煤气要求处理。

水煤气生产厂房一般采用敞开式或半敞开式。宜采用不发生火花的地面，地面应平整并易于清扫。每层厂房应设有安全疏散门和楼梯。水煤气生产厂房的区域内应设有消防车道。

水煤气生产厂房的电气设备按 1 区防爆要求设计。

二、U.G.I 型水煤气发生炉的安全

1. U.G.I 型水煤气发生炉的结构

(1) 上锥体　顶部为加碳口，内衬耐火砖，炉壳体外有保温砖层，壳体斜面上接有出气口，壳体底部与夹层锅炉内壁上的筒体焊接。上锥体上部为炉口座、炉盖、炉盖安全联锁装置及轨道。

(2) 夹套锅炉　锅炉上安装有放水管、进水管、出气管、液位计、报警器、自动加水器、安全阀等。

(3) 炉条机传动系统　炉条机传动系统包括电机、减速机、链条传动及蜗轮蜗杆等。

(4) 炉底壳　炉底壳位于炉的底部，两侧装有灰斗，用来装被灰犁刮下来的灰渣，灰渣由设在灰斗上的水压控制的圆门定时排出。炉底壳设有水封槽，起保护作用。

(5) 机械排灰装置　该装置主要包括内外灰盘、炉条、大小推灰器、内外刮灰板等运转组合件及固定不动的灰犁等。

(6) 附属设备　附属设备有自动机、自动加焦机、自动阀门、废热锅炉、燃烧室、洗气箱、集尘器等。

2. 开停车及置换操作要点

(1) 开车操作要点　煤气炉开车前检查工作较多，其安全注意事项如下。

① 确认检修工作均已完成，符合试车条件，对废热锅炉和夹套进行试压。

② 洗气箱送水保持溢流。

③ 油压系统试运行，手动试各油压阀门动作和用微机自动试阀门动作正常。

④ 燃烧室若换新砖，需按烘炉要求对燃烧室进行烘炉。

⑤ 炉条机试运行正常。

⑥ 检查煤气炉处于安全停车状态，准备煤气炉点火操作，在点火操作中注意夹套和废热锅炉液位要正常。注意炉渣要装到炉条帽以上 300mm 处，防止烧炉条。注意各阀门应在相应的安全停车位置。

⑦ 煤气炉点火后，养火带炭 12h 以上准备开车，按大开车操作来检查执行。

⑧ 在大开车时注意，洗气箱倒排气时，置换时取样分析氧气含量<1.0%为合格。注意要开夹套和废热锅炉的蒸汽出口阀以防忘开而造成超压爆炸。开车前要检查炉底水封和洗气箱保持溢流。检查一楼和二楼各圆门人孔关好，炉盖盖好，确认可以开车才能开始小风量升温。

⑨ 小风量升温，炉出口温度升到 600℃后，微机在二次上吹或上吹阶段转入制气，正式开车。

⑩ 做 1~2 个完全上吹后，联系分析室取样分析上、下吹煤气及吹净气中氧含量。

(2) 停车操作要点　停车操作时，安全注意事项如下。

① 最后一个循环一次风阀开启后，将二次风控制开关改换至关闭位置。

② 如停车清理，则做完全上吹，并延长 6s 空气吹净。

③ 待吹风阶段运行到 27~30s 时，把停车键打至停车位置，并使完全上吹键恢复到原位。

④ 检查微机输出，各阀位显示完全处于停车状态，并检查流量、压力确认炉子已处于停车状态。

⑤ 炉条机转速减到"零"，然后停电源。

⑥ 停车妥善后通知开炉盖，如使用自动加焦机，在清理时必须打开炉上快开门。

⑦ 炉出口温度低，须点火打开炉盖。炉盖打开后，开灯打铃通知开始试火、清理、下灰等工作。

(3) 置换操作要点　煤气炉开车前洗气箱用倒排煤气法置换，开洗气箱出口阀 2~3 扣，洗气箱放空打开，置换取样分析氧气含量<1.0%为洗气箱煤气置换合格。煤气炉开车前，一般用高压蒸汽吹几分钟炉底及下吹管线，蒸汽吹除气放空。煤气炉单设备检修，炉子不熄火时，多用高压蒸汽吹扫检修设备，注意必须打开烟囱或燃烧室盖子。若动火，洗气箱须关出口阀并插盲板。单系统检修，若煤气炉熄火处理，则煤气炉熄火后，洗气箱插盲板后，设备自然通风，取样分析合格即可动火检修。

造气系统大修后开车，要进行煤气总管、气柜等设备和管线的全系统置换。置换流程为：煤气炉制作出合格惰性气体，用惰性气体置换煤气总管、气柜等内部的空气，系统惰性气体置换到氧气含量<1.0%即可。煤气炉全系统用惰性气体置换合格后，煤气炉开始生产煤气，用煤气置换系统中惰性气体，取样分析氧气含量<0.5%为合格。

置换注意事项如下。

① 惰性气体制作时，煤气炉火层要好，防止惰性气体质量反复，对惰性气体的要求是一氧化碳和氢气总含量≤8%，氧气含量<1.0%。制作惰性气体，注意二次风用量，注意燃烧室温度，保证惰性气体质量。

② 惰性气体置换空气时，防止一氧化碳和氢气总含量>8%，惰性气体置换后期，特别要防止氧含量高于 1%。

③ 煤气置换惰性气体，注意煤气质量，要求煤气中氧含量<0.3%。

④ 大修后开车系统置换，不要盲目追求置换进度，而要保证置换安全，防止发生爆炸中毒等事故发生。

3. 常见事故及预防措施

(1) 正常停车炉口喷火　正常停车炉口喷火事故有如下原因。

① 蒸汽总阀漏汽。

② 一次风阀漏气。

③ 高压蒸汽吹净阀未关。

④ 烟囱阀未开。

⑤ 洗气箱入口分布器漏。

⑥ 湿法烟囱，喷淋水开得大，烟囱阻力大。

⑦ 废热锅炉漏水严重，或洗气箱堵塞，水流到废热锅炉出口管，造成烟道积水。

预防事故的措施：停车后要检查仪表指示是否为停车状况，流量和温度是否有变化，炉顶和炉底微压计是否有压力。若仪表指示不正常，需认真查找原因。从炉顶快开门检查炉内是否有余压。烟囱或上烟道问题，可以先打开燃烧室后才能打开炉盖。

总之，炉出口喷火原因较多，停车打炉盖或检查加焦机时，要特别注意防止炉口喷火烧伤人员。

(2) 造气时炉底有爆炸声　炉底有爆炸声事故有下列原因。

① 炉底或者灰斗蒸汽吹净阀未开或堵死。

② 一次风阀内漏。下吹时有爆炸声。

③ 二次上吹时无蒸汽入炉，或蒸汽阀门动作慢，二次上吹时蒸汽量不足，炉底有煤气，吹风时有爆炸声。

预防事故的措施：加强巡检，发现炉底有爆炸声，立即查找原因；工艺阀门动作情况要认真检查，炉底和灰斗吹净阀要防止堵死；灰斗或灰盘加水注意不要堵住吹净口，炉底水封桶要经常清理，保证溢流正常。

(3) 煤气中氧气含量高　氧气含量高的原因很多，主要原因如下。

① 二次风阀关不严，燃烧室温度低，可能造成上吹或吹净气氧气含量高。

② 一次风阀关不严，可能造成下吹煤气氧气含量高。

③ 三通阀不到位，吹净时空气走近路经三通到洗气箱的氧气含量高。

④ 吹风时，烟囱阀不开或烟囱底部积水太多封死烟道，吹风气可能氧气含量高进入气柜。

⑤ 煤气炉火层差或吹翻等原因造成吹净气氧气含量高。

⑥ 油压低或油压波动大，三通阀吹净时跳动，引起吹净气氧气含量高。

为预防煤气中氧含量高，可采取如下措施：稳定煤气炉操作，稳定火层避免吹翻等情况；加强各工艺阀门的巡检，发现不正常及时修理；加强上、下吹煤气和吹净气分析，特别是有煤气氧表的企业，煤气中氧含量一有波动，必须查找原因并及时处理。

三、电除尘器

电除尘器入口、出口管道应设可靠的隔断装置。电除尘器入口、出口应设煤气压力计，正常操作时电除尘器入口（煤气柜出口）的煤气压力在 $2.5\times10^3 \sim 3.9\times10^3$ Pa（255～398mmH$_2$O），电除尘器出口（加压机入口）的煤气压力不低于 5×10^2 Pa（51mmH$_2$O），低于此值时，煤气加压机必须停车。

1. 正常操作注意事项

① 每小时人工分析一次电除尘器中水煤气的氧含量。水煤气的氧含量正常操作时应小于 0.6%；大于 0.6% 时，应发出报警信号；达到 0.8% 时，应立即切断电除尘器的电源。

② 严格控制各工艺指标正常。注意电除尘的温度、压力、流量、电压电流变化情况。

③ 注意巡检各水封，水泵运行情况。

④ 每隔 8h 冲洗一次电晕极。

⑤ 按时记录，注意调节电除尘的电压和电流正常。

2. 开车操作要点

① 开车前要进塔检查电极、冲水装置等，并清出杂物，调好连续冲水量，试好间断冲水装置。

② 停水空试 4h，检查电器运行情况。
③ 开连续冲水，湿试 4h，合格后准备试漏。
④ 封人孔、防爆板等，用空气或氮气试漏，试漏压力 6~8kPa（600~800mmHg）。
⑤ 用氮气置换，要求各取样点取样，氧气含量<0.5%。
⑥ 用煤气置换要求各取样点氧气含量≤0.4%。
⑦ 检查进、出口水封放水，关上连通阀。
⑧ 检查氧气表连锁、绝缘箱温度、氧气表指示，水流量等。
⑨ 按开车程序检查设备、仪表和电器合格后，经班长确认可以开车才能开车。
⑩ 联系调度后，送电开车。注意观察电压和电流变化情况。

3. 停车操作要点

① 停高压电，拉下电源保险，电工把高压机组切到停车状态并放电。
② 打开近路阀，或近路水封放水。
③ 电除尘进、出口水封加水，并插盲板。
④ 停连续冲水。
⑤ 开间断冲水泵，冲洗 30min 后停泵。
⑥ 用氮气置换电除尘，各取样点取样分析 $CO+H_2$<0.5%。
⑦ 若塔内进人，要打开上、下人孔自然通风 24h 后，取样分析合格办证后才可进人，并在塔外有监护。
⑧ 关闭绝缘箱蒸汽阀。

4. 电除尘器安全检修

电除尘器检修前，要办理检修许可证，采取安全停电的措施。进电除尘器检查或检修，除应遵守有关安全检修和安全动火的规定外，还应遵守以下事项。

① 断开电源后，电晕极应接地放电。
② 入内工作前，除尘器外壳应与电晕极连接。
③ 电除尘器与整流室应有联系信号。

四、废热锅炉

1. 正常操作注意事项

经常保持水位正常，水位计保持明亮，如有玻璃模糊须立即冲洗。经常观察仪表和现场指示情况，经常与供水联系保证来水压力大于汽包蒸汽压力 0.2MPa。注意炉子负荷变动情况，并经常检查炉子开停情况。根据排污总固体分析进行定时定期定量排放。

2. 安全装置及作用

（1）**安全阀** 安全阀的作用是防止锅炉因操作失误或设备故障造成废热锅炉超压爆炸而设置的。在锅炉压力超过正常控制压力时，安全阀自动打开泄压从而保证了锅炉安全运行。

（2）**液位计** 液位计是指示锅炉内水量多少的安全装置，液位过高易蒸汽带水，液位过低易烧坏设备。

（3）**压力表** 压力表是指示锅炉实际操作压力的安全装置，压力过高易损坏设备。

(4) 加水阀 加水阀是保证液位高低控制加水量用的,排污阀主要是控制锅炉的总固体含量而定期排水,同时水位高时或停车时用排水阀放水用。

(5) 液位失常报警器 液位失常报警器可提示人们锅炉在运行中液位已经超过了正常操作范围,操作时需注意。

第三节 煤气输配安全

一、煤气的组成与分类

气化剂通过炽热的固体燃料层时,其中的游离氧或结合氧(水蒸气或二氧化碳)或氢将燃料中的碳转化为 CO、H_2 或 CH_4 等可燃成分的气体,这种煤气称为气化气。当然由煤制取煤气的其他手段还有高温干馏、低温干馏,干馏所得的煤气称之为干馏气,其煤气产率远较气化产率为低。

根据所用气化剂的不同,将发生炉煤气分为以下几种。

(1) 空气煤气 以空气作为气化剂而生成的煤气。其中含有 60%(体积分数)的氮及一定量的一氧化碳和少量的二氧化碳和氢。

(2) 混合煤气 以空气和适量的水蒸气的混合物为气化剂而生成的煤气。这种煤气在工业上一般用作燃料

(3) 水煤气 以水蒸气作为气化剂而生成的煤气。其中氢和一氧化碳的含量共达 85%(体积分数)以上,而氮含量较低。

(4) 半水煤气 以水蒸气为主加适量的空气或富氧空气同时作为气化剂制得的煤气。一般要求合成氨的半水煤气中$(H_2+CO)/N_2$ 为 3.1~3.2。并要求杂质(如 H_2S、CO_2、CH_4)含量越少越好。

表 4-3 为几种工业用煤气的组成。

表 4-3 几种工业用煤气的组成

煤气种类	气体组成(体积分数)/%						
	H_2	CO	CO_2	N_2	CH_4	O_2	H_2S
空气煤气	0.9	33.4	0.6	64.6	0.5		
水煤气	50.0	37.3	6.5	5.5	0.3	0.2	0.2
混合煤气	11.0	27.5	6.0	55.0	0.3	0.2	
半水煤气	37.0	33.3	6.6	22.4	0.3	0.2	0.2

二、煤气管道安全

煤气的生产(回收)、净化、贮存和输配均需使用管道,煤气管道的安全问题不仅是其本身能否正常运行的问题,而且是关系到其通过区域的人身和设备的安全问题。因此,煤气管道的设计、施工和运行,必须充分考虑安全问题。

1. 煤气管道的材质

煤气管道所输送的是有毒和易燃易爆的气体,所以不仅要求煤气管道有足够的机械强

度，而且要有不透气性、耐腐蚀性和焊接加工性能等。煤气管道中压力越高，虽然可以减少管径，节省管材，但增加了漏气的危险性。所以煤气的压力增高时，相应提高了对管道材料、安装质量的要求。目前使用的煤气管道主要有钢管、铸铁管和非金属管三种，需要根据使用地点和压力来选择。

（1）钢管　钢管能承受较大的压力，有良好的塑性，便于焊接，在相同的敷设条件下由于管壁较薄而可节省金属用量，通常用于架空管道。钢管又分焊接钢管和无缝钢管两种。焊接钢管中的煤气输送钢管主要用于室内煤气管道，管径一般小于150mm；而普通卷焊管用于管径较大的场合，有的直径达2m以上。焊接钢管的材质以低碳钢为主（如A3或A3F），也有采用合金钢的（如16Mn或16MnCu）。无缝钢管用于重要的分支管或庭院煤气管道。

（2）铸铁管　铸铁管用上等铸造生铁铸成。为防止锈蚀和获得光滑的表面，铸铁管内外表面涂上一层防蚀剂，通常为沥青涂层。铸铁管的优点是价格低，耐腐蚀，能承受一定压力；缺点是管壁厚而质量大，不易焊接，材质较脆而容易受损，特别是其接头大多采用承插口连接，受动载荷容易损坏接头的气密性而造成漏气，修理又较困难。铸铁管多用作城市煤气的中低压埋地管道。

（3）非金属管　非金属管主要是石棉水泥管和自应力钢筋混凝土管。它比铸铁管价格低廉，耐腐蚀，使用年限长，但质脆，承载能力低，容易断裂，接头质量也有问题，而且自应力钢筋混凝土管比铸铁管重30%～50%，因而运输不便。非金属管用于埋地管道，可用于输送压力不高于0.1MPa的城市煤气。

2. 架空煤气管道的敷设

煤气管道可以分为远距离输送管道，城市煤气管道和工业企业煤气管道三类。一般城市煤气管道常采用地下敷设，而在工业企业中，由于地下工业管道很复杂，所以常采用架空煤气管道。严禁发生炉煤气、水煤气、半水煤气、高炉煤气和转炉煤气管道埋地敷设。因为这类煤气一氧化碳含量比较高，若管道埋地敷设，一旦泄漏煤气会沿地缝窜至值班室、操作室而不易被察觉，容易引起中毒事故。

（1）架空管道的倾斜度　架空管道的倾斜度一般为2%～5%。架空管道之所以要保持一定的倾斜度，是基于大部分工业企业架空输送的煤气净化程度不高，除含有较多水分外，还含有较多的硫化物、氰化物等腐蚀性成分以及萘、焦油、灰尘等易沉降成分，另外架空管道跨距间因挠曲存在洼点，洼点处会积存冷凝水和沉积物，洼点附近也可能积聚沉降物而使冷凝水排泄不畅。若管道没有倾斜度，煤气中的腐蚀性成分会与管材发生化学反应，腐蚀管道，既缩短管道的使用年限，又增加不安全因素。架空管道倾斜度确定的原则，是使管道不出现反坡。

（2）架空管道通过建（构）筑物和管线的架设　为尽量减轻煤气泄漏造成的中毒、火灾爆炸事故的发生损害，架空管道通过建（构）筑物和管线时，应采取下列安全措施。

① 煤气管道不应通过不使用煤气的建筑物、办公室、进风道、配电室、变电所、碎煤室及通风不良的地点，如需要穿过不使用煤气的生活间，必须设有套管。

② 存放易燃易爆物品的堆场和仓库区内，不应敷设煤气管道，也不应在已敷设煤气管道的下面修建与煤气管道无关的建筑物和存放易燃易爆物品。

③ 架空管道靠近高温热源敷设以及管道下面经常有装载炽热物体的车辆停留时，应

采取隔热措施；在寒冷地区可能造成管道冻塞时，应采取防冻措施。

④ 厂区架空煤气管道与架空电力线路交叉时，煤气管道如敷设在电力线路下面，应在煤气管道上设置防护网及阻止通行的横向栏杆，交叉处的煤气管道必须可靠接地。

⑤ 架空煤气管道与建筑物、铁路、道路和其他管线间的最小水平净距，应遵守表4-4的规定。

⑥ 架空煤气管道与铁路、道路、其他管线交叉时的最小垂直净距，应遵守表4-5的规定。

表4-4 架空煤气管道与其他设施的最小水平净距规定

建筑物或构筑物名称		最小水平净距/m	
		一般情况	特殊情况
房屋建筑		5	3
铁路(距最近边轨外侧)		3	2
道路(距路肩)		1.5	0.5
架空电力线路外侧边缘	1kV以下	1.5	
	1~20kV	3	
	35~110kV	4	
电缆管或沟		1	
其他地下平行敷设的管道		1.5	
煤气管道		0.6	0.3

表4-5 架空煤气管道与其他设施的最小垂直净距规定

建筑物和管线名称		最小垂直净距/m	
		管道下	管道上
道路	厂区铁路轨顶面	5.5	
	厂区道路路面	5	
	人行道路面	2.2	
架空电力线路	电压1kV以下	1.5	3
	电压1~20kV	3	3.5
	电压35~110kV	不允许架设	4
架空索道			3
电车道的架空线		1.5	
与其他管道	管径<300mm	同管道直径但不小于0.1	同管道直径但不小于0.1
	管径≥300mm	0.3	0.3

(3) 架空煤气管道与其他管道共架敷设　架空煤气管道与其他管道共架敷设时，应采取下列安全措施。

① 煤气管道与水管、热力管、燃油管和不燃气体管在同一支柱或栈桥上敷设时，其上下敷设的垂直净距不宜小于250mm。

② 煤气管道与在同一支架上平行敷设的其他管道的最小水平净距，应符合表4-6的规定。

③ 与输送腐蚀性介质的管道共架敷设时，煤气管道应架设在上方，对于容易漏气、漏油、漏腐蚀性液体的部位如法兰、阀门等，应在煤气管道上采取保护措施。

表 4-6　煤气管道与其他管道的最小水平净距

其他管道公称直径/mm	煤气管道公称直径/mm		
	<300	300~600	>600
<300	100	150	150
300~600	150	150	200
>600	150	200	300

④ 与蒸汽管道同向架设时，蒸汽管应架设在上方。

⑤ 油管和氧气管宜分别敷设在煤气管道的两侧。

⑥ 与煤气管道共架敷设的其他管道的操作装置，应避开煤气管道法兰、闸阀、翻板等易泄漏煤气的部位。

⑦ 在现有煤气管道和支架上增设管道时，必须经过设计计算，并取得煤气设备主管单位的同意。

⑧ 煤气管道和支架上不应敷设动力电缆、电线，但供煤气管道使用的电缆除外。

⑨ 其他管道的托架、吊架可焊在煤气管道的加固圈上或护板上，并应采取措施，消除管道不同热膨胀的相互影响，但不得直接焊在管壁上。

⑩ 其他管道架设在管径大于或等于 1200mm 的煤气管道上时，管道上面应予留 600mm 的通行道。

(4) 煤气分配主管　在地下室不应敷设煤气分配主管。如生产上必须敷设时，应采取可靠的防护措施。煤气分配主管可架设在厂房墙壁外侧或房顶，但应遵守下列规定。

① 沿建筑物的外墙或房顶敷设时，该建筑物应为一、二级耐火等级的丁、戊类生产厂房。

② 安设于厂房墙壁外侧上的煤气分配主管底面至地面的净距不宜小于 4.5m，便于检修。

③ 与墙壁间的净距：管道外径大于或等于 500mm 的净距为 500mm；外径小于 500mm 的净距等于管道外径，但不小于 100mm，并尽量避免挡住窗户。管道的附件应安在两个窗口之间。

④ 穿过墙壁引入厂房内的煤气支管，墙壁应有环形孔，不准紧靠墙壁。

(5) 厂房内的煤气管道　厂房内的煤气管道应架空敷设。厂房内的煤气管道架空敷设有困难时，可敷设在地沟内，并应遵守下列规定。

① 沟内除敷设供同一炉的空气管道外，禁止敷设其他管道及电缆。

② 地沟盖板宜采用坚固的炉箅式盖板。

③ 沟内的煤气管道应尽可能避免装置附件、法兰盘等。

④ 沟的宽度应便于检查和维修，进入地沟内工作前，应先检查空气中的一氧化碳浓度。

⑤ 沟内横穿其他管道时，应把横穿的管道放入密闭套管中，套管伸出沟两壁的长度不宜小于 200mm。

⑥ 应防止沟内积水。

3. 埋地煤气管道的敷设

埋地管道主要用于输送城市煤气。这是因为城市煤气净化程度高，有害有毒物质控制严格，即使漏泄，也比一氧化碳含量高的工业企业煤气危害小。另外城区道路的管线基本上都埋设在地下，保持市容整齐。工业企业煤气管道埋地的，主要是工厂各主体煤气设施间的工艺管道，因为这类管道所处条件不容许架空。

(1) 埋地管道的埋设深度　地下煤气管道的埋设深度应在土壤冰冻线以下。其管顶的覆土厚度：车行道下不得小于0.8m，非车行道下不得小于0.6m，水田下面不得小于0.8m，穿越河底的煤气管道应采用钢管，至规划河底的埋没深度，应根据水流冲刷条件确定，一般不小于0.5m。

(2) 埋地管道穿过建（构）筑物和管线的敷设　埋地管道不得在堆积易燃易爆材料和腐蚀性液体的场地下面通过，并不宜与其他管道及电线同沟敷设，需要同沟敷设时，必须采取防护措施。穿越重要道路的煤气管道，应加设套管或管沟，套管可用钢管、铸铁管或钢筋混凝土管，其两端应超出路肩边缘300~500mm；穿越铁路的套管或涵洞，超出路堤底部不小于500mm，套管的埋深（套管顶至轨底）不小于1.2m。

(3) 附件　地下管道应设有排水器，排出的冷凝水应集中处理。地下管道排水器、阀门及转弯处应在地面上设有明显的标志。地下管道法兰应设在阀门井内。

4. 煤气管道的防腐

煤气管道应采取防腐措施，架空钢管制造完毕后，内壁和外表面需涂刷防锈涂料。管道安装完毕试验合格后，全部管道外表面应再涂刷防锈涂料。管道外表面每隔四五年应重新涂刷一次防锈涂料。

埋地铸铁管道外表面可只浸涂沥青。埋地钢管外表面的防腐，按加强绝缘级处理（表4-7）。在表面防腐蚀的同时，宜采用相应的阴极保护措施。阴极保护是一种积极的防腐办法，就是在管道中导入保护电流，借以抵消电化学反应或杂散电流引起的腐蚀电流。具体做法是通过输入阴极保护电位，使地下敷设的管道变为阴极，或将镁阳极、废旧铁轨、石墨块等作为牺牲阳极。

表4-7　加强绝缘处理的绝缘层次分布

绝缘等级	绝缘层次									总厚度/mm
	1	2	3	4	5	6	7	8	9	
加强	底漆一层	沥青~1.5 mm	玻璃布一层	沥青~1.5 mm	玻璃布一层	沥青~1.5 mm	玻璃布一层	沥青~1.5 mm	塑料布或牛皮纸一层	≥5.5

5. 煤气管道的试验

煤气管道的计算压力等于或大于10^5Pa（1.02kgf/cm²）应进行强度试验，架空管道强度试验的压力应为计算压力的1.15倍，地下煤气管道强度试验的试验压力为计算压力的1.5倍。强度合格后再进行严密性试验。计算压力小于10^5Pa（1.02kgf/cm²）时，可只进行严密性试验。

煤气管道可采用空气或氮气作强度试验和严密性试验，并应做生产性模拟试验。煤气管道的试验应遵守下列规定。

① 管道系统施工完毕，应进行检查，并应符合煤气安全的有关规定。

② 对管道各处连接部位和焊缝，经检查合格后，才能进行试验，试验前不得涂漆和保温。

③ 试验前应制定试验方案，附有试验安全措施和试验部位的草图，征得安全部门同意后才能进行。

④ 各种管道附件、装置等，应分别单独按照出厂技术条件进行试验。

⑤ 试验前应将不能参与试验的系统、设备、仪表及管道附件等加以隔断。安全阀、泄爆阀应拆卸，设置盲板部位应有明显标记和记录。

⑥ 管道系统试验前，应用盲板与运行中的管道隔断。

⑦ 管道以闸阀隔断的各个部件，应分别进行单独试验，不得同时试验相邻的两段。在正常情况下，不应在闸阀上堵盲板，管道以插板或水封隔断的各个部位，可整体进行试验。

⑧ 用多次全开、全关的方法检查闸阀、插板、蝶阀等隔断装置是否灵活可靠；检查水封、排水器的各种阀门是否可靠；测量水封、排水器水位高度，并把结果与设计资料相比较，记入文件中。排水器凡有上、下水和防寒设施的，应进行通水、通蒸汽试验。

⑨ 清除管道中的一切脏物、杂物，放掉水封里的水，关闭水封上的所有阀门，检查完毕并确认管道内无人，关闭人孔后，才能开始试验。

⑩ 试验过程中如遇泄漏或其他故障，不得带压修理，测试数据全部作废，待正常后重新试验。

三、煤气设备与管道附属装置安全

1. 燃烧装置

当燃烧装置采用强制送风的燃烧嘴时，煤气支管上应装逆止装置或自动隔断阀。在空气管道上应设泄爆膜。煤气、空气管道应安装低压报警装置。空气管道的末端应设有放散管，放散管应引到厂外。

2. 隔断装置

凡经常检查的部位应设可靠的隔断装置，发生炉煤气、水煤气（半水煤气）管道的隔断装置不得使用带铜质部件，寒冷地区的隔断装置应根据当地的气温条件采取防冻措施。禁止用管道上的调节配件代替隔断阀门，禁止以关阀门代替堵盲板。

（1）插板　插板是可靠的隔断装置。安设的插板，管道底部离地面的净空距：金属密封面的插板不小于8m，非金属密封面的插板不小于6m，在煤气不易扩散地区需适当加高。封闭式插板的安设高度可适当降低。

（2）水封　水封装在其他隔断装置之后并用时，才是可靠的隔断装置。水封的有效高度为煤气计算压力加500mm。水封的给水管上应设U形给水封和逆止阀。煤气管道直径较大的水封，可就地设泵给水，水封应在5~15min内灌满。禁止将排水管、满流管直接插入下水道。水封下部侧壁上应安设清扫孔和放水头。U形水封两侧应安设放散管、吹刷用的进气头和取样管。

（3）眼镜阀和扇形阀　眼镜阀和扇形阀不宜单独使用，应设在密封蝶阀或闸阀后面。眼镜阀和扇形阀应安设在厂房外，如设在厂房内，应离炉子10m以上。

（4）密封蝶阀　密封蝶阀不能作为可靠的隔断装置，只有和水封、插板、眼镜阀等并用时才是可靠的隔断装置。密封蝶阀的使用应符合下列要求：密封蝶阀的公称压力应高于煤气总体严密性试验压力；单向流动的密封蝶阀，在安装时应注意使煤气的流动方向与阀体上的箭头方向一致；轴头上应有开、关程度的标志。

(5) 旋塞　旋塞一般用于需要快速隔断的支管上。旋塞的头部应有明显的开关标志。

(6) 闸阀　单独使用闸阀不能作为可靠的隔断装置。所用闸阀的耐压强度应超过煤气总体试验的要求。煤气管道上使用的明杆闸阀，其手轮上应有"开"或"关"的字样和箭头，螺杆上应有保护套。闸阀在安装时，应重新按出厂技术要求进行严密性试验，合格后才能安装。

(7) 盘形阀　盘形阀（或钟形阀）不能作为可靠的隔断装置，一般安装在脏热煤气管道上。盘形阀的使用应符合下列要求。

① 拉杆在高温影响下不倾斜，拉杆与阀盘（或钟罩）的连接应使阀盘（或钟罩）不致倾斜或卡住。

② 拉杆穿过阀外壳的地方，应有耐高温的填料盒。

(8) 盲板　盲板主要适用于煤气设施检修或扩建延伸的部位。盲板应用钢板制成并无砂眼，两面光滑，边缘无毛刺，盲板的厚度按使用目的经计算后确定。堵盲板的地方应有撑铁，便于撑开。盲板和其垫圈的手柄应有明显区别。

3. 放散装置

(1) 吹刷煤气放散管　煤气设备和管道的最高处、煤气管道以及卧式设备的末端必须安设放散管。煤气设备和管道隔断装置前，管道网隔断装置前后，支管闸阀在煤气总管旁 0.5m 内，可不设放散管，但超过 0.5m 时，应设放气头。

放散管口必须高出煤气管道、设备和走台 4m，离地面不小于 10m。厂房内或距厂房 20m 以内的煤气管道和设备上的放散管，管口应高出房顶 4m。厂房很高，放散管又不经常使用，其管口高度可适当减低，但必须高出煤气管道、设备和走台 4m。禁止在厂房内或向厂房内放散煤气。放散管口应采取防雨、防堵塞措施。放散管的闸门前应装有取样管。煤气设施的放散管不能共用。

(2) 调压煤气放散管　调压煤气放散管应安装在净煤气管道上。调压煤气放散管应控制放散，其管口高度应高出周围建筑物，一般距离地面不小于 30m，山区可适当加高，所放散的煤气必须点燃，并有灭火设施。经常排放水煤气（包括半水煤气）的放散管，管口高度应高出周围建筑物，或安装在附近最高设备的顶部，并设有消声装置。

4. 冷凝物排水器

排水器之间的距离一般为 200～250m。排水器水封的有效高度应为煤气计算压力加 500mm。煤气管道的排水管宜安装闸阀或旋塞。两条或两条以上的煤气管道及同一煤气管道隔断装置的两侧，宜单独设置排水器，如设同一排水器，其水封有效高度按最高压力计算。排水器应设有清扫孔和放水的闸阀或旋塞，每只排水器均应设检查管头，排水器的满流管口应设漏斗，排水器装有给水管的，应通过漏斗给水。排水器可设在露天，但寒冷地区要采取防冻措施，设在室内的，应有良好的自然通风。

5. 蒸汽管、氮气管

具有下列情况之一者，煤气设备及管道应安设蒸汽或氮气管接头。

① 停、送煤气时需用蒸汽或氮气置换煤气或空气者。

② 需在短时间内保持煤气正压力者。

③ 需要用蒸汽扫除萘、焦油等沉积物者。

蒸汽或氮气管接头应安装在煤气管道的上面或侧面，管接头上应安旋塞或闸阀。为防止煤气串入蒸汽或氮气管内，只有通蒸汽或氮气时，才能把蒸汽或氮气管与煤气管道连通，停用时必须断开或堵盲板。

6. 补偿器

补偿器宜选用耐腐蚀材料制造。带填料的补偿器，需有调整填料紧密程度的压环。补偿器内及煤气管道表面应经过加工，厂房内不得使用带填料的补偿器。

7. 泄爆阀

泄爆阀安装在煤气设备易发生爆炸的部位。泄爆阀应保持严密，泄爆膜的设计应经过计算。泄爆阀端部不应正对建筑物的门窗。

8. 人孔、手孔及检查管

（1）人孔　闸阀后，较低管段上，膨胀器或蝶阀组附近，设备的顶部和底部，煤气设备和管道需经常入内检查的地方，均应设人孔。煤气设备或单独的管段上人孔一般不少于两个，直管段每隔150～200m设一个人孔。人孔直径应不小于600mm。有砖衬的管道，人孔圈的深度应与砖衬的厚度相同。人孔盖上应根据需要安设吹刷管头。

（2）手孔　直径小于600mm的煤气管道可设手孔，其直径与管道直径相同。

（3）检查管　在容易积存沉淀物的管段上部，宜安设检查管。

四、煤气管道故障处理

煤气管道常见的故障有管道堵塞、冻结、积水和管道附属装置的故障。这些故障的发生会引起煤气压力和流量下降或波动，影响管网的安全运行。

1. 压力和流量下降

压力和流量下降有两种情况。一种是表现下降，这是由于压力表和流量表的煤气导管堵塞或冻结，造成仪表的指示值减小，而实际上管道的煤气压力和流量并无下降。另一种是实际下降，即管道的煤气压力和流量的下降真实地反映在仪表上。引起实际下降的原因，其一是本系统中某个或某些大用户增量而管网的输送能力有限，这时压力和流量平稳地下降到某一程度后趋于稳定；其二是煤气管道发生局部堵塞或冻结，一般发生在气温较低时，如冬季或初春压力和流量下降较为突然，下降幅度大，甚至持续下降为零。对于煤气压力和流量下降，应立即查明原因。如确认煤气的发生和供应均无问题，则应查找管道或管道仪表导管的堵塞或冻结部位，并及时清除堵塞物或通蒸汽解冻。如果管道堵塞或冻结部位较长，则应堵盲板，隔断气源再分段排除。

2. 压力和流量波动

造成煤气管道压力和流量波动的原因较为复杂。管道系统内较大用户频繁增减量、管道上的调节翻板失调、管道低洼部位存水等，都会引起煤气管道压力和流量波动。此外，仪表导管积水也会产生煤气压力和流量的表现波动。如果煤气管道压力和流量同时波动，而煤气仪表导管并无积水，调节翻板工作也正常，则一般是由于管道某部位积水造成的。如果该部位积水是由排水器堵塞造成的，应立即清扫排水器。若积水部位无处排水，应在管道底部搬眼放水，并在此处增设排水器。如果压力和流量的波动是由于调节翻板的执行机构失灵或翻板脱销造成的，则应迅速排除调节翻板的故障。

第四节 煤气贮存安全

由于煤气的消耗和生产是波动的，所以必须有煤气贮存器，作为煤气生产和消耗之间的缓冲，贮存煤气的设备称为煤气柜。煤气柜不仅起贮存煤气的作用，还可控制压力及混合煤气。如果没有煤气柜，当煤气的生产和消费不平衡时，煤气管道中的压力会强烈波动，造成使用困难。煤气柜可使压力平稳，并维持压力不变。当煤气的成分波动时，煤气柜可使煤气组成均匀。

一、煤气柜的工作原理和流程

煤气柜分为高压贮气柜和低压贮气柜两类。为了贮存、调节负荷和混合多种气源，一般常使用低压贮气柜。低压贮气柜分为湿式和干式两类。低压湿式气柜有直立式和螺旋式。

气柜由钟罩、中节和水槽三大部分组成。钟罩顶部有放空管、旁通管、取样管。钟罩顶部四周配有水泥块，钟罩内部底边有铸铁配重块，中节上部有环行水封和12个导轮，下部插入水槽内。水槽四周向上有12根外导轨，内壁有12根内导轨，水槽上有加水管和溢流管，水槽中间有煤气进气管和煤气出气管等。进气管和出气管穿过水槽露出水面。

气柜的高低变化随进入气体的总压力的变化而改变，当进入气柜的气体总压力大于气柜（钟罩、中节及佩重）的重量时，气柜就上升，反之气柜就下降。

煤气发生炉来的煤气经洗涤塔洗涤后，汇入煤气总管，通过气柜进口水封通到气柜，进行自然混合，然后煤气经出口水封通到气柜出口总管去电除尘工段。此流程如图4-1所示。

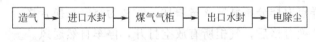

图 4-1 煤气在气柜中的工艺流程

气柜安全控制指标为：气柜内静压≤4.0kPa；煤气中氧含量≤0.5%；环境一氧化碳浓度≤30 mg/m³；水槽水温≥5℃。

二、气柜常见事故的预防措施

1. 气柜猛降或抽负

（1）事故原因　煤气炉由于某些原因向气柜送气量大减，或者煤气使用量过多没与造气车间联系。

（2）预防措施　加强联系，保证气柜进气量和用气量平衡。

2. 气柜猛升或跑气

（1）事故原因　煤气炉向气柜送气量过大或者使用量减量过多。

（2）预防措施　加强调度联系，发现气柜猛长，立即联系煤气炉岗位停煤气炉，控制气柜上涨速度。

三、开、停车操作要点

1. 开车注意事项

① 水槽加水时,打开气柜顶部放空阀。

② 用惰性气体置换气柜时,气柜顶部旁通阀打开。惰性气体置换合格后用煤气置换,要求各取样点分析氧气含量≤0.5%。

③ 气柜煤气置换合格后,检查进出口水封放水,开车。

2. 停车注意事项

① 用惰性气体和空气置换气柜时,注意气柜顶部取样合格。

② 气柜水槽放水时,要先打开气柜顶部放空阀及顶部人孔大盖。气柜水槽放水要缓慢,以防放水太快抽瘪气柜。

③ 气柜停车后,各放空阀要全打开。

四、置换操作要点

1. 大修停车置换

(1) 置换介质及要求　先用惰性气体置换气柜中煤气,要求一氧化碳和氢气总含量≤8%,氧气含量≤1.0%。再用空气置换惰性气体,要求一氧化碳和氢气总含量≤0.5%,氧气含量≥19%。

(2) 置换程序及注意事项

① 全厂停车后,气柜放低到1m,煤气炉向气柜送合格惰性气体。气柜升高到2m后,气柜放低到0,再打惰性气体使气柜到2m,再放到0,反复几次,气柜上部取样分析合格后,气柜打到15m以上开始向后工序送气置换。

② 惰性气体全厂置换合格后,气柜放到0。联系造气送空气,气柜打到15m以上时,向后工序送空气,同时气柜顶各放空阀打开放空。

③ 气柜各取样点取样分析氧气含量≥19%时视为空气置换合格。

④ 全厂空气置换合格后,气柜所有放空打开,停车自然通风。

⑤ 置换气柜时,可以在电除尘处放空,放掉气柜内可燃气,节省惰性气体用量。

2. 开车置换

(1) 使用介质及要求　开车先用惰性气体置换空气,要求一氧化碳和氢气总含量≤8%,氧气含量≤1.0%。再用煤气置换惰性气体,要求氧气含量≤0.5%。

(2) 置换程序和注意事项

① 造气炉制出合格惰性气体,送到气柜,气柜打到2m,再放到0。反复几次,气柜各处取样分析合格后,气柜用惰性气体打到15m以上。

② 向后工序送惰性气体置换全厂管道。

③ 全厂惰性气体置换合格后,气柜放到1m,向气柜送合格煤气,置换气柜。

④ 气柜煤气置换合格后,向后工序送煤气,全厂转入煤气置换和开车。

⑤ 置换时,要求惰性气体质量要合格,不能送不合格惰性气体到气柜。煤气炉制取煤气时,严防煤气氧含量高。

五、湿式煤气柜发生危险的原因及防火防爆措施

1. 发生着火爆炸的原因
① 柜中气体不纯,煤气中含氧量高。
② 柜壁腐蚀,水封不良或水封冻结而漏气。
③ 充进过多的煤气,由钟罩下部边缘漏出。

2. 消除着火爆炸的安全措施
① 煤气柜应该设在室外露天场地,距煤气柜四周5m,还应设置轻便的栏杆围护,煤气柜周围应设有消防通道和消防设施。
② 湿式煤气柜每级塔间水封的有效高度应不小于最大工作压力的1.5倍。
③ 定期检查煤气柜内气体成分,煤气柜与生产设备连接的管线上,必须安有水封槽。
④ 湿式煤气柜的环形水封和水封槽里,应经常保持一定高度水位,冬季应采取保温措施,以免水封冻结失效。
⑤ 煤气柜安装必须正确,柜壁内外应该涂刷防腐的漆料。
⑥ 严格控制充气量,并安装安全控制计量仪器信号和设备,如放空管,安全帽等,防止气柜上升过高,钟罩倾斜而漏气。还要防止抽气过多,形成真空,压坏气柜。
⑦ 气柜上不允许安装任何可能引起火花而又不封闭的电气设备。
⑧ 湿式煤气柜之间的防火间距,应不小于相邻较大罐的半径。
⑨ 湿式煤气柜需设放散管、人孔、梯子、栏杆。
⑩ 湿式煤气柜出入口接管一般分开设置,出入口管道上设隔断装置,出入口管道最低处应设排水器,出入口管道的设计应能防止煤气柜地基下沉所引起的管道变形。

第五节 煤气设施的操作安全

一、正压操作

除有特殊规定,任何煤气设备均必须保持正压操作。煤气的操作压力应不低于500Pa,目的是防止发生供气量突然降低造成负压,形成爆炸性混合气体而发生爆炸。为防止煤气低压引起爆炸,加热煤气管道应设有低压报警系统,低压报警后采用停止加热等措施防止事故的发生。但是操作压力过高也不可取,这样易发生泄漏,特别是采用贫煤气加热时,泄漏的一氧化碳能造成人的慢性或急性中毒,贫煤气的操作压力最好控制在1000Pa以下。送煤气后,应检查所有连接部位和隔断装置是否泄漏煤气。

二、煤气的供入

往煤气设备内送煤气时,炉内燃烧系统应具有一定的负压,送煤气程序必须是先给空气后给煤气,严禁先给煤气。凡送煤气前已烘炉的炉子,其炉膛温度超过1073K(800℃)时,可不点火直接送煤气,但应严密监视其是否燃烧。

送煤气时不着火或者着火后又熄灭,应立即关闭煤气阀门,查清原因后,再按规定程

序重新点火。

凡强制送风的炉子，点火时应先开鼓风机但不送风，待点火送煤气燃着后，再逐步增大供风量和煤气量。停煤气时，应先关闭所有的烧嘴，然后停鼓风机。

固定层间歇式水煤气发生系统若设有燃烧室，当燃烧室温度在723K（500℃）以上，且有上涨趋势时，才能使用二次空气。

三、停产与开工

在煤气系统的各种塔器及管道停止使用时间较长而保压又有困难时，应可靠地切断煤气来源，并将内部煤气吹净。吹扫和置换煤气设施内部的煤气，应用蒸汽、氮气或烟气为置换介质。吹扫或引气过程中，严禁在煤气设施上拴拉电焊线，煤气设施周围40m内严禁火源。在停产通蒸汽吹扫煤气合格后，不应关闭放散管。

开工时，若用蒸汽置换空气合格后，可送入煤气，待检验煤气合格后，才能关闭放散管，但严禁在设备内存在蒸汽时骤然喷水，以免形成真空压损设备。

【事故案例4-1】 某厂气柜在使用过程中，钟罩圆柱部分有一砂眼漏煤气，决定停车补焊。补焊前钟罩内的煤气用空气进行了置换，但未经分析就动火发生了剧烈爆炸。

事故的主要原因：置换不彻底，动火设备置换后，设备内取样必须有代表性，分析标准要求一氧化碳和氢气总含量<0.5%。未办理动火证；违章作业。

【事故案例4-2】 某厂煤气柜水槽放水，气柜抽瘪。

事故的主要原因：水槽放水时，放空没开，或者放空开得小；气柜体积大，钢材较薄，气柜负压造成压瘪。

【事故案例4-3】 某厂大修后，放空没打开引起电除尘的绝缘箱爆炸。

事故的主要原因：电除尘置换时绝缘箱放空没打开，系统置换时间短。由于绝缘箱内存有空气，通煤气时形成了爆炸性混合气，开车送电引起爆炸，炸坏绝缘箱，电除尘紧急停车。

预防措施：系统开车时置换要彻底，特别是惰性气体置换空气时，死角地方要置换取样合格。

【事故案例4-4】 某厂夜班操作工在水封桶附近巡检，由于水封溢流管跑气造成中毒昏倒，因发现不及时，该操作工中毒死亡。

事故的主要原因：岗位巡检没有人监护；煤气设备泄漏，出现跑气没有及时消除。

【事故案例4-5】 某厂煤气炉做到第11个循环时，即将加炭车推到炉口旁边。当值班长看到吹风阀指示牌下落，不了解情况就贸然指挥打开炉盖，炉内正在上吹制气，炉口大火冲出6~7m高，烧伤一名加炭工。

事故的主要原因：负责人员不了解情况，乱指挥；加炭工在当时的情况下应拒绝接受命令，并提高应变能力。

第二篇
煤化工环境保护

　　保护人类赖以生存的环境乃是千秋大计，既关系当代，更影响后世，每一个地球公民都必须自觉地承担起应尽的责任。煤既是中国的主要能源和工业原材料的来源，又是一个重要的污染源。要发展煤的加工利用，必须同时解决由此而产生的废水、烟尘、废渣等环境污染问题，大力发展煤化工清洁生产，实现煤化工的可持续发展。

第二篇
煤化工及焦化

第五章 环境保护概论

第一节 环境与环境问题

一、环境

环境是指以人为中心的周围事物。中华人民共和国1989年12月26日公布的《中华人民共和国环境保护法》明确地对"环境"概念做了如下规定:"本法所称环境是指影响人类生存和发展的各种天然的和经过人工改造的自然因素的总和,包括大气、水、海洋、土地、矿藏、森林、草原、野生生物、自然遗迹、人文遗迹、自然保护区、风景名胜区、城市和乡村等"。

环境可分为天然环境和人工环境两类。

天然环境是直接或间接影响人类生活、生产的生物有机体、无机体(大气、海洋、岩石、水、土壤等)。

人工环境是由于人类活动而形成的各种事物。它包括由人工形成的物质、能量和精神产品,以及人类活动中所形成的人间关系。这种活动正是人类区别于动物之处。如:动、植物的培育、驯化、人工森林、草地、绿化、住房、城市、交通工具、工厂、娱乐场所等。

二、环境问题

环境问题指由于自然和人类活动使环境发生的不利于人类的变化。环境问题可分为两类,第一类是因工农业生产和人类生活向环境排放过量污染物质而造成环境污染;第二类是人们不合理地开发利用资源、破坏自然生态,而产生的生态效应。这两种原因往往是同时存在,但在局部地区表现上可能以某一类原因为主。

目前,国际社会最为关注的和对人类生产、生活影响较大的几个环境问题有:人口、资源、生态破坏和环境污染等问题。

1. 水体污染

水是人类和一切生物赖以生存的物质基础,与人类的关系最密切,并且具有经济利用价值。随着世界人口的高速增长以及工农业生产的发展,水资源的消耗量越来越大,世界用水量以3%～5%的速率递增。目前,世界上有43个国家和地区缺水,占全球陆地面积的60%。约有20亿人用水紧张,10亿人得不到良好的饮用水。

除了自然条件影响以外,水体污染破坏了水资源是造成水资源危机的重要原因之一,水体污染是指进入水体的有害物质超过了水体的自净能力,使水体的生态平衡遭到破坏。

目前全世界每年约有 4200 多亿立方米的污水排入江河湖海，污染了 5500 亿立方米的淡水，约占全球径流量的 14% 以上。估计今后 30 年内，全世界污水量将增加 14 倍。特别是第三世界国家，污水、废水基本不经处理即排入水体更为严重，造成世界的一些地区有水但严重缺乏可用水的现象。水资源短缺已成为许多国家经济发展的障碍，成为全世界普遍关注的问题。当前，水资源正面临着水资源短缺和用水量持续增长的双重矛盾。正如联合国早在 1977 年所发出的警告："水不久将成为一项严重的社会危机，石油危机之后下一个危机是水。"

2. 大气污染

大气是多种气体的混合物，按其组成类型分为恒定、可变和不定组分。大气的恒定成分是指大气中的 N、O、Ar 及微量的 Ne、He、Kr、Xe 等稀有气体，其中 N、O、Ar 三种组分共占大气总量（体积）的 99.96%。可变组分是大气中的 CO_2 和水蒸气等，这些气体的含量是受地区、季节、气象以及人类生活、生产活动等因素的影响而有所变化。不定组分是自然界和人类活动两方面产生的。自然界的火山爆发、森林火灾、海啸、地震等暂时性灾害所产生的尘埃、硫、硫化氢、硫氧化物、碳氧化物及恶臭气体等进入大气中。人类社会的活动、交通、工农业生产排放的废气也进入大气中，使得干洁的大气中出现组成成分没有的物质或者是一些组分的浓度超过正常的大气含量，对人们的生活、工作、健康、精神状态、设备财产以及生态环境等产生恶劣影响和破坏，称之为大气污染。

大气污染已成为严重的环境问题，据不完全统计全球大气每年遭受到 7 亿多吨多种有害物质的污染，在主要的 7 种有害物的污染中，颗粒物约占 15%，SO_2 约占 22%，CO 约占 40%，NO_x 约占 8%，碳氧化物约占 14%，H_2S 和 NH_3 约占 1%。

目前大气污染所造成的全球性环境问题，包括温室效应、酸雨、臭氧层破坏等，引起人们的普遍关注。

（1）酸雨　酸雨是指 pH 小于 5.6 的雨雪或其他方式形成的大气降水（如雨、雾、露、雹等），是一种大气污染现象。由于人为向大气中排放 SO_x 和 NO_x 等酸性物质，使得雨水 pH 降低，当 pH 低于 5.6 时，便发生了酸雨。

大气中不同的酸性物质所形成的各类酸，都对酸雨的形成起作用，但它们作用的贡献不同，一般说来，对形成酸雨的作用，硫酸占 60%~70%，硝酸占 30%，盐酸占 5%，有机酸占 2%。所以，人为排放的 SO_2 和 NO_x 是形成酸雨的两种主要物质。

酸雨的危害主要是破坏森林生态系统，改变土壤性质与结构，破坏水生生态系统，腐蚀建筑物和损害人体的呼吸道系统和皮肤。当酸雨降到地面后，导致水质恶化，各种水生动植物都会受到死亡的威胁。植物叶片和根部吸收了大量的酸性物质后，引起枯萎死亡。酸雨进入土壤后，使土壤肥力减弱。人类长期生活在酸雨中，饮用酸性的水质，都会造成呼吸器官、肾病和癌症等一系列疾病。

酸雨的危害比较普遍，酸雨问题已不仅被视为区域性环境污染问题，而且有时也被列入全球性环境问题。

1998 年，中国降水年均 pH 低于 5.6 的城市占统计城市数的 52.8%，73.03% 的南方城市降水年均 pH 低于 5.6，降水 pH 低于 4.5 的城市有株洲、益阳、韶关、清远、南昌、鹰潭和长沙等。北方城市中的图们、青岛、西安和铜川降水年均 pH 低于 5.6。

（2）温室效应　由于近地面空气中水蒸气与 CO_2 的增加，加大了对地面长波辐射的吸收，从而导致在地面与大气之间形成一个绝热层，使近地面的热量得以保持，这种造成全球气温升高的现象称为温室效应。能导致温室效应的气体称为温室气体。温室效应分为"自然温室效应"和"人为温室效应"。由自然因素导致的温室效应称为"自然温室效应"，由于人类大量使用化工燃料，工业高度发展，砍伐森林等原因，破坏自然热平衡，而引起气候变暖称"人为温室效应"。通常"温室效应"是指后者，又称"地球变暖"。

经研究发现，目前大气中能产生温室效应的气体约有 30 种，其中 CO_2 对温室效应的贡献大约为 66%，CH_4 为 16%，CFC_S 为 12%，由此可见 CO_2 是造成温室效应的最重要的气体。

联合国组织的政府间气候变化专业委员会（IPCC）在 1990 年气候变化第一次评估报告中指出，过去 100 多年中，全球平均地面温度上升了 0.3~0.6℃。英国对全球 2000 多个陆地观测站的大约 1×10^8 个数据以及 6000×10^4 个海洋观测数据的分析结果表明，1981~1990 年全球平均气温比 100 年前的 1861~1880 年上升了 0.48℃。100 年来地球上的冰川大部分后退，海平面上升了 14~25cm。

据预测，到 21 世纪中叶，世界能源消费的总格局不会发生根本性变化，人类将继续以矿物燃料作为主要能源，而且对能源的需求还将增加。据推测，21 世纪中叶全球人口将达 90 亿左右，大气中 CO_2 的体积分数将在 560×10^{-6} 以上，地球温度将以每 10 年增加 0.3℃ 的速度上升，全球平均海平面每 10 年将升高 6cm。在世界范围内影响区域可达 500 亿平方公里，占全球土地面积 3%，将使 10 亿人的生存受到威胁。

（3）臭氧层空洞　臭氧（O_3）是空气中的痕量气体组分。据估计，若将自地球表面至 60km 高处的所有臭氧皆集中在地球表面上，也仅有 3mm 厚，总重量为 30×10^8t 左右。空气中的臭氧主要集中在平流层中，并形成臭氧层，其距地面 20~30km。

臭氧层在保护生态环境方面起着十分重要的作用。它具有强烈吸收紫外线的功能，是太阳辐射的一种过滤器。臭氧对紫外线的总吸收率为 70%~90%。所以臭氧可保护地球上所有的生物与人类免遭紫外线的伤害。

由于人类活动而使臭氧层遭到破坏而变薄使臭氧层损耗，即所谓"臭氧层空洞"。

20 世纪 70 年代初，美国环境科学家最先观察到臭氧层受损。1985 年，英国科学家证实南极上空的臭氧层出现"空洞"，即臭氧层被破坏，变为稀薄。到 1994 年，南极上空的臭氧层破坏面积已经达 0.24 亿平方公里。南极上空的臭氧层是在 2×10^8 年里形成的，可是在一个世纪里就被破坏了 60%；北半球上空的臭氧层比以往任何时候都薄；欧洲和北美的臭氧层平均减少了 10%~15%；西伯利亚减少 35%。

臭氧层破坏造成的严重后果如下。

① 危害人体健康，使晒斑、角膜炎、皮肤癌、免疫系统等疾病增加。据 UNEP1986 年报道，若臭氧总量减少 1%，皮肤癌变率将增加 4%，扁平细胞癌变率增加 6%，白内障患者增加 0.2%~0.6%。

② 破坏生态系统、影响植物光合作用，导致农作物减产。紫外线还导致某些生物物种突变，实验表明，人工照射 280~320nm 紫外线后使 200 种植物中的 2/3 受损。若空气中臭氧减少 10%，将使许多水生生物变畸率增加 18%，浮游植物光合作用减少 5%。

③ 过量紫外线照射，将使塑料、高分子材料容易老化和分解。

3. 土壤污染

是指人们在生产和生活中产生的废弃物进入土壤，当其数量超过土壤的自净能力时，土壤即受到了污染，从而影响植物的正常生长和发育，以致造成有害物质在植物体内的积累，使作物的产量和质量下降，最终影响人体健康。利用工业废水和城市污水进行灌溉，堆放废渣和固体废物，施用大量化肥和农药，都有可能使土壤遭到污染。

4. 生态环境的恶化

全球性的生态环境恶化问题，从广义讲，包括人口、粮食、资源的矛盾；从环境角度看主要包括森林减少、土地退化、水土流失、沙漠化、物种消失等多个方面。

土地退化是当代最为严重的生态环境问题之一，它正在削弱人类赖以生存和发展的基础。土地退化的根本原因在于人口增长、农业生产规模扩大和强度增加、过度放牧以及人为破坏植被，从而导致水土流失、沙漠化、土地贫瘠化和土地盐碱化。

水土流失是当今世界上一个普遍存在的生态环境问题。据最新估计，全世界现有水土流失面积2500万平方公里，占全球陆地面积的16.8%，每年流失高达257亿吨，高出世界土壤再造速度数倍。全世界每年损失土地600万~700万平方公里，受土壤侵蚀影响的人口80%在发展中国家。

土地沙漠化是指非沙漠地区出现的风沙活动、沙丘起伏为主要标志的沙漠景观的环境退化过程。目前全球有36亿平方公里干旱土地受到沙漠化的直接危害，占全球干旱土地的70%。沙漠化的扩展使可利用的土地面积缩小，土地产出减少，降低了养育人口的能力。中国荒漠化也很严重，全国约1.7亿人口受到荒漠化的危害和威胁，每年因荒漠化造成的经济损失约20亿~30亿美元。

生物物种消失是全球普遍关注的重大生态环境问题。物种濒危和灭绝一直呈发展趋势，而且越到近代，物种灭绝的速度越快。据粗略估计，从公元前8000年至1975年，哺乳动物和鸟类的平均灭绝速率大约增加了1000倍。生物学家警告说，如果森林砍伐、沙漠化及湿地等的破坏按目前的速度继续下去，那么到2025年将会有100万种生物物种从地球上永远地消失。

三、环境科学

随着环境问题的出现，人们开始关注环境问题，环境科学是以"人类和环境"这对矛盾体为研究对象的科学，环境科学是一个多学科到跨学科的庞大体系组成的一门边缘学科。它的主要任务是：揭示人类活动同自然生态之间的对立统一关系；探索全球范围内环境演化的规律；探索环境变化对人类生存的影响；研究区域环境污染综合防治的技术措施和管理措施。

在现阶段，环境科学主要是运用自然科学和社会科学的有关学科的理论、技术和方法来研究环境问题，形成与其有关的学科相互渗透、交叉的许多分支学科。

属于自然科学方面的有：环境工程学、环境地学、环境生物学、环境化学、环境物理、环境数学、环境水利学、环境系统工程、环境医学。

属于社会科学方面的有：环境社会学、环境经济学、环境法学及环境管理学等。

环境工程学指运用工程技术的原理和方法，防治环境污染，合理利用自然资源，保护和改善环境质量。主要研究内容有大气污染防治工程、水污染防治工程、固体废物的处理和资源化、噪声控制等，同时研究环境污染综合防治，运用系统分析和系统工程的方法，从区域环境的整体上寻求解决环境问题的最佳方案。

煤化工环境工程属于环境工程的一个分支。

第二节 中国环境保护的政策

一、环境保护的基本方针与对策

中国的宪法规定:"国家保护和改善生活环境和生态环境,防治污染和其他公害,国家保障自然资源的合理利用,保护珍贵的动物和植物。禁止任何组织或者个人用任何手段侵占或者破坏自然资源"。

1. 中国环境保护工作的方针

全面规划,合理布局,综合利用,化害为利,依靠群众,大家动手,保护环境,造福人民。

2. 环境保护工作的基本原则

随着环境保护工作和环境政策的发展,至今已形成以下基本原则。

经济建设、城乡建设和环境建设同步发展,经济效益、社会效益和环境效益统一实现。

兼顾国家、集体和个人三者利益,依靠群众保护环境,谁污染谁治理,谁开发谁保护。

预防为主、防治结合,全面规划、合理布局,综合利用,奖励和惩罚相结合等。

3. 中国环境与发展的十大对策

① 实行持续发展战略;②采取有效措施,防治工业污染;③深入开展城市环境综合整治,认真治理城市"四害";④提高能源利用效率、改善能源结构;⑤推广生态农业,坚持不懈地植树造林,切实加强生物多样性保护;⑥大力推行科技进步,加强环境科学研究,积极发展环保产业;⑦运用经济手段保护环境;⑧加强环境教育,不断提高全民族的环境意识;⑨健全环境法制,强化环境管理;⑩参照环发大会精神,制定中国行动计划。

二、有关的环保法规与标准

国外一些发达国家在 20 世纪 60 年代后期,均先后制定了有关环境保护的各种条例、规定。如日本在 1967 年制定了《公害对策基本法》;美国国会在 1969 年通过了美国《国家环境政策法》等。

自 1949 年新中国成立以来,中国的环境保护方针、政策、法律、法规和条例等日趋系统和完善。1982 年 12 月 4 日,五届人大五次会议通过的《中华人民共和国宪法》明确规定:国家保护环境和自然资源,防治污染和其他公害。1979 年 9 月 13 日,五届人大常委会第十一次会议原则通过《中华人民共和国环境保护法(试行)》,并予以颁布。它是我国环境保护的基本法,为制定环境保护方面的其他法规提供了依据。1989 年 12 月 26 日第七届人大常委会第十一次会议通过了《中华人民共和国环境保护法》,并从公布日起施行,该法的颁布标志着中国环境保护法制建设跨进了新阶段。新的环境保护法把在实践中行之有效的制度和措施以法律的形式固定下来，这就形成了由环保专门法律、国家法规和地方法规相结合的环保法律法规体系。

1989年召开的第三次全国环境保护会议上，在继续推行原来《三同时制度》、《环境影响评价制度》和《排污收费制度》的同时，又正式提出了环境管理的新五项制度：《环境保护目标责任制》、《城市环境综合整治定量考核》、《排放污染物许可证制度》、《污染集中控制》和《污染限期治理》等五项制度。前三项和后五项总称八项管理制度。

与煤化工有关的环保法规还有《建设项目环境保护管理办法》(1986年5月)、《关于防治水污染技术政策的规定》(1986年11月)、《国务院关于发展煤炭洗选加工合理利用资源的指令》(1982年11月)、《关于防治煤烟型污染技术政策的规定》(1984年10月)、《中华人民共和国大气污染防治法》(2000年9月1日)、《中华人民共和国水污染防治法》(1996年5月15日)、《中华人民共和国固体废物污染环境防治法》(1996年4月1日)、《中华人民共和国清洁生产促进法》(2003年1月1日)、《国务院关于环境保护若干问题的决定》(2003年9月25日)等。

与煤化工有关的环保标准有《焦化行业准入条件》(国家发改委76号公告)、《炼焦行业清洁生产标准》(HJ/T 126—2003)、《炼焦炉大气污染物排放标准》(GB 16171—1996)、《大气污染物综合排放标准》(GB 16297—1996)、《污水综合排放标准》(GB 8978—1996)、《炼焦工业污染物排放标准》等。

第三节 煤化工环境污染与防治对策

一、煤化工环境污染

煤化工是以煤为原料的化学加工过程，由于煤本身的特殊性，在其加工、原料和产品的贮存运输过程都会对环境造成污染。

炼焦化学工业是煤炭化学工业的一个重要部分，中国炼焦化学工业已从焦炉煤气、焦油和粗苯中制取100多种化学产品，这对中国的国民经济发展具有十分重要的意义。但是，焦化生产有害物排放源多，排放物种类多、毒性大，对大气污染是相当严重的。

据不完全统计，中国每年焦炭生产要向大气排放的苯可溶物、苯并芘及烟尘等污染物达70万吨，苯并芘1700t。这些苯、酚类污染物，用常规处理方法很难达到理想效果，污染物的累积对生态环境造成不可挽回的影响，尤其是向大气排放的苯并芘是强致癌物，严重影响当地居民的身体健康。

炼焦工业排入大气的污染物主要发生在装煤、推焦和熄焦等工序。在回收和焦油精制车间有少量含芳香烃、吡啶和硫化氢的废气，焦化废水主要为含酚废水，焦化生产中的废渣不多，但种类不少，主要有焦油渣，酸焦油（酸渣）和洗油再生残渣等。另外，生化脱酚工段有过剩的活性污泥，洗煤车间有矸石产生。

在气化生产过程中，煤气的泄漏及放散有时会造成气体的污染，煤场仓贮、煤破碎、筛分加工过程产生大量的粉尘；气化形成的氨、氰化物、硫氧碳、氯化氢和金属化合物等有害物质溶解在洗涤水、洗气水、蒸汽分馏后的分离水和贮罐排水中形成废水；在煤中的有机物与气化剂反应后,煤中的矿物质形成灰渣。

煤气化生产中,根据不同气化原料、气化工艺及净化流程的差异,污染物产生的种类、数量及对环境影响的程度也各不相同。

(1) 气化原料种类的不同,生产过程对环境污染程度就不同 例如:烟煤作为原料的气化过程污染程度通常高于无烟煤,因为无烟煤、焦炭气化时干馏阶段的挥发物、焦油数量极少。

(2) 气化工艺不同,对环境污染影响差异性很大 三种气化工艺废水中杂质的浓度大不相同,采用移动床工艺时,废水中所含的苯酚、焦油和氰化物浓度都高于流化床和气流床工艺。因此,移动床工艺中,净化时循环冷却水受污染严重。导致有害气体逸出在大气中,造成的大气污染也相对严重。

(3) 净化工艺不同,煤气生产对环境的影响也不一样 冷煤气站污染程度高于热煤气站。因为热煤气生产工艺中,煤气不需要冷却,只采用干式除尘的净化方式,即没有冷煤气生产工艺带来的污染问题。

煤的液化分为间接液化和直接液化。间接液化主要包括煤气化和气体合成两大部分,气化部分的污染物如前所述;合成部分的主要污染物是产品分离系统产生的废水,其中含有醇、酸、酮、醛、酯等有机氧化物。直接液化的废水和废气的数量不多,而且都经过处理,主要环境问题是气体和液体的泄漏以及放空气体所含的污染物等,表 5-1 为溶剂精炼煤法对空气的污染(以每加工 7×10^4 t 计)。直接液化的残渣量较多,其中主要含有未转化的煤粉、催化剂、矿物质、沥青烯、前沥青烯及少量油,直接液化的残渣一般用于气化制氢,之后剩余灰渣。

表 5-1 溶剂精炼煤法的空气污染物

污 染 物	数量/t	污 染 物	数量/g
微粒	1.2	砷	1.4
SO_2	16	镉	130
NO_x	23	汞	23
烃类	2.3	铬	2200
CO	1.2	铅	480

二、煤化工污染防治对策

1. 加快淘汰小土焦

土焦比机焦多耗优质煤 200kg/t 焦,多耗优质煤气 250m³/t 焦,造成了大量资源浪费。维持土焦生产将对国内机焦企业和正常出口秩序造成了严重影响,而且对环境污染更为严重。2005 年,全国生产焦炭 2.43 亿吨,其中机焦量比重达 95% 以上,全国焦炭表观消费量约 2.3 亿吨。从目前中国机焦生产与建设的情况看,是完全可以满足市场需求的。全部淘汰土焦,不会出现焦炭供应缺口,反而促使焦炭价格更趋向合理。山西、贵州、河北、河南、陕西、内蒙古等土焦生产大省,必须坚决贯彻国办发[2000]10 号文件精神,加快淘汰土焦生产,有关部门要加大执法力度。

2. 焦炉大型化

20 世纪 70 年代,全球焦化业已面临着环境、经济、资源三大难题。美国、德国、日本等国家在改进传统水平室式炼焦炉基础上，开发了低污染炼焦新炉型。美国开发应用了"无回收炼焦炉"，德国、法国、意大利、荷兰等8个欧洲国家联合开发了"巨型炼焦反应器"、日本开发了"21世纪无污染大型炼焦炉"、乌克兰开发"立式连续层状炼焦工艺"、德国还开发了"焦炭和铁水两种产品炼焦工艺"等。各国对传统的炼焦炉改进的技术趋势是：①扩大炭化室有效容积；②采用导热、耐火性能好、机械强度高的筑炉材料；③配备高效污染治理设施；④生产规模大型化、集中化。

在国际炼焦炉技术大力改进的形势下，中国仍有许多炭化室高度小于2.8m的小机焦炉，不仅能耗、物耗高，且无脱硫、脱氨、脱苯等煤气净化工艺以及较完善的环保设施，应逐步淘汰。焦炉的大型化可降低出炉次数和炭化室数，可使排放污染物的数量减少。通过对不同炭化室容积的机焦炉废气污染物监测的结果表明：焦炉炉体废气逸散量与炭化室有效容积成反比关系。表5-2中列出不同炭化室容积的机焦炉污染物排放浓度情况。

表 5-2 不同炭化室容积的机焦炉污染物排放浓度情况

焦炉名称（炭化室高）		JN4.3炉	JN2.8炉	2.5m炉	70型炉	红旗炉
炭化室有效容积/m³		23.9	11.2	5.25	3.34	2.6
污染物排放浓度	颗粒物/(mg/m³)	3.28	6.99	14.92	23.48	30.14
	苯可溶物/(mg/m³)	1.02	2.17	4.64	7.30	9.37
	苯并芘/(μg/m³)	5.36	11.41	24.38	38.37	49.25

按照国家经贸委第十四号令，禁止建设炭化室高度小于4m的焦炉，对于违规建设的，要追究当事人责任。

3. 积极推广清洁生产和节焦技术

清洁生产是指不断采取改进设计、使用清洁的能源和原料、采用先进的工艺技术与设备、改善管理、综合利用等措施，从源头削减污染，提高资源利用效率，减少或者避免生产、服务和产品使用过程中污染物的产生和排放，以减轻或者消除对人类健康和环境的危害。

中国炼焦行业的清洁生产标准（HJ/T 126—2003）已于2003年6月1日实施，在炼焦行业治理、改造和建设中，应严格执行该标准。要采用配型煤与风选调湿技术、干熄焦技术、装煤、出焦消烟除尘技术、脱硫、脱氰、脱氨等一系列先进技术，使装煤、出焦、熄焦时产生的污染降到最低程度，实现炼焦的清洁生产。在钢铁工业和化工工业（占焦炭消费量的85%）中，大力推广节焦、代焦技术措施，降低国内焦炭消费。

4. 发展以煤气化为核心的多联产技术

21世纪可持续发展的新能源技术是以煤气化为核心的多联产模式，要消除现有煤开采、加工所带来的污染，特别是高硫煤的污染，只有靠洁净煤、水煤浆、油煤浆、地下气化、坑口煤气化、硫回收、以洁净煤气进行化工生产和发电、废渣生产建材等多联产的新能源模式才可以实现可持续发展。

● 新模式可在坑口就地消化粉煤和矸石。
● 新模式采用无焦油污染的气化方法。
● 新模式通过碳一化学技术、甲醇化学技术、羰基合成技术，进一步生产洁净品替代车用燃料和民用燃料，可减少城市中的大气污染。同时通过化学深加工获得高效益的化工产品。

5. 液化三废治理

煤液化尚未全面工业化，今后如果建厂投产，应同时建立三废治理设施，所有污染物都在厂内得到处理，这对环境保护是十分有益的。

煤液化残渣是一种高炭、高灰和高硫的物质，在某些工艺中会占到液化原煤量的30%左右。如此多的残渣对液化过程的热效率和经济性所产生的影响是不可低估的。目前，残渣气化制氢是解决残渣利用和液化氢源的最佳途径，同时，廉价、废弃的铁催化剂对气化有催化作用。另外，采用温和液化和残渣气化相结合的集成液化工艺可大大减少残渣量。

第六章 煤化工废水污染和治理

第一节 煤化工废水来源与危害

一、煤化工废水来源及特性

1. 焦化废水的来源及特性

焦化生产工艺中要用大量的洗涤水和冷却水,因此也就产生了大量的废水。各焦化厂的废水数量及性质,随采用的生产工艺和化学产品精制加工的深度不同而异,但其所含主要污染物相似。焦化污水的水质见表6-1、表6-2、表6-3。总的讲,焦化废水的COD相当高,主要污染物是酚、氨、氰、硫化氢和油等。如不加处理或不认真处理,所造成的后果将是十分严重的。

表6-1 焦化厂污水的水质 单位:mg/L

	pH	挥发酚	氰化物	油	挥发氨	COD[①]
蒸氨塔后(未脱酚)	8~9	500~1500	5~10	50~100	100~250	3000~5000
蒸氨塔后(已脱酚)	8	300~500	5~15	2500~3500	100~250	1500~4500
粗苯分离水	7~8	300~500	100~350	150~300	50~300	1500~2500
终冷排污水	6~8	100~300	200~400	200~300	50~100	1000~1500
精苯分离水	5~6	50~200	50~100	100	50~250	2000~3000
焦油加工分离水	7~11	5000~8000	100~200	200~500	1500~2500	15000~20000
硫酸钠污水	4~7	7000~20000	5~15	1000~2000	50	30000~50000
煤气水封槽排水		50~100	10~20	10	60	1000~2000
酚盐蒸吹分离水		2000~3000	微量	4000~8000	3500	30000~80000
沥青池排水		100~200	5	50~100		100~150
泵房地坪排水		1500~2500	10	500		1000~2000
化验室排水		100~300	10	400		1000~2000
洗罐站排水		100~150	10	200~300		500~1000
古马隆洗涤污水	3~10	100~600		1000~5000		2000~13000
古马隆蒸馏分离水	6~8	1000~1500		1000~5000		3000~10000

① COD(化学耗氧量) 用强氧化剂-重铬酸钾,在酸性条件下能够将有机物氧化为H_2O和CO_2,此时测出的耗氧量,单位mg/L。

表6-2 焦化厂混合氨水中酚类的组成

	成 分	含量/(mg/L)		成 分	含量/(mg/L)
挥发酚	苯酚	760	难挥发与不挥发酚	邻苯二酚	40
	邻甲酚	150		3-甲基邻苯二酚	50
	间甲酚	210		4-甲基邻苯二酚	40
	对甲酚	130		间苯二酚及其同系物	230
	二甲酚	100			

表 6-3　焦化污水中苯并[a]芘含量

污水名称	含量/(μg/L)	污水名称	含量/(μg/L)
蒸氨废水(经溶剂脱酚后)	72.0～243.8	粗苯分离水	0.43～4.60
洗氨水	61.4～95.8	终冷外排水	1.74～9.10

2. 气化废水的来源及特性

在煤的气化过程中，煤或焦炭中含有的一些氮、硫、氯和金属，在气化时部分转化为氨、氰化物、氯化氢和金属化合物，一氧化碳和水蒸气反应生成少量的甲酸，甲酸和氨又反应生成甲酸氨。这些有害物质大部分溶解在气化过程的洗涤水、洗气水、蒸汽分馏后的分离水和贮罐排水及设备管道清扫放空等。

(1) 煤气发生站废水　煤气发生站废水主要来自发生炉煤气的洗涤和冷却过程，这一废水的数量和组成随原料煤、操作条件和废水系统的不同而变化见表6-4。

表 6-4　冷煤气发生站废水水质

污染物种类	污染物浓度/(mg/L)				褐煤
	无烟煤		烟煤		
	水不循环	水循环	水不循环	水循环	
悬浮物①	—	1200	<100	200～3000	400～1500
总固体	150～500	5000～10000	700～1000	1700～15000	1500～11000
酚类	10～100	250～1800	90～3500	1300～6300	500～6000
焦油	—	痕迹	70～300	200～3200	多
氨	20～40	50～1000	10～480	500～2600	700～10000
硫化物	5～250	<200	—	—	少量
氰化物和硫	5～10	50～500	<10	<25	<10
COD	20～150	500～3500	400～700	2800～20000	1200～23000

① 悬浮物　过滤后滤膜上截留下的物质的量，mg/L。

可见，在用烟煤和褐煤作原料时，废水的水质相当恶劣，含有大量的酚、焦油和氨等。

(2) 三种气化工艺的废水　固定床、流化床和气流床三种气化工艺的废水情况可见表6-5。由表6-5可见，气化工艺不同，废水中杂质的浓度大不相同。与固定床相比，流化床和气流床工艺的废水水质比较好。

表 6-5　三种气化工艺的废水水质

废水中杂质种类	杂质浓度/(mg/L)		
	固定床(鲁奇床)	流化床(温克勒炉)	气流床(德士古炉)
焦油	<500	10～20	无
苯酚	1500～5500	20	<10
甲酸化合物	无	无	100～1200
氨	3500～9000	9000	1300～2700
氰化物	1～40	5	10～30
COD	3500～23000	200～300	200～760

二、煤化工污水的危害

煤化工污水是一种污染范围广、危害性大的工业污水,其危害性主要表现在以下几方面。

1. 对人体的毒害作用

煤化工污水中含有的酚类化合物是原型质毒物,可通过皮肤、黏膜的接触吸入和经口服而侵入人体内部。它与细胞原浆中蛋白质接触时,可发生化学反应,形成不溶性蛋白质,而使细胞失去活力。酚还能向深部渗透,引起深部组织损伤或坏死。低级酚还能引起皮肤过敏,长期饮用含酚污水会引起头晕、贫血以及各种神经系统病症。

在多环芳烃中,有的被证实具有致癌、致突变和致畸特性,已经引起人们的关注。

2. 对水体和水生物的危害

焦化污水主要含有有机物,气化废水也含大量的有机物。绝大多数有机物具有生物可降解性,因此能消耗水中溶解氧。当氧浓度低于某一限值,水生动物的生存就会受到影响。例如,鱼类要求氧的限值是4mg/L,如果低于此值,会导致鱼群大量死亡。当氧消耗殆尽时,使水质严重恶化。

水中含酚0.1~0.2mg/L时鱼肉有酚味,浓度高时引起鱼类大量死亡,甚至绝迹。酚类物质对鱼的最低致死浓度见表6-6。酚的毒性还可以大大抑制水体其他生物(如细菌、海藻、软体动物等)的自然生长速度,有时甚至会停止生长。酚类对水生物的极限有害浓度见表6-7。污水中的其他物质如油、悬浮物、氰化物等对水体与鱼类也都有危害,含氮化合物能导致水体富营养化。

表 6-6 酚类物质对鱼的最低致死浓度　　　　　　　　单位:mg/L

酚类名称	致死浓度	酚类名称	致死浓度
苯酚	6~7	邻苯二酚	5~15
对甲酚	4~5	间苯二酚	35
二甲酚	5~10	对苯二酚	0.2

表 6-7 酚类化合物对水生物的极限有害浓度　　　　　　　　单位:mg/L

酚类化合物	极限有害浓度			酚类化合物	极限有害浓度		
	大肠杆菌	栅列藻	大型水蚤		大肠杆菌	栅列藻	大型水蚤
苯酚	>1000	40	12	对苯二酚	50	4	0.6
间甲酚	600	40	28	邻苯二酚	90	6	4
邻甲酚	60	40	16	间苯二酚	>1000	60	0.8
间二甲酚	>100	40	16	间苯三酚	>1000	200	0.6
邻二甲酚	500	40	26	对甲酚	>1000	6	12
对二甲酚	>100	40	16				

3. 对农业的危害

用未经处理的焦化污水直接灌溉农田,将使农作物减产和枯死,特别是在播种期和幼苗发育期,幼苗因抵抗力弱,含酚的水使其霉烂。用未达到排放标准的污水灌溉,收获的粮食和果菜有异味。

污水中的油类物质堵塞土壤孔隙,含盐量高使土壤盐碱化。

第二节 废水处理基本方法

一、物理处理方法

物理法处理煤化工废水主要是为了减轻生化处理工序的负荷,保证生化处理等顺利进行,需除去废水中的焦油、胶状物及悬浮物等,废水中含油浓度通常不能大于 30~50mg/L,否则将直接影响生化处理。

物理法处理废水是利用废水中污染物的物理特性(如密度、质量、尺寸、表面张力等),将废水中呈悬浮状态的物质分离出来,在处理过程中不改变其化学性质。物理法处理废水可分为重力分离法、离心分离法和过滤法。

重力分离法是利用废水中的悬浮物和水的密度不同,借重力沉降或上浮作用,使密度大于水的悬浮物沉降,密度小于水的悬浮物上浮,然后分离除去。重力法分离废水的装置分为平流式沉淀池、竖流式沉淀池、辐射式沉淀池和斜管式或斜板式沉淀池。

离心分离法是利用悬浮物与水的质量不同,借助离心设备的旋转,因离心力的不同,使悬浮物与水分离。

过滤法是利用过滤介质截留废水中残留的悬浮物质(如胶体、絮凝物、藻类等),使水获得澄清。

目前,国内外焦化废水的物理处理多采用均和调节池调节水量和水质,采用沉淀与上浮法(重力分离法)除油和悬浮物。

1. 水质水量调节

(1) 水量调节 废水处理中单纯的水量调节有两种方式:一种为线内调节,如图6-1所示。进水一般采用重力流,出水用泵提升。另一种为线外调节,如图6-2所示。调节池设在旁路上,当废水流量过高时,多余废水用泵打入调节池,当流量低于设计流量时,再从调节池回流至集水井,并送去后续处理。

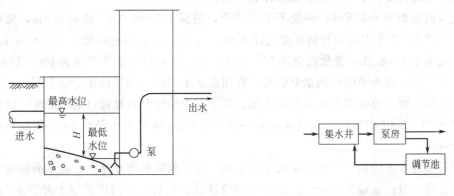

图 6-1　线内调节方式　　　　　图 6-2　线外调节方式

线外调节与线内调节相比,其调节池不受进水管高度限制,但被调节水量需要两次提升,动力消耗较大。

(2) 水质调节　水质调节的任务是对不同时间和不同来源的废水进行混合,使流出水质比较均匀,水质调节池也称均和池或匀质池。

水质调节的基本方法有两种:①利用外加动力(如叶轮搅拌、空气搅拌、水泵循环等)进行强制调节,设备较简单,效果较好,但运行费用高。②利用差流方式使不同时间和不同浓度的废水进行自身水力混合,基本没有运行费,但设备结构复杂。

曝气均和池如图 6-3 所示,为一种外加力的水质调节池,采用压缩空气搅拌,在池底设有曝气管,在搅拌作用下,使不同时间进入池内的废水得以混合。这种调节池构造简单,效果较好。并可防止悬浮物沉淀于池内。

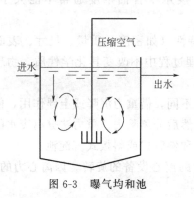

图 6-3　曝气均和池

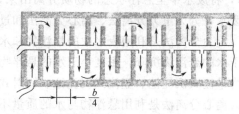

图 6-4　折流调节池

差流方式的调节池类型很多,如图 6-4 所示为一种折流调节池。配水槽设在调节池上部,池内设有许多折流板,废水通过配水槽溢流至调节池的不同折流板间,从而使某一时刻的出水中包含不同时刻流入的废水,也使水质达到了某种程度的调节。

2. 沉淀与隔油

煤化工废水中含有较多的油类污染物质,一般采用的方法是用隔油池除油,隔油池的种类很多,目前较为普遍采用的是平流隔油池和斜板隔油池。

(1) 平流隔油池　废水从池的一端进入,从另一端流出,由于池内水平流速很小,进水中的轻油滴在浮力作用下上浮,并且聚集在池的表面,通过设在池面的集油管和刮油机收集浮油。相对密度大于 1 的油粒随悬浮物下沉。

平流隔油池如图 6-5 所示,一般不少于 2 个,池深 1.5~2.0m,超高 0.4m,每单格长度比不小于 4,工作水深与每格宽度之比不小于 0.4m,池内流速一般为 2~5mm/s,停留时间一般为 1.5~2.2h,去除效率达 70%以上,所去除油粒的最小直径为 100~150μm。

刮油机可以是链条牵引或钢索牵引的,在用链条牵引时,刮油机在池面上刮油,将浮油推向池末端,而在池底部可起着刮泥作用,将下沉的油泥刮向池进口端的泥斗。池底部应保持有 0.01~0.02 的坡度,贮泥斗深度一般为 0.5m,底宽不小于 0.4m,侧面倾角不小于 45°~60°。

一般隔油池水面的油层厚度不应大于 0.25m,为了收集和排除浮油,在水面处应设集油管。集油管一般由直径为 200~300mm 的钢管制成,沿管轴方向在管壁上开有 60°角的切口,集油管可用螺杠控制,使集油管能绕管轴转动。平时切口处于水面以上,收油时将切口旋转到油面以下,浮油溢入集油管并沿集油管流向池外。集油管通常设在池出口及进水间,管轴线安装高度与水面相平或低于水面 5cm。

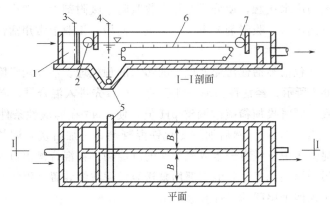

图 6-5 平流隔油池

1—布水间；2—进水孔；3—进水阀；4—排水阀；5—排渣阀；6—刮油刮泥机；7—集油管

隔油池的进水端一般采用穿孔墙进水，在出水端采用溢流堰。

为了保证隔油池的正常工作，池表面应加盖，以防水、防雨、保温及防止油气散发，污染大气。在寒冷地区或季节，为了增大油的流动性，隔油池内应采取加温措施，在池内每隔一定距离，加设水蒸气管，提高废水温度。

平流隔油池构造简单，工作稳定性好，但池容较大，占地面积也大。

(2) 斜板隔油池　图 6-5 为斜板隔油池。池内斜板大多数采用聚酯玻璃钢波纹板，板间距为 20～50mm，倾角不小于 45，斜板采用异向流形式，废水自上而下流入斜板组，油粒沿斜板上浮。实践表明，斜板隔油池需停留时间仅为平流隔油池的 1/4～1/2，约 30min。斜板隔油池去除油滴的最小直径为 60μm。

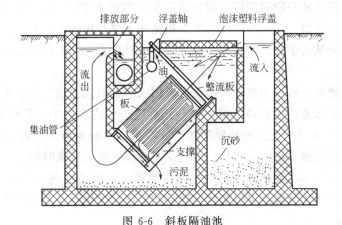

图 6-6 斜板隔油池

二、物理化学处理方法

废水经过物理方法处理后，仍会含有某些细小的悬浮物以及溶解的有机物、无机物。为了去除残存的水中污染物，可以进一步采用物理化学方法处理，物理化学方法有吸附、萃取、气浮、离子交换、膜分离技术（包括电渗析、反渗透、超滤）等。煤化工废水处理常采用吸附、萃取和气浮法。

1. 吸附剂吸附

让固体吸附剂与废水接触，使分子态污染物吸附于吸附剂上，然后使废水与吸附剂分离，污染物便被分离出来，吸附剂经再生后，重新使用。工业上常用活性炭作吸附剂处理煤化工废水。

活性炭吸附工艺包括经活性污泥处理后的污水的预处理、活性炭吸附和活性炭再生三部分组成，如图 6-7 所示。经活性污泥处理后的污水首先进入混合槽，在此加硫酸亚铁溶液，使悬浮物凝聚。同时投加稀硫酸调整 pH 值，使 CN^- 在弱酸性条件下同铁盐反应生成亚铁氰化物[$Fe_2Fe(CN)_6$]。然后加三氯化铁混凝剂，再加石灰乳调整 pH 值。同时用压缩空气搅拌，促使水中亚铁离子生成三价铁的沉淀物。在混合槽出口加助凝剂后流入混凝沉淀槽，沉降污泥用刮泥机刮至池中部用泵送至污泥浓缩装置。澄清水用泵送入砂滤塔过滤后，再用泵送入四个串联的活性炭吸附塔。

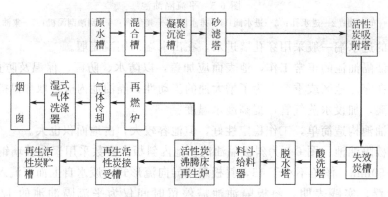

图 6-7 活性炭吸附工艺流程

活性炭吸附塔运转一段时间后吸附能力下降，当出水 COD 值大于 40mg/L 时，即停用第一塔，串联备用塔。第一塔内的失效炭用循环水泵升压的水喷射，从塔底排入失效炭槽。然后将再生炭从再生炭贮槽用泵送至吸附塔上部填充，作为备用塔再重复进行水的处理，依此类推。

排至失效炭槽的失效炭用泵送入酸洗塔，用水洗和酸洗去除炭中金属盐类，防止废炭再生时造成再生炉床的结垢及降低炭中灰分。然后送入脱水机中，将水由 70%~90% 脱至 40%~50%。脱水后的失效炭经料斗和给料器投入沸腾床再生炉内，再生后的活性炭依次进入活性炭接受槽、活性炭贮槽，由此供吸附塔更换失效炭时用。

再生炉排出的气体经旋风除尘器后进入再燃炉，炉内温度达 1200℃，以保证再生炉废气在燃烧室充分氧化分解。再燃炉废气经冷却、洗涤净化后，由烟囱排入大气。

2. 萃取脱酚

酚在某些溶剂中溶解度大于在水中的溶解度，因而当溶剂与含酚废水充分混合接触时，废水中的酚就转移到溶剂中，这种过程称为萃取，所用的溶剂称为萃取剂。

国内焦化厂广泛采用脉冲筛板塔对剩余氨水进行溶剂萃取脱酚，其工艺流程如图 6-8 所示。经脱除焦油的酚水流入吸水池，用泵送到焦炭过滤器，进一步除油与悬浮物，然后经加热器控制温度 50~60℃，进入脉冲萃取塔的上部分布器。脱酚后氨水从萃取塔下部流入氨水重苯分离槽，分离被水带出的重苯后流入氨水池，由此送往氨回收工段。

重苯从重苯循环槽用泵送往重苯加热（冷却）器，在此控制温度 45~55℃ 后送入萃

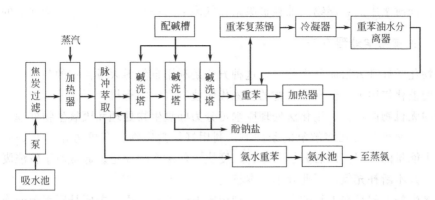

图 6-8　苯-碱法脉冲萃取脱酚工艺流程

取塔下部分布器。氨水与重苯由于密度差,在塔内进行逆流萃取。在振动筛板的分散作用下,油被分散成细小的颗粒($d=0.5\sim3mm$)而缓慢上升(称为分散相),氨水则连续缓慢下降(称为连续相),在两相逆流接触中,酚转溶到重苯中。富集了酚的重苯从萃取塔的上部流出,进入碱洗塔底部的分布器,依次经过三个碱洗塔,使重苯脱酚再生,由最后一个碱洗塔上部流入重苯循环槽,重复使用。

从碱洗塔上部送入浓度为20%的NaOH溶液,装入量为工作容积的一半,碱洗一定时间后,当塔内酚钠溶液中游离碱浓度下降到2%~3%时即停塔,静置2h后,酚钠盐溶液由碱洗塔下部流入贮槽。

为保证溶剂的质量,需除去溶丁其中的焦油等高沸点物质,为此从循环油泵出口管连续引出约为循环量2%~3%的重苯送入重苯复蒸锅进行蒸馏再生,再生的重苯返回循环油槽,釜底残渣定期送往鼓风冷凝工段,混入焦油中。

当原料氨水中S^{2-},CN^-含量较多时,为防止其转入酚钠盐中对酚精制设备及管道的腐蚀,可将操作顺序中的第一碱洗塔作为净化塔。在净化塔内,利用酚钠盐的水解可逆反应所生成的氢氧化钠,将随入塔循环油带入的S^{2-}、CN^-以钠盐形式除去,而水解的酚钠又以酚或酚铵形式随循环油进入其后的碱洗塔。在经过25天左右的净化后,排掉废液,重新装入新碱液,改作第三碱洗塔,而以原第二碱洗塔作净化塔。

3. 气浮(浮选)法

气浮技术是近年来兴起的,在工业废水及生活污水处理方面得到广泛应用的一项环保技术,它主要是针对不同成分、不同水质的污水,添加不同的药剂(氯化钙、聚合铝、聚丙烯酰胺、高分子絮凝剂等),使污水产生气泡,利用高度分散的微小气泡作为载体去黏附废水中的污染物,使其视密度小于水而上浮到水面,从而达到净化废水的目的。

气浮法的形式比较多,常用的气浮方法有加压气浮、曝气气浮、真空气浮以及电解气浮和生物气浮等,加压气浮法已在气化废水处理中得到了应用。加压气浮的原理如下。

(1) 破乳　在废水中加入强电解质,它能离解成离子态形式,并中和水中微粒的表面电荷,减弱微粒之间的静电作用,在非外力的作用下主要做布朗运动。

(2) 凝聚　利用高分子自身的大分子结构,在水中形成架桥,将水中的悬浮物及油粒通过架桥吸附作用聚集在一起的过程。

(3) 气浮　加压溶气水在常压下释放,由于压力骤然降低,溶解于水中的氮气将被析出上浮,同时水中的悬浮物及油粒被吸附在气泡上,一并托起,以达到清除油的目的。

三、生物化学处理方法

生物化学处理方法简称生化法,这种方法是利用自然界大量存在的各种微生物,在微生物酶的催化作用下,依靠微生物的新陈代谢使废水中的有机物氧化分解,最终转化为稳定无毒的无机物而除去。生化法处理废水可分为好氧生物处理和厌氧生物处理两种方法。

好氧生物处理是在溶解氧的条件下,利用好氧微生物将有机物分解为 CO_2 和 H_2O,并释放出能量的过程。该法分解彻底,速度快,代谢产物稳定。通常对于较浓废水,需进行稀释,并不断补充氧,因此处理成本较高。

厌氧生物处理是在无氧的条件下,利用厌氧微生物作用,主要是厌氧菌的作用,将有机物分解为低分子有机酸、CH_4、H_2O、NH_4^+ 等。

生化法主要用于去除废水中溶解的和胶体状的有机污染物。目前在煤化工废水处理中常采用活性污泥法、生物脱氮法和低氧、好氧曝气、接触氧化法等。

1. 活性污泥法

活性污泥法是利用活性污泥中的好氧菌及其他原生动物对污水中的酚、氰等有机质进行吸附和分解以满足其生存的特点,把有机物最终变成 CO_2 和 H_2O。活性污泥法的发展与应用已有近百年的历史,发展了许多行之有效的运行方式和工艺,但其基本流程是一样的。目前,国内多数焦化厂和气化站采用这种方法净化废水。如图 6-9 所示。

流程中的主体构筑物是曝气池,废水经过适当预处理后,进入曝气池与池内活性污泥混合成混合液,并在池内充分曝气,一方面使活性污泥处于悬浮状态,废水与活性污泥充分接触;另一方面,通过曝气,向活性污泥供氧,保持好氧条件,保证微生物的正常生长与繁殖。废水中有机物在曝气池内被活性污泥吸附、吸收和氧化分解后,混合液进入二次沉淀池,进行固液分离,净化的废水排出。二次沉淀池的大部分沉淀污泥回流入曝气池保持足够数量的活性污泥。通常,参与分解废水中有机物的微生物的增殖速度,都慢于微生物在曝气池内的平均停留时间。因此,如果不将浓缩的活性污泥回流到曝气池,则具有净化功能的微生物将会逐渐减少。污泥回流后,净增殖的细胞物质将作为剩余污泥排入污泥处理系统。

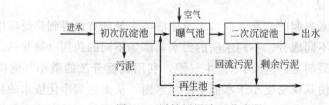

图 6-9 活性污泥法工艺流程

另外为提高 COD 及 NH_3-N 去除率,人们在活性污泥法的基础上研究开发了强化好氧生物处理法(强化活性污泥法),包括生物铁法、粉末活性炭活性污泥法、生长剂活性污泥法、二段曝气法等。

(1) 生物铁法 该法是在活性污泥法曝气池中投加一定量的铁盐,并逐步驯化成生物铁絮凝体。与传统活性污泥法相比,生物铁法具有下列优点:加强了曝气池内吸附、生物氧化及凝聚过程,提高了对有机物的去除效率;改善了活性污泥性能和沉淀性能,增加了曝气池污泥浓度；抗负荷、抗毒性能力较强。

(2) 粉末活性炭活性污泥法　与普通活性污泥法相比，它具有以下优点：改善了系统的稳定性；提高了难降解有机物的去除速率；缓和了有毒、有害物质对好氧微生物的生长抑制；脱色效果好；改善了污泥性能。

(3) 生长剂活性污泥法　投加某些如葡萄糖、对氨基苯甲酸、尿素等生长剂，可以加快 CN^-，SCN^- 的生物降解速率，强化吡啶等难降解有机物的去除，促进硝化反应。

(4) 两级活性污泥法　该法具有硝化效果好，抗冲击负荷力较强的特点，由于第二级处于延时曝气，可少排或不排污泥，减少污泥处置费用。

2. 低氧、好氧曝气、接触氧化法

这种方法是经过充氧的废水以一定的流速流经装有填料的曝气池，使污水与填料上的生物接触而得到净化。图 6-10 即为低氧、好氧曝气、接触氧化法生化段工艺流程。

图 6-10　低氧、好氧曝气、接触氧化法生化段工艺流程

经预处理后的废水，首先进入低氧曝气池，在低氧浓度下，利用兼性菌特性改变部分难降解有机物的性质，使一些环链状高分子变成短链低分子物质，这样，在低氧状态下能降解一部分有机物，同时使其在好氧状态下易于被降解，从而提高对有机物的降解能力。

进入好氧曝气池后，在好氧段去除大部分易降解的有机物，这样进入接触氧化池的废水有机物浓度低，且留下的大部分是难降解有机物。

在接触氧化池中，经过充氧的废水以一定流速流经装有填料的滤池，使废水与填料上的生物膜接触而得到净化。

该法的关键部分是生物膜接触法处理废水，将废水连续通过固体填料（碎石、炉渣、圆盘或塑料蜂窝等），在填料上繁殖的大量微生物形成了生物膜。生物膜能吸附及分解废水中的有机物，使废水得以净化。常用的生物膜装置有池床式生物滤池、塔式生物滤池和生物转盘。

池床式生物滤池是在间隙砂滤池和接触滤池的基础上发展起来的人工生物处理法。在生物滤池中，废水通过布水器均匀地分布在滤池表面，滤池中装满了石子等填料（滤料），废水沿着滤料的空隙从上向下流动到池底，通过集水沟、排水渠，流出池外。

塔式生物滤池是在床式生物滤池的基础上发展起来的，全塔用栅格分成数层，下设通风口，可以自然通风和强制通风。滤料采用空隙大的轻质塑料滤料，滤层厚度大，从而提高了抽风能力和废水处理能力。

生物转盘又称浸没式生物滤池，它是由固定在一根轴上的许多圆盘组成。在氧化槽中充满了待处理的废水，约一半的盘片浸没在废水水面之下。当废水在槽内缓慢流动时，盘片在转动横轴的带动下缓慢转动。

3. 生物脱氮工艺

生产中焦化废水处理系统目前多为二级活性污染法，尽管曝气时间长，也不能取得满意的 COD 去除效果，对 NH_3-N 的去除基本无效，废水达不到排放标准要求。如采用三级处理，不仅成本高，而且氨氮也难去除。近年来中国将生物脱氮工艺用于煤化工废水处理，根据生物脱氮工艺中好氧、厌氧、缺氧等反应装置的不同配置，焦化污水的生物脱氮工艺可分为 A/O、A^2/O、A/O^2 及 SBR-A/O^2 等方法，这些方法对去除焦化废水中的 COD 和 NH_3-N 具有较好的效果。

(1) 缺氧-好氧生物脱氮工艺（A/O 工艺）　A/O 工艺的基本流程如图 6-11 所示，该工艺由两个串联反应器组成，第一个是缺氧条件下微生物死亡所释放的能量作为脱氮能源进行的反硝化反应，第二个是好氧生物氧化的硝化作用。这是将好氧硝化反应器中的硝化液，以一定比例回流到反硝化反应器，这样反硝化所需碳源可直接从入流污水获得，同时减轻硝化段有机负荷，减少了停留时间，节省了曝气量和碱投加量。

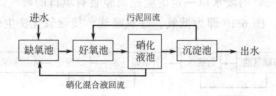

图 6-11　A/O 生物脱氮工艺流程

目前 A/O 工艺已成功地应用于国内多家焦化厂，其出水水质基本达到地方或国家的污水排放标准，基建投资较普通生化处理装置约增加 30% 左右，操作费用较普通生化处理的增幅较大。上海焦化厂一套 A/O 法治理装置，总投资 1 千余万元，日处理废水量 7200t，经 A/O 法处理后，NH_3-N 从 150~200mg/L 下降到 15 mg/L 以下，COD 从 800 mg/L 下降到 150 mg/L 左右。

该工艺具有如下特点：①利用污水中的碳作为反硝化时的电子供体，无需外加碳源；②该工艺属于硝酸型反硝化脱氮，即污水中的氨氮在 O 段被直接氧化为硝酸盐氮后，回流到 A 段进行反硝化，故工艺流程短；③运行稳定，管理方便。

(2) 厌氧-缺氧-好氧工艺（A^2/O 工艺）　A^2/O 工艺比 A/O 工艺在缺氧段前增加一个厌氧反应器，主要利用厌氧作用首先降解污水中的难生物降解有机物，提高其生物降解性，不仅可改善系统 COD 去除效果，还利于后续 A/O 系统的脱氮效果，是目前较为理想的处理工艺。

(3) 短程硝化-反硝化工艺（A/O^2 工艺）

虽然 A/O 工艺在技术上是稳定可靠的，出水水质可达到地方或国家的污水排放标准。但仍存在处理构筑物较大、投资高、操作费用高等问题，尤其是处理每立方米焦化污水的费用高达 5~6 元，其中碱耗约占 60%。分析其主要原因是污水的碳氮比（C/N）低，使反硝化的效果较差，反硝化段的产碱率偏低，迫使硝化段增加投碱量。而在 A/O 工艺基础上开发的 A/O^2 工艺，即短程硝化-反硝化工艺或亚硝酸型反硝化生物脱氮工艺，也称节能型生物脱氮工艺。宝钢化工公司将 A/O 工艺改为 A/O^2 工艺后，不但提高了污水的处理效果，而且降低了运行成本。工艺还具有如下特点：①将亚硝化过程与硝化过程分开进行，并用经亚硝化后的硝化液进行反硝化脱氮；②反硝化仍利用原污水中的碳，但和 A/O 工艺相比，反硝化时可节碳 40%，在 C/N 比一定的情况下可提高总氮的去除率；③需氧量可减少 25% 左右，动力消耗低；④碱耗可降低 2% 左右，降低了处理成本；⑤可缩短水力停留时间，反应器容积也可相应减少；⑥污泥量可减少 50% 左右。

(4) SBR-A/O² (序批式) 生物脱氮工艺　在稳态情况下硝酸菌和亚硝酸菌是同时存在的，对于连续流 A/O² 生物脱氮工艺，由于亚硝化过程受诸多因素的影响，要使硝化过程只进行到亚硝酸盐阶段而不再进入硝酸盐阶段，并达到较高的亚硝化率，要求的控制条件较高，若控制不当，则难以实现亚硝化脱氮。试验结果表明，在间歇曝气反应器中，亚硝化反应和硝化反应过程是先后进行的，即只有当大部分氨氮被转化为亚硝酸后，硝化反应才开始进行。因此，为控制亚硝化率，将 A/O² 工艺中的亚硝化段在 SBR 操作方式下运行，故称为 SBR-A/O² 工艺。试验结果表明，当亚硝化阶段以 SBR 方式运行时，可有效控制亚硝化率，并且可简化控制过程。

四、化学处理方法

一般化工废水的化学处理法有中和、混凝、氧化还原、化学沉淀和电解法等，混凝法一般用于煤化工废水的预处理，氧化法也开始用于煤化工废水处理。

1. 混凝法

混凝法是向废水中投放混凝剂，因混凝剂为电解质，在废水中形成胶团，与废水中的胶体物质发生电中和，形成绒粒沉降。这一过程包括混合、反应、絮凝、凝聚等几种综合作用，总称为混凝。如图 6-7 所示，在用活性炭处理煤化工废水之前，采用混凝法进行预处理。

能够使水中的胶体微粒相互黏结和聚集的这类物质称为混凝剂。常用的混凝剂有聚合硫酸铁(PFS)、聚丙烯酰胺、硫酸铝[$Al_2(SO_4)_3 \cdot 18H_2O$]、硫酸亚铁($FeSO_4 \cdot 7H_2O$)、聚合氯化铝 (PAC，即碱式氯化铝) 等，目前国内焦化厂家一般采用聚合硫酸铁。上海焦化总厂选用厌氧-好氧生物脱氮结合聚铁絮凝机械加速澄清法对焦化废水进行综合治理，使得水中 COD<158mg/L。国内还开发了一种专用混凝剂 M180，该药剂可有效去除焦化废水中的 COD、色度和总氰等污染物，使废水出水指标达到国家排放标准。

在废水混凝处理中，有时需要投加辅助药剂以提高混凝效果，这种辅助药剂称为助凝剂。按助凝剂的作用可分为以下几种。

① pH 值调节剂，使混凝剂达到使用的最佳 pH，如 CaO；
② 活化剂，改善絮凝体结构的高分子助凝剂，如活性硅酸、活性炭以及各种黏土。
③ 氧化剂，消除有机物对混凝剂的干扰，如 Cl_2。

2. 氧化法

水中有些无机和有机的溶解性物质，可以通过化学反应将其氧化，转化成无害的物质，或转化成气体或固体从水中分离，从而达到处理的目的。常用的氧化法包括空气氧化、氯氧化、臭氧氧化、湿式氧化等。现主要介绍臭氧法处理焦化废水的工艺流程。

臭氧处理工艺流程有两种，一种是以空气或富氧空气为原料气的开路系统，如图 6-12 所示，另一种是以纯氧或富氧空气为原料气的闭路系统，如图 6-13 所示。

开路系统的特点是将用过的废气放掉，闭路系统的特点正好与开路系统相反，废气回到臭氧的制取设备，这样可提高原料气的含氧率，降低成本。但在废气循环过程中，氮含量愈来愈高，可用压力转换氮分离器来降低含氮量。

臭氧氧化法是瞬时反应，无永久性残留，氧化性强处理效率高，能除去各种有害物质，一般氰的去除率可达 95% 以上。臭氧法在国外被普遍应用，臭氧需要边生产边使用，

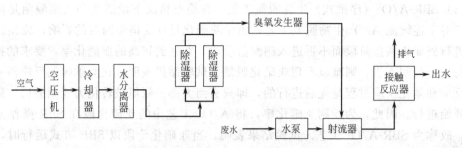

图 6-12 臭氧处理开路系统工艺流程

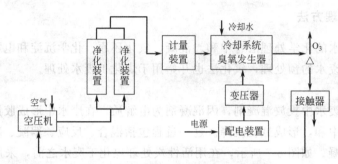

图 6-13 臭氧处理闭路系统工艺流程

不能贮存，当废水量和水质发生变化时，调节臭氧投放量比较困难，臭氧在水中不稳定，容易消失，基础建设投资大，耗电量大，处理成本高，因而在中国未得到推广。

3. 催化湿式氧化法

该法是污水在高温、高压的液相状态和催化剂的作用下，通入空气将污染物进行较彻底的氧化分解，使之转化为无害物质，使污水得到深度净化。同时，又可使污水达到脱色、除臭、杀菌的目的。试验表明，剩余氨水及古马隆废水经一次催化湿式氧化后，出水各项指标均可达到排放标准，并符合回用水要求。

由于催化湿式氧化处理的是高浓度污水，故与传统处理工艺相比，操作费用大致相当，但比活性炭处理低 40% 左右。对于古马隆等工序产生的高 COD 值（10～15g/L）及高氨氮（4～6g/L）的污水和难生物降解的污水，宜采用催化湿式氧化法，一步处理即可达到深度净化。同时可彻底氧化分解水中的苯并[a]芘等多环芳烃，但对其工艺设备要求较严，投资较高。

以上介绍的是废水处理的基本方法，在实际应用时，各方法往往不独立使用，否则难以达到排放标准。针对某种废水，往往需要通过几种方法组合成一定的二级或三级处理系统，才能达到排放标准。

第三节 煤化工废水处理工程实例

一、废水处理一般工艺

煤化工废水的水质与原料种类、生产工艺及其操作条件等有关，所以废水中各有害物质的浓度有一定差异，但水质组分大致相同，废水处理工艺基本上按有价物质的回收、预处理、生化法处理、深度处理等步骤进行。

1. 有价物质的回收

一般情况下，在确定工艺过程中首先应考虑废水中有价物质的回收。如采用鲁奇加压气化工艺时，废水中酚含量可高达 5500mg/L，远远超过了出水含酚浓度小于 0.5mg/L 的排放标准，这样废水中的酚可先期回收并作为副产品。但如果废水中酚含量不高，可考虑采用其他方法，如稀释法等。另外，煤化工废水中的氨的含量也很高，所以氨也作为有价物质进行回收。目前各企业酚的回收一般采用溶剂萃取脱酚，回收氨一般采用水蒸气提氨。

2. 预处理

经有价物质回收后，该类废水需要进行预处理。其目的主要是去除油类物质、胶状物、重焦油及悬浮物。为减轻后续生物处理工序的负荷创造条件，并保证后续处理工艺的高效率正常操作。通常采用的预处理方法有均和、吹脱、气浮和隔油等。

3. 生化法处理

废水经有价物质回收和预处理之后，必须采用生化处理法处理，才能达到处理要求。在物理、化学、生物法组成的处理工艺中，必须以生化法为主体。应该使煤化工废水中绝大部分的有机污染物在生化处理阶段去除，因为生化处理成本最少。目前国外对煤化工废水处理的研究重点在强化生化段处理，采用活性污泥法，延长曝气时间。国内着重在低氧与好氧生物处理、活性污泥法与生物膜法进行合理组合与搭配来强化生化段处理效率。

4. 深度处理

在经过生化处理的废水，由于某些指标还不能达到排放标准，因此生化处理后，还需进行深度处理，深度处理又称为三级处理。深度处理方法一般采用混凝沉淀、活性炭吸附和臭氧氧化等。

二、气化废水处理工程实例

气化废水经过有价物质回收、预处理、生化处理、深度处理等过程后才能达到排放要求，所以一般情况该类废水的处理工艺流程都很复杂，但是目前在国内外都形成了比较成熟的典型的处理工艺流程。

1. 德国鲁奇公司煤加压气化废水处理工艺流程

德国鲁奇公司煤加压气化废水处理工艺流程如图 6-14 所示。废水经沉降槽分离焦油，过滤去除细小颗粒，使悬浮总含量降至 10mg/L 以下；然后送萃取塔，用溶剂脱酚，使废水中酚含量降到 100mg/L 以下；再进入汽提塔脱氨，以水蒸气为热源，使氨含量降至 100mg/L 以下，同时可去除一部分硫、氰、酚和油；然后进入曝气池，进行生化处理，使挥发酚、脂肪酸、氰化物和硫化物等大部分被处理；再进入二次沉淀池，除去大部分悬浮物；接着进入絮凝池，投药凝聚，进一步去除悬浮物，出水经砂滤，使悬浮物降到 1mg/L 以下；出水进入活性炭吸附罐，经活性炭吸附处理，总酚含量可低于 1mg/L，COD 降至 50mg/L，废水无色无臭，可排放到河流中。

2. 国内某煤加压气化废水处理工艺流程

国内某煤加压气化废水处理工艺流程如图 6-15 所示。经脱酚蒸氨后的废水进入斜管

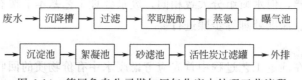

图 6-14 德国鲁奇公司煤加压气化废水处理工艺流程

隔油池，废水中残余的大部分油类物质可被去除，经调节池进入生化段处理，然后由机械加速澄清池去除悬浮状和胶体状的污染物质。生化段采用低氧、好氧曝气、接触氧化三级生物处理。

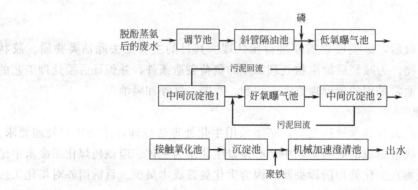

图 6-15 国内某煤加压气化废水处理工艺流程

本工艺特点是利用低氧与好氧、活性污泥法与生物膜法合理组合和搭配，来强化生化段处理效果。经处理后废水中难降解有机物、酚类、氰类等物明显去除，生化段出水中，溶解性有机污染物浓度已经很低了，再经澄清池去除悬浮状和胶体状有机污染物，出水基本达到排放标准，可外排或作为循环用水。

三、焦化废水处理工程实例

焦化厂含酚废水中主要含挥发酚，煤气发生站含酚废水中含不挥发酚较多。因此焦化废水处理工艺与气化废水的处理工艺不完全相同，但是由于这两种废水所含主要污染物质相同，所以处理工艺上也有相似之处。正确、合理的工艺选取方法与气化废水处理工艺相似（前一节已叙述），下面以国内某大型焦化总厂的废水处理的工程实例来介绍典型焦化废水处理工艺。

1. 废水的一级处理

该厂是一个以煤为原料的大型综合加工厂，主要产品除冶金焦外，还有城市煤气及一些焦化产品。该厂的含酚废水量每天约1100t，废水含酚为2000~2500mg/L，属高浓度含酚废水，高浓度含酚废水回收处理工艺流程如图6-16所示。该厂于1968~1985年陆续建造了三座废水脱酚装置，采用溶剂萃取工艺，用本厂生产的重苯溶剂油，在脉冲萃取塔中进行萃取脱酚处理。通过氢氧化钠碱液洗涤，回收粗酚钠盐。经萃取脱酚处理后，出水含酚可降至200mg/L以下，该工艺设备简单，操作方便，酚回收率可大于90%，经脱酚后废水，再经汽提蒸氨后进入下一段净化处理。

2. 废水的二级处理

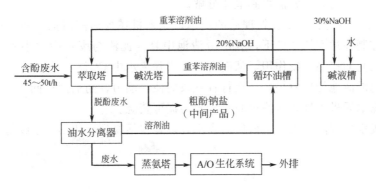

图 6-16 高浓度含酚废水回收处理工艺

高浓度含酚废水经萃取脱酚后仍含酚约 200mg/L，而且 COD、氨、氮的含量也比排放标准高得多，因此必须进入下一步处理工段，该厂把脱酚蒸氨后的废水与经隔油、气浮除油系统处理后的管道冷凝水、精苯分离水、粗苯分离水及古马隆废水等的混合废水混合，采用 A/O（缺氧/好氧）填料床（即反硝化-硝化处理工艺）脱氮和聚铁絮凝澄清除 COD 工艺组成。工艺流程如图 6-17 所示。

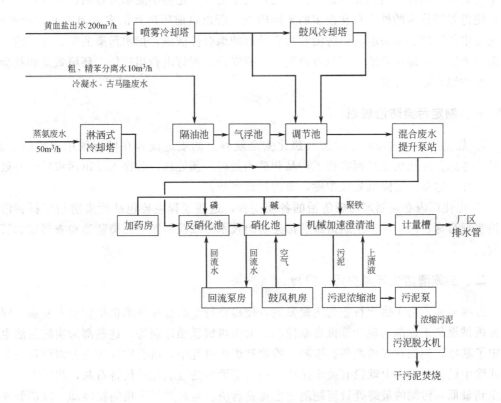

图 6-17 A/O 填料床-聚铁絮凝澄清工艺流程

在反硝化池、硝化池中安装软性填料，去除氨氮效果好，操作较为简便，在处理过程中，利用废水中的有机物作为反硝化池中脱氮需要的有机物源，同时在脱氮过程中产生的碱度为硝化反应时所需要的碱剂。此方法不仅可使废水含氮化合物还原，而且还能使废水中部分难生化处理的有机物能得到氧化分解。

经缺氧-好氧生物脱氮系统处理后的出水，流入机械加速澄清池，同时投加絮凝剂聚合硫酸铁，控制在适宜的条件下，利用澄清池中悬浮泥渣与废水中微小悬浮颗粒（COD主要成分）之间的接触絮凝作用，从而有效地去除废水中 COD。

机械加速澄清池处理效果好，运行管理较简便，动力、药剂消耗低。由澄清池排出的污泥，经浓缩池后进入带式压滤机脱水，干污泥可焚烧。

从上述废水处理流程来看，该厂的废水处理是包括物理、化学、生物等方法组成的组合处理系统。

第四节　焦化废水污染防治的对策和措施

近年来由于投入大量人力和财力研究焦化废水处理技术，并取得了相当大的进展，各种处理方法日益成熟，尤其是一些企业建起的包括活性炭装置的三级废水处理系统，使得经过处理后的水质，各项指标都可以稳定达标。但就目前来看，中国的多数焦化厂的废水还未得到根本治理，当然原因是多方面的，其中之一，是整个废水处理系统的高昂运行费用，使得处理技术的推广存在很多的实际困难。所以目前国内外的多项研究和实践表明，焦化废水的治理必须采取污染防治和污染处理的综合性措施，把水污染的防、管、治、用作为一个整体，即从系统工程观点出发，统筹安排，制订出费用较低，环境效益和社会效益较大的综合防治方案。

一、制定污染防治规划

① 焦化厂厂址的选取必须按《焦化安全规程》的规定设置在城市饮用水源的下游，并且应考虑使焦化废水经回收化工产品和适当处理（预处理）后排入城市污水厂合并处理的可能性，这样可以降低处理难度，节约运行经费。

② 焦化厂内必须制定污染防治的各项规程，这些规程主要包括污染防治目标、污染防治实现目标、污染防治组织措施、污染防治技术路线及方案、污染防治检查制度和管理制度。

二、实施清洁生产减少污水排放

近些年来，由于焦化行业的飞速发展，使得该行业的各项技术也得到很大发展，同时各种机械设备正逐渐实现计算机自动控制，大型机械联锁控制等，这些都为实施清洁生产奠定了基础，例如在煤的准备、进料、推焦和熄焦过程中，所有空气污染控制设备均采用干式除尘设备，基本上就没有废水排放。在氨蒸馏中的氢氧化钠代替石灰，将污泥形成量减少到最低，污泥的最终处置问题随之也得到解决。对焦炉气采用间接冷却，以消除除了冲洗液以外的工艺水与焦炉气中污染物的接触。降低配煤含水和蒸汽用量，做到清水污水分流，使冷却水和雨水等不混入工艺废水。终冷器前增设煤气脱硫、脱氰及脱萘装置，生产中一部分清洁生产。但要想真正做到清洁生产，生产过程的每个环节都应有所改进，进行技术改造，这样才能从实质上实施清洁生产，从根本上减少污水排放量。

三、废水循环利用

在焦化行业，通常将含酚浓度在1g/L以上的废水称为高浓度含酚废水，需要进行回收利用，含酚浓度在1g/L以下的称为低浓度含酚废水，应尽可能循环使用。

针对上述两种不同浓度的焦化废水，行业中对废水的回收利用主要有下述几种方法。

蒸发浓缩是将碱投到高浓度酚水中，使之生成酚盐，再送入锅炉中，作为锅炉用水，蒸出的蒸气不含酚可作为热源，而含酚盐的水则在锅炉中得到浓缩。这种方法只限于少量高浓度含酚废水的回收利用。

酚水掺入循环供水系统，其中含酚废水的投加量占补充水量的3%～10%，掺入的结果，使循环水水质稳定，防止结垢，并能减缓对金属设备的腐蚀。但这种方法，要求对酚水进行预处理，除去其中游离氨、焦油、悬浮物、溶解固体等杂质，才能对循环系统不产生有害影响。

焦化废水要重复利用，一水多用才是解决废水污染的重要措施。

四、加强管理，提高人员素质，减少排污

首先要通过培训来提高工人和技术人员的素质，强化管理，建立严格的规章制度，控制冷却，净化工艺的给水量，使废水排放量尽量低于计算值，这样才能从源头上减少排污量。

其次加强生产过程的设备维修，提高操作人员责任感，防止发生溢料现象以及跑、冒、滴、漏等现象。加强维护管理是非常重要的，这样既能杜绝危险事故的发生，又能节约原料，减少排污。

再次，要加强各级人员的环保意识，做到环保规章制度、环保法律人人都懂，环保标准人人都知，提高全体员工的环境保护意识，使污染现象再次从源头上减小。

五、开发先进适用环保技术，搞好末端治理

从整个环保效益和社会效益来看，防止污染的最终手段，是建立厂内的末端处理，在这种情况下，它的目标不再是处理废水达到排放标准，而是达到集中处理设施可接纳的程度。

为实现有效的末端处理，必须努力开发一些处理效果好，占地面积小、投资少、可回收利用物质的先进而实用的环保技术。

第七章 煤化工烟尘污染和治理

第一节 煤化工烟尘的来源

一、焦化生产烟尘的产生

焦化生产排放的有害物主要来自于备煤、炼焦、化产回收与精制车间,气体污染物的排放量由煤质、工艺装备水平和操作管理等因素决定的。下面分述各车间排放污染物的种类及数量。

1. 备煤车间

备煤车间产生的污染物主要为煤尘,煤料在运输、卸料过程中,不可避免地散发出粉尘颗粒,煤料在倒运、堆取作业中也飞扬出许多煤尘,煤料在粉碎机、煤转运站、运煤胶带输送机等部位也向大气散放出大量煤尘。

备煤过程向大气排放煤尘,其数量取决于煤的水分和细度。表7-1 为某焦化厂煤预热工艺的气体排放量。

表7-1 煤预热工艺的气体排放量

干燥预热方式	排放到大气中的气体量 /(m³/每吨焦)	气体中有害物浓度 /(g/m³)			单位排放量 /(g/每吨焦)			
		CO	SO_2	NO_2	CO	SO_2	NO_2	粉尘
干燥至水分为2%	1300	0.1	0.29	0.02	130	380	26	60
预热到210℃	2500	0.1	0.29	0.02	250	750	50	90

2. 炼焦车间

炼焦车间的烟尘来源于焦炉加热、装煤、出焦、熄焦、筛焦过程,其主要污染物有固体悬浮物(TSP)、苯可溶物(BSO)、苯并[a]芘(BaP)、SO_2、NO_x、H_2S、CO 和 NH_3 等。在无控制情况下,其排入总量约在 2.37kg/(每吨煤)左右,其中 BSO、BaP 是严重的致癌物质,导致焦炉工人肺癌的发病率较高。表7-2 为日产 1000~1200t 焦炭的焦化厂各工序污染物排放量。

表7-2 日产1000~1200t焦炭的焦化厂各工序污染物排放量

工序	卸煤	皮带运输	焦炉加热	装煤	出焦	熄焦	合计
污染物排放量/(kg/h)	20	25	5	70	20	10	150
所占比例/%	13	17	3	47	13	7	100

(1)装煤过程 装入炭化室的煤料,置换出大量的空气。装煤开始时,空气中的氧与入炉的细煤粒燃烧生成炭黑,形成黑烟。装炉煤与灼热的炉墙接触,升温产生大量的荒

煤气并伴有水汽和烟尘,还有炉顶空间由于瞬时堵塞而喷出的煤气。其中一部分进入集气管,另一部分通过装煤孔和炉门缝等不严密处逸出,其量约占焦炉烟尘总排放量的60%,表7-3是装煤过程烟气组成。

表 7-3 装煤烟气组成

烟气成分/% (容积)	装煤后时间/s				烟气成分/% (容积)	装煤后时间/s			
	30	60	90	300		30	60	90	300
O_2	4.4	0.6	无	无	CH_4	0.4	1.2	12.2	32.6
CO_2	10.2	9.6	5.8	1.4	H_2	1.1	3.7	16.0	50.4
C_nH_m	无	无	2.0	3.8	热值/(kJ/m³)	298	1079	9421	23680
CO	无	2.0	5.6	6.4					

装煤操作中,排出很多C_nH_m化合物,其中苯不溶物(BSO)排放量为0.499kg/(每吨煤),苯并[a]芘(BaP)排放总量为$0.908×10^{-3}$kg/(每吨煤),分别是推焦BSO及BaP每吨煤排放量的13.7倍和50倍。其中很多C_nH_m化合物是对人类健康影响严重的多环芳香烃,因此,一定要控制好装煤烟尘的排出。

(2) 推焦过程中产生的烟尘 在推焦过程中空气受热发生强烈的对流运动,形成热气流。在热气流中,携带大量的焦粉散入空气中。同时,促使生焦和残余焦油着火冒烟。在熄焦车开往熄焦塔的途中,焦炭遇到空气又燃烧冒烟,经过统计,推焦过程产生的烟尘占焦炉烟尘排放量的10%。

(3) 熄焦过程中产生的烟尘 熄焦水喷洒在赤热的焦炭上产生大量的水蒸气,一年产$45×10^4$t焦炭的焦化厂,每天约有700m³水在熄焦中蒸发。水蒸气中所含的酚、硫化物、氰化物、一氧化碳和几十种有机化合物,与熄焦塔两端敞口吸入的大量空气形成混合气流,这种混合气流夹带大量的水滴和焦粉从塔顶逸出,形成对大气的污染。

(4) 筛焦工段 筛焦工段主要排放焦尘,排放源有筛焦楼、焦仓、焦转运站以及运焦胶带输送机等。

3. 化产回收车间

化产回收车间排放的有害物主要来自化学反应和分离操作的尾气、燃烧装置的烟囱等,排放的危害物主要有原料中的挥发性气体、燃烧废气等。在冷凝电捕工段,设置了很多焦油、氨水贮槽,槽内温度75~80℃,从放散管处排出的废气中主要含NH_3、H_2S及C_mH_n等有害物。硫铵工段的饱和器满流槽、回流槽、结晶槽和离心机的放散管、硫铵仓库和母液贮槽都是污染源。蒸氨-脱酚和吡啶工段的各种贮槽也是污染源。在粗苯蒸馏工段,粗苯蒸气在冷凝冷却过程中有一部分气体属于不凝气体,如H_2S和轻苯,积存在油水分离器和设备管道中,最后经放散管排出形成危害。表7-4是某化学产品回收车间有害物的排放种类及数量。

4. 精制车间

精苯车间的气体排放量约为4900m³/每吨焦,其中H_2S为2100g/每吨焦,HCN为6.9g/每吨焦,烃类为8400g/每吨焦,焦油车间排放萘为1900g/每吨焦。管式炉燃烧煤气后其烟囱排放出SO_2、NO_x、CO等有害物。

表 7-4　化学产品回收车间有害物的排放量

排放源	气体排放量/(m³/每吨焦)	各有害物的排放量/(g/每吨焦)与平均浓度/(g/m³)					
		H_2S	NH_3	HCN	C_6H_5OH	C_5H_5N	苯族烃
冷凝工段							
初冷器水封槽	0.7	0.5/0.7	1.0/1.4	0.2/0.2	0.07/0.1	0.04/0.06	2.8/4.0
氨水澄清槽	19.8	2.15/0.13	7.4/1.4	1.84/0.12	1.2/0.06	0.85/0.04	78.0/3.8
循环氨水中间槽	4.0	10.6/3.7	2.8/0.8	0.53/0.15	0.85/0.25	0.26/0.08	48.5/14.8
氨水贮槽	4.7	10.3/2.1	26.8/5.5	0.42/0.09	0.50/0.1	0.32/0.07	21.5/4.6
焦油贮槽	8.5	65/7.5	36/4.2	0.9/0.1	2.1/0.25	0.13/0.015	45/5.2
冷凝液中间槽	2.5	2.0/0.9	7.4/6.6	1.7/0.75	0.2/0.09	0.06/0.05	28.0/12.5
焦油中间槽	0.2	0.3/1.4	0.9/4.2	0.03/0.15	0.006/0.03	0.08/0.15	2.0/10.8
硫铵工段							
满流槽	38.0	1.3/0.15	0.15/0.02	0.4/0.05		0.17/0.02	
回流槽	3.0	0.9/0.3	0.2/0.06	0.2/0.06		0.09/0.03	
母液中间槽	21.0		1.7/0.08	0.2/0.01		0.3/0.015	
结晶槽和离心机	1.7	0.15/0.09	0.1/0.06	0.025/0.015		0.03/0.02	
硫铵仓库	27.0		0.3/0.01	0.013/0.0005		0.24/0.009	
蒸氨、脱酚、吡啶工段							
吡啶盐基贮槽	0.06		0.06/1.1		0.0001/0.002	0.004/0.07	
脱吡啶母液贮槽	26.0		10.0/0.4		0.008/0.0003	0.16/0.006	
酚盐贮槽	0.7		1.3/1.8		0.2/0.3	0.0006/0.0008	
蒸氨部分石灰沉淀池	70.0	12.4/0.2	9.0/0.1		0.09/0.001	7.4/0.1	
粗苯工段							
终冷器焦油中间槽	4.6	8.0/1.7	1.29		0.0184		11.0/2.4
分离水槽	0.5	0.3/0.6		0.001/0.002			1.6/3.2
贫油槽	1.0	0.9/0.9		0.0005/0.0005			1.4/1.4
富油槽	1.0	0.9/0.9		0.0005/0.0005			5.0/5.0
粗苯计量槽	1.2			0.0042/0.0035			49.3/41.0
重苯槽	0.603			0.0001/0.002			0.321/5.0
轻苯槽	0.106						
洗油槽	0.063			0.0082			0.693/11.0
终冷凉水架		45	14	130	18		200

二、气化生产烟尘的产生

煤气化生产中，粉尘污染主要是煤场仓贮、煤堆表面粉尘颗粒的飘散和气化原料准备工艺煤破碎、筛分加工现场飞扬的粉尘。

在煤气生产过程中，有害气体的污染是煤气的泄漏及放散。煤气炉加煤装置的煤气泄漏造成的污染较为突出。其次是煤气炉开炉启动、热备鼓风、设备检修、放空以及事故时的放散操作都直接向大气放散不少的煤气，如固定床气化炉生产水煤气或半水煤气时，在吹风阶段有相当多的废气和烟尘排入大气。这种情况造成的污染，目前国内尚未进行治理，主要是由于放散流量大小的多变性和不连续性。

在冷却净化处理过程中，有害物质飘逸在循环冷却水沉淀池和凉水塔周围，随着水分蒸发而逸出到大气。有害物质酚、氰化物是污染的重要成分。

第二节　烟尘控制的原理

一、除尘装置的性能

煤化工生产排放的污染气体中，往往含有大量的粉尘，这些气体需经过除尘净化后才能排入大气。从气体中除去或收集这些固态或液态粒子的设备称为除尘装置或除尘器。除尘装置的性能用处理量、除尘效率、阻力降三个主要技术指标来表示。

1. 除尘装置处理量

除尘装置在单位时间内所能处理的含尘气体量，称为除尘装置处理量。除尘装置处理量的大小取决于装置的形式和尺寸。

2. 除尘效率

除尘装置的效率有三种表示方法：一是除尘装置的总效率，二是除尘装置的分级效率，三是多级除尘效率。

（1）总除尘效率　除尘装置除下的烟尘量与除尘前含尘气体（烟气）中所含烟尘量的百分比，通常用 η 来表示。

图 7-1 为除尘装置示意图。S_i、C_i、Q_i 分别为入口处粉尘流入量（g/s）、粉尘浓度（g/m³）和烟气量（m³/s）；S_o、C_o、Q_o 分别为出口处粉尘流出量（g/s）、粉尘浓度（g/m³）和烟气量（m³/s）；S_c 为除尘装置分离捕集的粉尘量（g/s），除尘效率为

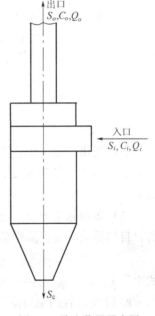

图 7-1　除尘装置示意图

$$\eta = \frac{S_c}{S_i} \times 100\% \tag{7-1}$$

因为　$S_c = S_i - S_o$　　所以　$\eta = \frac{S_i - S_o}{S_i} \times 100\% = \left(1 - \frac{S_o}{S_i}\right) \times 100\%$ 　　(7-2)

$$S_i = C_i \cdot Q_i \qquad S_o = C_o \cdot Q_o$$

代入上式得

$$\eta = \left(1 - \frac{C_o \cdot Q_o}{C_i \cdot Q_i}\right) \times 100\% \tag{7-3}$$

若烟气中含尘浓度不高时，$Q_i = Q_o$，则

$$\eta = \left(1 - \frac{C_o}{C_i}\right) \times 100\% \tag{7-4}$$

（2）分级除尘效率　为了表示除尘装置对不同粒径烟尘的除尘效率，引入了分级除尘效率的概念。分级除尘效率是指除尘装置除去某一粒径范围尘粒的除尘效率。设某一粒径为 d，粒径宽度范围 Δd 内粉尘的分级除尘效率通常用 η_d 表示。因为除尘装置捕集的对象是粒径大小不同的集合尘粒群，不同的粒径，其沉降速度差别很大，用同一除尘器除大

尘粒要比除小尘粒的效率要高得多。

图 7-2 为粉尘的密度为 2 时，各种除尘装置的分级除尘效率。

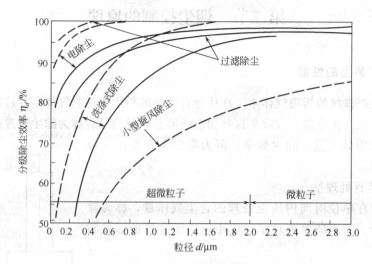

图 7-2　各种除尘装置的分级除尘效率

应当指出，图 7-2 的特性曲线不能直接判断除尘装置的好坏，因为除尘装置的分级效率除了取决于粒径和密度，还受粉尘粒子的凝聚性、附着性、带电性等多种物理性质的影响。

（3）多级除尘效率　通常将两个或两个以上的除尘装置串联起来，形成多级除尘装置，目的是为了提高除尘装置的总效率，其效率用 $\eta_{总}$ 表示。

$$\eta_{总} = 1-(1-\eta_1)(1-\eta_2)\cdots(1-\eta_n) \tag{7-5}$$

式中　η_1、η_2、η_n、…——第 1、2、…、n 级除尘装置的单级效率。

3. 除尘装置的阻力降

评价和选用除尘装置时，除了考虑除尘效率外，还应主要考虑除尘装置的阻力降。除尘装置的阻力降是用进出口的压力差 Δp 来表示。它是烟气经过除尘装置时，能量消耗的一个主要指标。压力降大的除尘装置，它的能量消耗就大，运转费用也高。阻力降的大小还直接关系到所需要的烟囱高度，以及在烟气净化的流程中是否安装引送风机等。

对于同一结构形式的除尘装置，阻力降的大小与烟气流速有直接关系。烟气流速愈大，其阻力降愈大，烟气流速愈小，其阻力降也愈小。关系式如下：

$$\Delta p = \xi \frac{\rho \cdot v_0^2}{2} \tag{7-6}$$

式中　Δp——进出口压力差，Pa；
　　　ξ——除尘装置的阻力降系数，可根据实验和经验公式确定；
　　　v_0——烟气进口流速，m/s；
　　　ρ——烟气的密度，kg/m³。

对于不同结构的除尘装置，其阻力降、被处理的粒径及除尘效率都不同，表 7-5 是各种除尘装置的性能比较。

表 7-5　各种除尘装置的性能一览表

名　称	压损/Pa	除尘效率/%	被处理粒径/μm	设备费	运行费
重力除尘装置	100～150	40～60	50 以上	少	少
惯性力除尘装置	300～700	50～70	10～100	少	少
离心分离除尘装置	500～1500	85～95	3～100	中	中
洗涤式除尘装置	3000～3800	80～95	0.1～100	中	多
声波除尘装置	600～1000	80～95	0.1～100	中上	中
过滤式除尘装置	1000～2000	90～99	0.1～20	中上	中上
电除尘装置	100～200	80～99.9	0.05～20	多	少～中

二、除尘装置的工作原理

根据在除尘过程中是否采用润湿剂，除尘装置可分为湿式除尘装置和干式除尘装置。根据除尘过程中的粒子分离原理，除尘装置又分为重力除尘装置、惯性力除尘装置、离心力除尘装置、洗涤式除尘装置、过滤式除尘装置、电除尘装置、声波除尘装置等。

1. 重力除尘装置

重力除尘装置是借助尘粒本身的重力作用自然沉降下来，并将其分离捕集的装置。图 7-3 为重力除尘器，(a) 是单层沉降室，(b) 是多层沉降室。重力除尘器是一个截面较大的空室，含尘气体由断面较小的风管进入除尘器后，气流速度大大降低。气流的流速在沉降室截面上是均匀的，气流在沉降室内气流速度一般为 0.2～0.5m/s，为层流流动。这样，粉尘在重力作用下缓慢向灰斗沉降，沉降时也不受涡流干扰。

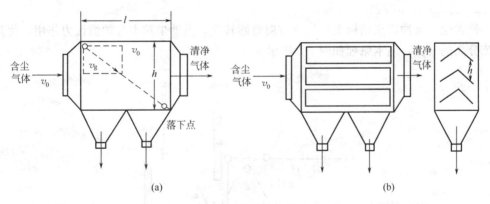

图 7-3　重力除尘器

图 7-4 为某一尘粒 A 的重力沉降过程，受流体的流动状态、尘粒的大小，气流中的沉降速度等因素的影响，对于有 100% 收集效率的粒子最小直径 d_{min} 可按式（7-7）计算。

$$d_{\min}=\sqrt{\frac{18\mu_g \cdot h \cdot v_g}{g \cdot L \cdot (\rho_s-\rho)}} \tag{7-7}$$

式中　d_{min}——有 100% 收集效率的粒子最小粒径，m；
　　　μ_g——气体黏度，Pa·s；
　　　ρ_s——尘粒的密度，kg/m³；
　　　ρ——气体的密度，kg/m³；
　　　v_g——尘粒沉降速度，m/s；

h——沉降室高，m；
L——沉降室长，m；
g——重力加速度，$9.8 m/s^2$。

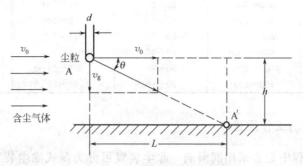

图 7-4　在水平气流中尘粒的重力沉降

由上式看出，尘粒自由沉降的速度与粒径 d_{min} 的平方成正比，粒径最小时，尘粒自由沉降速度也最小。粒径大时，尘粒的沉降速度也大，对于不同粒径的尘粒落下相同高度时所需的时间就不同，水平移动距离也不同。粒径小的尘粒需要的时间长，水平移动的距离也长。如果水平移动的距离超过 L 时，尘粒就要落在室外。因此，在处理粒径小的尘粒时，把单层沉降室改为多层沉降室。

多层沉降室主要是通过降低气流速度 v_0 和沉降高度 h（即在沉降室内高度上加隔板）增加沉降室长度 L，来提高细小粉尘的分离效率。

2. 惯性力除尘装置

使含尘气流冲击在挡板上，气流方向急剧转变，借助尘粒本身的惯性力作用，使其与气流分离的装置，基本原理如图 7-5 所示。

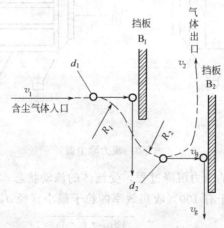

图 7-5　惯性力除尘装置工作原理示意图

当含尘气流以 v_1 的速度冲击到挡板 B_1 上时，气流中粒径为 d_1 的大尘粒首先冲击挡板 B_1，并由于重力而降落，烟气转弯带走的粒径为 d_2 的小尘粒又碰到挡板 B_2 上，以相同的原理而降落下来，气流又发生方向转变。这样含尘气体由于挡板的作用，以曲率半径 R_1、R_2 转变流动方向，含尘气体的尘粒在惯性力和离心力的作用下而被捕集。惯性力除尘装置从构造上分有两种形式。

(1) 冲击式惯性除尘装置　如图 7-6 所示,特点是含尘气流中的粒子用冲击挡板来收集较粗粒子。

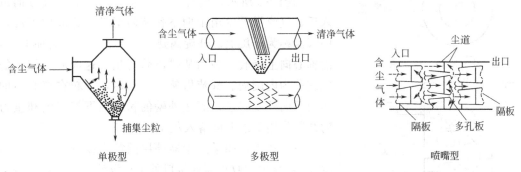

图 7-6　冲击式惯性力除尘装置

(2) 反转式惯性力除尘装置　如图 7-7 所示,特点是改变含尘气流的流动方向来收集较细粒子。图中的弯管形、百叶窗形反转式除尘装置和冲击式除尘装置,都适于安装在烟道内使用。

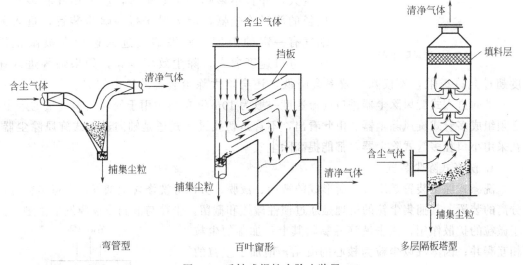

图 7-7　反转式惯性力除尘装置

惯性力除尘装置一般多作为高性能除尘装置的前级,它能除去较粗的尘粒或炽热状态的粒子。

3. 离心力除尘装置

离心力除尘装置是利用烟气做旋转运动时,烟气中的尘粒由于离心力作用从烟气中分离出来。其除尘原理,类似于反转式惯性力除尘装置,前面所讲的反转式惯性力除尘装置,只是让含尘气流简单地改变了方向,气流只作半圈或一圈旋转,而离心力除尘装置,使气流不止旋转一圈,旋转流速也较大。因此,旋转气流中的粒子受到的离心力比重力大得多。例如:小直径、高阻力的离心力除尘装置,离心力比重力大 2500 倍。大直径、低阻力的离心力除尘器,离心力比重力约大 5 倍。所以离心力除尘装置从含尘气流中除去的粒子直径比前两种重力或惯性力除尘装置要小得多。

离心力除尘装置从结构类型分为切线进入式旋风除尘器和轴向进入式旋风除尘器两种。

如图 7-8 所示,当含尘气体从进气口沿切线方向进入后,气流沿外壁由上向下作旋转运动,这股向下旋转的气流称为外旋涡。外旋涡到达锥体底部后,转而向上,沿轴心向上旋转,最后从排出管排出。这股向上旋转的气流称为内旋涡。气流做旋转运动时,尘粒在离心力的作用下向外壁移动。到达外壁的粉尘在下旋气流和重力的共同作用下沿壁面落入灰斗。

应当指出,如果除尘器外层圆筒高度(L_1)、锥体高度(L_2)与尘粒收集器连接口处半径设计的不合理,将会使落处灰斗的尘粒再度受到强制涡流作用而被扬起,从内筒排出。另一方面要防止再逸散现象发生。

切线进入式旋风除尘器进口气流速度一般为 7~15m/s。适应于处理小烟气量的除尘。当需要处理烟气量大,并且不影响除尘效率时,应采用并联多个小口径的旋风除尘器,因为对于每一除尘装置,进入的烟气有一定的限度。如果烟气进入速度在极限范围内,进口速度愈大,除尘效率愈高,如果烟气进入速度超过允许极限,不仅除尘效率会降低,还会增大除尘装置的压力损失。

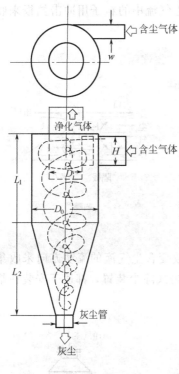

图 7-8 旋风除尘器

轴向进入式旋风除尘器进口气流速度一般为 10m/s 左右,用于处理大烟气量的烟尘,必须组成多管式旋风除尘器。由此看出,不管是切线进入式还是轴向进入式旋风除尘器,在采用小口径多管式除尘器,都能提高除尘效率。

4. 洗涤式除尘装置

洗涤式除尘装置是用液体所形成的液滴、液膜、雾沫等洗涤含尘烟气,而将尘粒进行分离的装置。其捕集尘粒的机理是通过惯性碰撞和截留,尘粒与液滴或液膜发生接触;由于微粒的扩散作用,撞击液滴并黏附其上;加湿的尘粒相互凝并;因蒸汽以尘粒为核心的凝结,增加了尘粒的凝聚性。

洗涤式除尘装置属于湿式除尘装置,下面主要介绍几种不同形式的洗涤式除尘器。

(1) 喷雾室洗涤器 如图 7-9 所示,这种洗涤除尘装置是依靠喷嘴将吸收液充分雾化,雾滴由上而下与烟气逆流接触,完成吸收过程。

(2) 文丘里除尘器 如图 7-10 所示,这种除尘器装置的机理是使含尘气流经过文丘里管的喉径形成高速气流,并与在喉径处喷入的高压水形成的液滴相碰撞,使尘粒黏附于液滴上而达到除尘目的。

文丘里除尘器具有净化效率高,用水量小,结构简

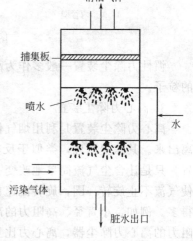

图 7-9 喷雾室洗涤器示意图

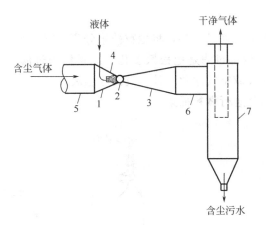

图 7-10 文丘里除尘器
1—收缩管；2—喉管；3—扩散管；4—喷水装置；5—进气管；6—连接管；7—旋风分离器

单，操作维护方便，还具有脱出烟气中部分硫氧化物和氮氧化物等优点。其缺点是阻力大、能耗高。因此，在要求有较高的净化效率的情况下（压力损失大约为 2942～14709Pa），才考虑这种高能耗除尘器。

（3）泡沫除尘器　如图 7-11 所示，这种除尘装置的机理是借助气体的动能，对液体的表面张力做功，形成强烈运动的不稳定的泡沫层，这种泡沫层不仅界面很大，而且不断更新，因此吸收效率极高。

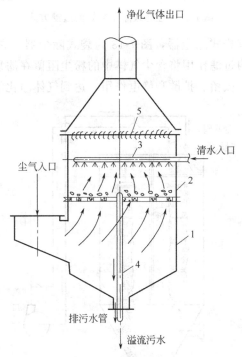

图 7-11　泡沫除尘器
1—外壳；2—筛板；3—喷洒管；4—溢流管；5—捕集管

对于化产回收与精制车间排放的污染气体的治理，采用物理吸收或化学吸收方法净化时，均选用湿式除尘器。

5. 过滤式除尘器

过滤除尘是使含尘烟气通过滤料，将尘粒捕集分离。它分为内部过滤和外部过滤两种方式，如图7-12所示。内部过滤是把松散多孔的滤料作为过滤层，尘粒就是在过滤材料内部进行捕集后而使烟气或空气净化。外部过滤除尘装置是用滤布或滤纸作滤料，将最初形成的尘粒层作为过滤层进行微粒捕集。

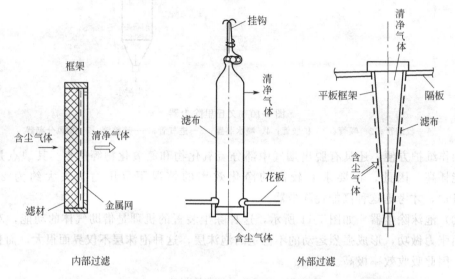

图 7-12 过滤式除尘装置的过滤方式

过滤式除尘器主要有袋式除尘器，图7-13为袋式除尘器。它是在除尘室内悬吊许多滤布袋，利用纤维织物的过滤作用将含尘气体中的粉尘阻留在滤袋上。总的过程是含尘气体通过筛滤、惯性碰撞、截留、扩散和静电作用，达到气体净化的目的。

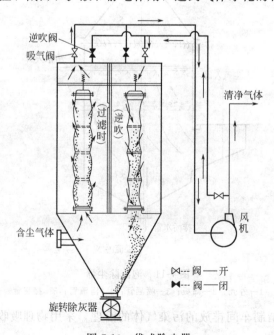

图 7-13 袋式除尘器

袋式除尘器按滤袋形状分为圆袋和扁袋。按过滤方式可分为内滤式和外滤式，按进风方式分为上进风和下进风，按清灰方式可分为机械清灰、脉冲喷吹清灰和逆气流清灰。

6. 电除尘装置

电除尘器的基本原理是用高压直流电建立一个不均匀电场，如图 7-14 所示，产生大量的电子、正离子和负离子，使悬在气流中的尘粒，因受到自由电子和离子的碰撞而带电，即尘粒荷电。然后在电场库仑力的作用下，荷电的尘粒作定向运动向集尘极沉积，当形成一定厚度集尘层时，振打电极，使尘粒集合体从电极上沉落于集气器中，达到除尘目的。

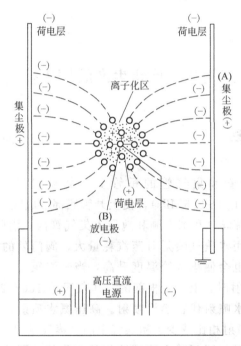

图 7-14 平板型集尘极的不均匀电场

电除尘器可分为平板形电除尘器和圆筒形电除尘器，如图 7-15 所示。

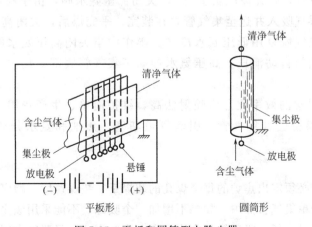

图 7-15 平板和圆筒型电除尘器

根据除尘过程中是否采用液体或蒸气介质，又分为湿式和干式电除尘器。

干式电除尘器除尘时，粉尘的比电阻的大小对除尘效率影响很大。烟尘的比电阻在 $10^4 \sim 10^{11} \Omega \cdot cm$ 这个范围时，电除尘器获得较好的除尘效率。如果烟尘的比电阻高于 $10^{11} \Omega \cdot cm$ 时，除尘效率开始降低，如果烟尘的比电阻低于 $10^4 \Omega \cdot cm$ 时，会发生尘粒二次飞扬。工业上通常向含尘气体中喷入水、水蒸气、三氧化硫或其他调阻剂进行调阻，从而降低烟尘的比电阻，来提高除尘效率。

湿式电除尘器采用连续不断地向集尘极喷水而形成液膜，半湿式电除尘器采用间歇向集尘极表面增湿。两种方法不仅克服了干式电除尘器受比电阻的影响，而且集尘极能获得较强的电场（原因是集尘极表面经常被液体冲洗），从而使湿式电除尘器比干式电除尘器处理的烟气量大。

第三节　炼焦生产的烟尘控制

一、装煤的烟尘控制

1. 喷射法

该法是在连接上升管和集气管的桥管上安装喷射口，从喷射口喷射的蒸汽（0.8MPa）或高压氨水（1.8～2.5MPa），使上升管底部形成吸力，也就是使炉顶形成负压，引导装煤时发生的荒煤气和烟尘顺利地导入集气管内，消除由装煤孔逸出的烟气，达到无烟装煤的目的。用水蒸气喷射时蒸汽耗量大，阀门处的漏失也多，且因喷射蒸汽冷凝增加了氨水量，也会使集气管温度升高，当蒸汽压力不足时效果不佳，一般用 0.7～0.9MPa 的蒸汽喷射时，上升管根部的负压仅可达 100～200Pa。由于水蒸气喷射的缺点，导致用高压氨水喷射代替蒸汽喷射。高压氨水喷射，可使上升管根部产生约 400Pa 的负压，与蒸汽喷射相比减少了粗煤气中的水蒸气量和冷凝液量，减少了粗煤气带入煤气初冷器的总热量，还可减少喷嘴清扫的工作量，因此得到广泛推广。采用高低压氨水喷射装置如图 7-16 所示。

装煤操作进行时，打开高压氨水阀 2，关闭低压氨水阀，由于高压氨水喷射造成的吸力使炭化室荒煤气吸入并送至集气管，在装完、平完煤后，关闭高压氨水阀 2，打开低压氨水阀，使煤气恢复用低压氨水冷却。操作中当关闭高压氨水阀后，高压氨水管道通往集气管的阀门自动泄压，高压氨水冲刷了集气管底部的焦油渣，使得集气管清洁畅通。

高压氨水喷射法的效率比蒸汽喷射法高，维护简单、生产费用和投资低。但要防止负压太大，使煤粉进入集气管，引起管道堵塞、焦油和氨水分离不好，降低焦油质量。

2. 顺序装炉

顺序装炉法，必须定出焦炉的每个煤孔的装煤量、装煤速度。顺序装煤，适应于用双集气管焦炉；对于单集气管焦炉，如果不增加一个吸源，不能采用顺序装炉法。顺序装炉法的原理是在装炉时，任一吸源侧只允许开启一个装煤孔，只要吸力同产生的烟气量相平

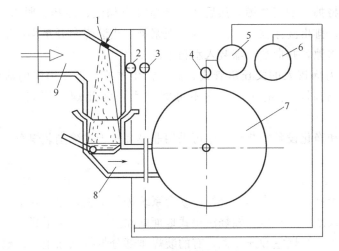

图 7-16　高低压氨水喷射示意图
1—高低压氨水喷嘴；2—高压氨水三通阀；3—低压氨水三通阀；4—高压氨水泄压阀；
5—高压氨水管；6—低压氨水管；7—集气管；8—承插管；9—桥管

衡就无烟尘逸出，图 7-17 为双集气管 4 个装煤孔焦炉的顺序装炉法。此系统中 1 号斗和 4 号斗同时卸煤，共卸煤 16t，占总装煤量 20t 的 80%，然后是 2 号斗卸下 2.5t 的煤，最后是 3 号斗卸下的 1.5t 煤，每个装煤孔卸煤后要盖上炉盖。这种装炉方法的时间增加不多，由于任何时间的吸力一样，因此不需要下降装煤套筒便可达到消烟目的。该法简单易行，不需要增加额外能源。

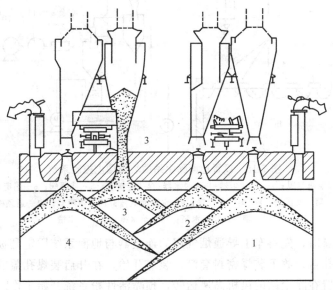

图 7-17　双集气管 4 个装煤孔焦炉顺序装炉法示意图
(按 1→4→2→3 顺序装煤)

3. 带强制抽烟和净化设备的装煤车

装煤时产生的逸散物和粗煤气经煤斗烟罩、烟气道用抽烟机全部抽出。为提高集尘效果，避免烟气中的焦油雾对洗涤系统操作的影响，烟罩上设有可调节的孔以抽入空气，并通过点火装置，将抽入烟气焚燃，然后经洗涤器洗涤除尘、冷却、脱水，最后经抽烟机、排气筒排入大气。排出洗涤器的含尘水放入泥浆槽，当装煤车开至煤塔下取煤的同时，将泥浆水排入熄焦水池，并向洗涤器装入水箱中的净水。

洗涤器有压力降较大的文丘里管式、离心捕尘器式、低压力降的筛板式等。吸气机受装煤车荷载的限制，容量和压头均不可能很大，因此烟尘控制的效果受到一定的制约。

带强制抽烟和净化设备的装煤车也可采用非燃烧法干式除尘装煤车、非燃烧法湿式除尘装煤车。

4. 地面除尘站

装煤地面除尘站是与装煤车部分组成联合系统进行集尘，地面除尘站分为干式地面站除尘、燃烧法干式地面站除尘、燃烧法湿式地面站除尘。燃烧法干式地面除尘站的装煤车部分带有抽烟装置、燃烧室和连接器，有的装煤车部分带有预除尘器。地面除尘站包括干管、烟气导管、烟气冷却器、袋式除尘器、预喷涂装置、排灰装置、引风机组及烟囱等。图 7-18 为设置地面除尘站的装煤烟尘控制系统。

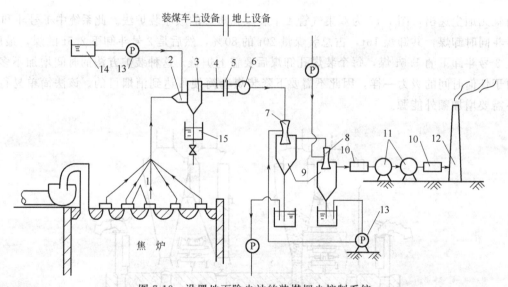

图 7-18 设置地面除尘站的装煤烟尘控制系统
1—双层吸气罩；2—预除尘器；3—脱水器；4—连接管；5—连通阀；6—固定干管；
7—第一文氏管；8—第二文氏管；9—水滴捕集器；10—消声器；11—通风机；
12—烟囱；13—水泵；14—给水槽；15—排水槽

装煤车在装煤时，先将车上导通烟气用的连接器与地面系统固定翻板阀接口对接，然后自动打开装煤孔盖，放下装煤密封套筒，装煤开始。在开启装煤孔盖的同时，通过控制系统信号，使设置在除尘站的风机高速运转，预喷活性粉系统开始工作。煤料从装煤套筒装入炭化室内时产生的烟气，在除尘站风机的吸引下，从内、外两套筒的夹层经导管进入装煤车上的燃烧室进行燃烧，可烧掉部分焦油和 CO、CH_4 等可燃物。

燃烧后的烟气通过连接器、导通阀进入固定在焦炉上的固定干管，经冷却后进入袋式除尘器进行净化。净化后的气体由风机送入消声器，经烟筒排入大气。

冷却器及除尘器收集的尘粒，通过排料落入刮板运输机，再经过斗式提升机运到贮料罐，最后将粉尘定期排出，经螺旋加湿器增湿后用垃圾车运到贮煤场，作为配煤原料。

该系统的装煤车上不设吸气机和排气筒，故装煤车负重大为减轻。但地面除尘站占地面积大、能耗高、投资多。

5. 消烟除尘车

消烟除尘车适用于捣固式焦炉，在捣固式焦炉装煤时，煤饼进入炭化室对内部气体有一定的挤压作用，由于煤饼与炉墙之间存有间隙，烟尘逸出面积大，使炉顶排出的烟气十分猛烈，而且剧烈燃烧。若没有高压氨水喷淋装置，处理这种烟气的难度较大，可采用消烟除尘车消除捣固式焦炉装煤时的烟尘。

图7-19为消烟除尘车的工艺流程，首先将装煤时产生的煤尘吸入消烟除尘车，经燃烧室燃烧后的废气及粉尘通过文氏管喷淋水、水浴除尘、旋风除尘，废气通过风机排入大气，粉尘随污水排入污水槽，进入熄焦池。

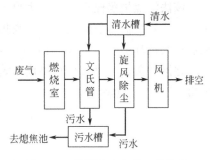

图 7-19　消烟除尘车的工艺流程

二、推焦的烟尘控制

1. 移动烟罩-地面除尘站气体净化系统

这种装置首先在德国的明尼斯特-斯太因焦化厂开发应用。移动烟罩可行走至任意炭化室捕集推焦逸散物，烟气经水平烟气管道送至地面除尘站净化。国内宝钢、首钢、本钢、酒钢采用的地面站烟气净化系统，防尘效率在95%以上，出口烟气可减至$50mg/m^3$。

图7-20是在拦焦车上配置一个大型钢结构烟尘捕集罩，烟罩可把整个熄焦车盖住。焦炉出焦时，先将拦焦机上部设置的活动接口与固定翻板阀接口对接，使其与除尘地面站导通，然后通过控制系统的信号，使设置在除尘站内的风机高速运转，同时推焦机工作，出焦开始。出焦产生的大量烟尘，在除尘站风机的吸引下，通过吸气罩、

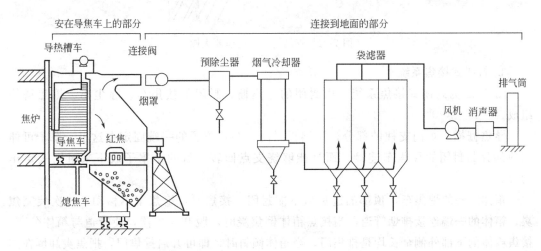

图 7-20　拦焦车集尘流程

导通接口、连接管道先经过地面站的预除尘器,将大颗粒尘及带有明火的焦粉除去,然后,再经冷却器使温度降至110℃以下,进入反吸风袋式除尘器最终净化,净化后的气体经烟囱排入大气。系统各设备收集的粉尘,用刮板输送机先送入装煤除尘系统的预喷活性粉料罐,作为预喷的吸附剂,剩余部分运至粉尘罐,定期加湿处理后汽车外运。

2. 焦侧大棚

该法沿焦炉焦侧全长设置大棚,如图7-21所示。大棚顶部设有吸气主管,通向地面站的湿式除尘器。焦侧大棚用以收集焦侧炉门和推焦时排放的烟尘,防尘效率大于95%,缺点是大棚环境较差,大棚内钢件结构易发生腐蚀,投资高,吸气机流量大,能耗比较高。德国和美国20世纪70年代开始使用,80年代美国总共有11座焦炉使用,国内还未采用。

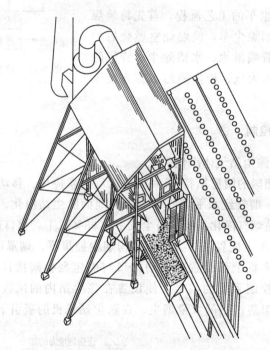

图7-21 钢结构支撑的焦侧大棚

3. 封闭式接焦系统

图7-22为封闭式接焦系统,由封闭的导焦栅、封闭的接焦车、除尘车、熄焦塔等组成。

导焦栅插入炉门支柱的部分,用钢板封闭,并且罩子的一端固定在这里,罩子可伸缩的部分与封闭的导焦车连接,而且能够绕支点回转,目的是罩子放下来时同接焦车吻合。

箱体结构的熄焦车,顶部的进焦口不能封闭。接焦时,熄焦车不移动,一次装完焦炭。箱体的一端连接排烟管道,当接焦箱体倒焦炭时,脱开连接器,使管道与箱体分离。接焦箱体的下部外侧全长均是排焦门,当箱体倾斜时,即可开启排焦门,把焦炭卸倒在焦台上。

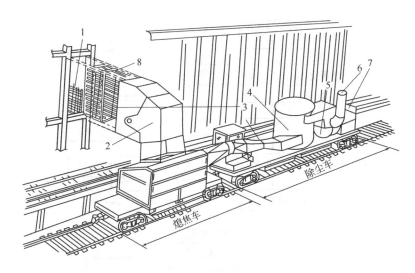

图 7-22　格莱尼特封闭式接焦烟尘控制系统
1—焦炉；2—导焦栅罩；3—文丘里除尘器；4—气水分离器；
5—风机；6—排气筒；7—传动装置；8—导焦栅

除尘车上设置有喷冷却水的排风管道、洗涤器、脱水器、排风机、传动装置、水箱和水泵以及牵引设备。熄焦时，把导管插入接焦车的进焦口，喷嘴均匀喷水于焦炭表面。

4. HKC-EBV 热浮力罩

热浮力罩是根据推焦排出的烟气温度高、密度小，具有浮力这一原理设计的。它的特点是具有可移动性，具有捕尘和除尘双重作用。这种热浮力罩设备小，投资和操作费用最低。但除尘效率不太高，一般为 80%～93%，目前国内攀钢、武钢及包钢采用了这种热浮力罩。

这种烟罩一侧铰接在拦焦车上，另一侧支撑在一条桥式轨道上，此轨道位于焦台外侧，烟罩的行走装置，也设在这一侧并与拦焦车同步运行，烟罩可盖住常规熄焦车的 2/3，从熄焦车上排出的烟尘进入罩内，依靠浮力上升至顶部的除尘装置。先脱除大颗粒物，然后进入水洗涤室进一步除尘，再经罩顶排入大气。

5. 装煤推焦二合一除尘

装煤与出焦除尘交替运行，出焦除尘系统运行时，出焦除尘管道上的气动蝶阀开启，装煤除尘管道上的气动蝶阀关闭，地面站除尘风机由低速转入高速运行，系统进行出焦除尘操作，操作结束后，地面站除尘风机由高速转入低速运行，同时出焦除尘管道上的气动蝶阀关闭，装煤除尘管道上的气动蝶阀开启，系统等待装煤除尘操作，当装煤除尘结束后，系统可根据除尘器的阻力及集尘情况进行除尘器的清灰工作，然后系统等待下一个出焦-装煤-清灰循环。图 7-23 为装煤推焦二合一除尘工艺流程图。

三、熄焦的烟尘控制

1. 熄焦塔除雾器

国内一些焦化厂在熄焦塔里安装除雾器，图 7-24 所示的除雾器采用木隔板或木隔板做成百叶窗式的形式，百叶窗式除尘率高达 90%。熄焦塔除雾器也可采用耐热塑料挡板，

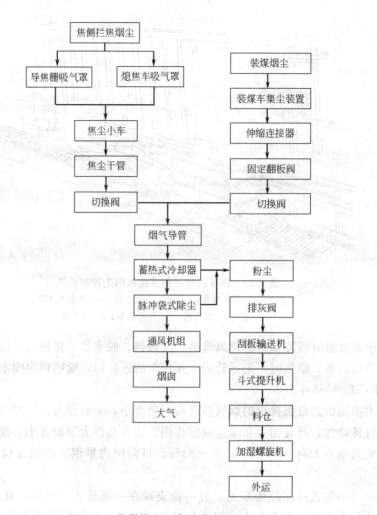

图 7-23 装煤推焦二合一除尘工艺流程

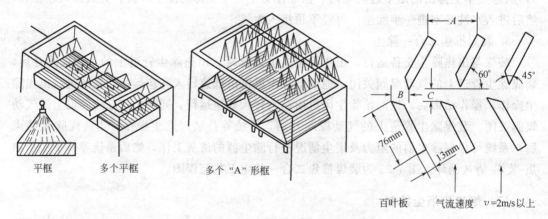

图 7-24 熄焦塔除雾器

熄焦初期产生的蒸汽与塑料板的摩擦静电效应，将焦粉吸附在塑料板上。熄焦后期，蒸汽中含水滴较多，塑料板起挡水作用。塑料板应定期冲洗。

2. 两段熄焦

以焦罐车代替普通熄焦车,当焦罐车进入熄焦塔下部时,因为焦罐中焦炭层较厚,约为 4m 左右,熄焦水从上部喷洒的同时,还从焦罐车侧面引水至底部,再从底部往上喷入焦炭内。熄焦后,焦炭水分为 3%～4%,因焦炭层厚,上层焦炭可以阻止底层粉尘向大气逸出,采取这一措施,是一项有效而又经济的防止粉尘散发的方法。

3. 干法熄焦

图 7-25 为干法熄焦的原理图,从炭化室推出的焦炭,温度在 950～1050℃ 进入干熄焦室,用鼓风机鼓入惰性气体(作为换热介质)将熄焦室内红焦的热量带走,800℃ 高温的一次载热气体进入废热锅炉,再经废热锅炉回收热量产生二次载热体蒸汽,同时惰性气体被冷却,再由风机送至熄焦室,如此反复经干熄后的焦炭送往用户。干熄焦具有节能和提高焦炭质量的优越性,还有效地消除在熄焦过程中所造成的大气污染,消除湿法熄焦造成的水污染。湿法、干法熄焦的比较见表 7-6。

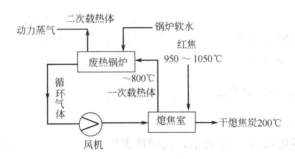

图 7-25 干法熄焦原理

表 7-6 湿法、干法熄焦比较

熄焦方法	污染物/(kg/h) 酚	氰化物	硫化物	氨	焦尘	一氧化碳
湿法熄焦	33	4.2	7.0	14.0	13.4	21.0
干法熄焦	无	无	无	无	7.0	22.3

四、焦炉连续性烟尘的控制

1. 球面密封型装煤孔盖

密封装煤孔盖与装煤孔之间缝隙多采用的办法是在装煤车上设置灰浆槽,用定量活塞将水溶液灰浆经注入管注入装煤孔盖密封沟。

球面密封型装煤孔盖选用空心铸铁孔盖,并填以隔热耐火材料。盖边和孔盖都做成球面状接触,图 7-26 为炉盖及炉座剖面图。炉盖与盖边非常密合,即使盖子倾斜,密封性也好。

2. 水封式上升管

由内盖、外盖及水封槽三部分组成。内盖挡住赤热的荒煤气,从而避免了外盖的变形及水封槽积焦油,水封高度取决于上升管的最大压力,目前水封式上升管已得到普遍应用。

3. 密封炉门

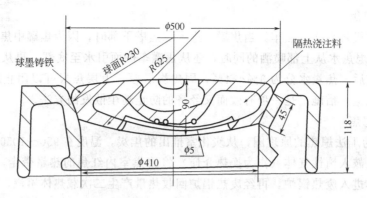

图 7-26 炉盖及座剖面图

炉门的密封作用主要靠炉门刀边与炉门框的刚性接触,这就要求炉门框必须平整,门框若变形弯曲,刀边就难以密合。

① 改进炉门结构,提高炉门的密封性和调节性,采用敲打刀边、双刀边及气封式炉门等方法。为操作方便采用弹簧门栓、气包式门栓、自重炉门均取得良好的效果。

② 在推焦操作中采用推焦车一次对位开关炉门,防止刀边扣压位置移动。

五、煤焦贮运过程的粉尘控制

1. 煤场的自动加湿系统

煤场自动加湿系统如图 7-27 所示,在煤堆表面喷水,煤堆湿润到一定程度,表面造成一层硬壳,可以起到防尘作用。喷水设施如下:沿煤堆长度方向的两侧设置水管,在水管上每隔 30～40m 安装一个带有竖管的喷头;也可沿煤堆长度方向设置钢制水槽,在堆取料机上安装喷头和泵,可以随机移动喷洒。

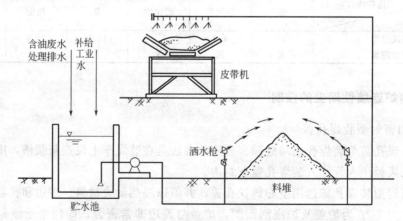

图 7-27 煤场自动加湿系统

2. 喷覆盖剂

覆盖剂是一种水溶性助剂,有无机盐类和各种有机物,如沥青、焦油、石油树脂、醋酸乙烯树脂、聚乙烯醇等,喷洒的设备主要采用固定管道式和喷洒车两种,喷洒剂浓度一般为 3% 的覆盖剂、喷洒量为贮煤量的 $(1.5～2.0)×10^{-5}$ 倍。当覆盖剂喷洒在料堆表面上时,能和粉煤凝固成具有一定厚度和一定强度及韧性的硬膜。此膜不仅能有效防止煤尘的逸出，还可防止雨水的冲刷，避免造成洗精煤的流失，还能起到防止煤的氧化和自燃的作用。

3. 除尘系统

在煤粉碎机上部的带式输送机头部和出料带式输送机的落料点附近安装吸尘罩，将集气后的含尘气体送袋式除尘器中进行除尘，净化后经风机、消声器、排气筒排入大气，回收下来的煤尘返回粉碎机后的运输带上与配合煤一起进入煤塔。转运站除尘系统如图7-28所示。

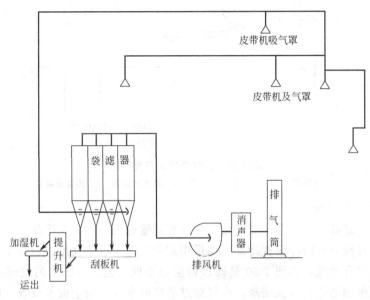

图 7-28 转运站除尘系统

4. 配煤槽顶部密封防尘

（1）采用自动开启的密封盖板　在槽顶部料口全长方向，安装两排铁盖板，一端相互搭接密封，另一端用铰链与土建基础固定成"人"字形，使用时铁盖板借助卸料车或移动式带式输送溜槽的犁头自动开启，犁头移过后，两块盖板自动复位闭合密封。

（2）胶带密封　将配煤槽开口大部分用可移动的宽胶带覆盖，仅留出卸料口，胶带随着可逆皮带的移动改变卸料口位置。

第四节　化产回收与精制的气体污染控制

一、回收车间污染气体控制

1. 冷凝鼓风工段放散气体的处理

在冷凝鼓风工段，有氨水分离器、焦油分离器以及各种贮槽的放散气体，气体中含有NH_3、H_2S、HCN 和 CO_2 等有害气体。放散气体被风机送入排气洗涤塔底部，与塔上部喷洒的清水逆流接触，能溶于水的有害气体被水吸收进入生化处理装置。洗净后的气体从塔顶排入大气。如图 7-29 为排气洗净处理装置。

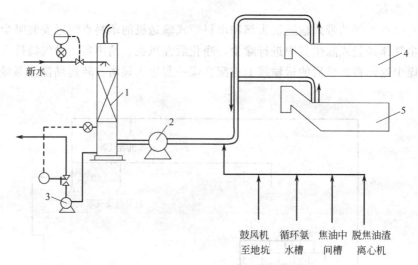

图 7-29　排气洗净装置流程图
1—洗净塔；2—通风机；3—水泵；4—氨水分离器；5—焦油分离器

2. 硫铵粉尘的处理

在硫铵生产过程中，结晶出的硫铵晶体经螺旋输送机送入干燥冷却器，用热空气使硫铵晶体干燥，并经管式间冷装置冷却，然后用皮带输送机运往仓库。硫铵干燥、输送过程产生的粉尘应进行处理，如图 7-30 是硫铵粉尘的处理工艺。含粉尘的废气进入文丘里洗涤器，与塔顶喷洒的清水并流接触。废气穿过器底的水封，粉尘被水吸收。废气再通过雾沫分离器经引风机排至大气。污水送至硫铵母液中。

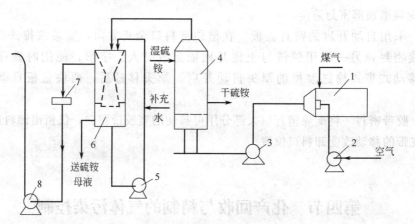

图 7-30　硫铵粉尘的处理
1—热风炉；2—燃烧风机；3—热风风机；4—干燥冷却器；5—洗涤泵；
6—文丘里管洗涤塔；7—雾沫分离器；8—引风机

3. 粗苯蒸馏工序放散气体处理

粗苯蒸馏工序放散气体的焚烧处理流程如图 7-31 所示。从粗苯产品管道上放散管以及油水分离器顶部放散管排出的废气（主要成分是 H_2S、HCN、NH_3 及残留的苯），利用本身塔底压力,被压入防止回火器,通过压力为 980Pa 的水封装置进入粗苯管式加热炉进行焚烧,产生的废气与加热炉的大量废气混合排放。

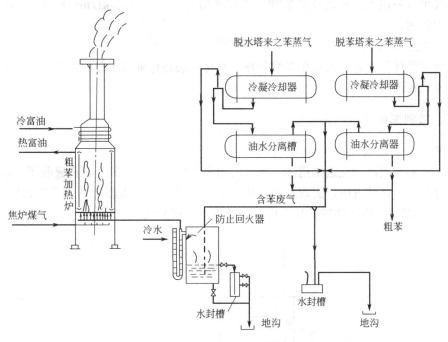

图 7-31　粗苯尾气焚烧处理流程图

4. 蒸氨工序废气的处理

如图 7-32 是氨气安全焚烧的流程图。在蒸氨工序中,由蒸氨塔顶排出的废气,主要含有 H_2S、HCN、NH_3 及少量烃类的水蒸气,经分缩器浓缩至含氨为 18%～20%,进入焚烧炉上部。在焚烧炉,送入煤气与低于理论量的一次空气,煤气在炉顶燃烧产生高温还原性烟气,温度高达 1000～1200℃。进入焚烧炉上部的氨在高温还原气氛中,通过催化剂层分解为 N_2 和 H_2,HCN 和烃类与水蒸气反应生成 N_2、CO 和 H_2。

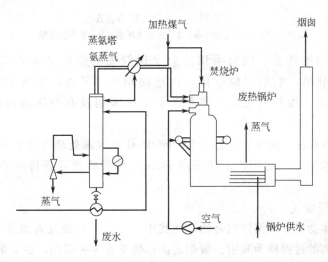

图 7-32　氨气完全焚烧流程

在催化剂层下通入二次空气，CO、H_2 完全燃烧，经焚烧炉出来的烟气，温度约 800℃，再经废热锅炉回收热量后，最后排入大气。

氨气也可采用不完全燃烧法处理，得到热值为 2520～2940kJ/m³ 的烟气可配入其他燃料气中使用。

5. 吡啶工序废气的处理

吡啶工段放散气体排入负压系统处理。具体方法是将吡啶工段的贮槽、吡啶中和器放散管与鼓风机前负压煤气管连接。

二、精制车间污染气体控制

1. 吸收法处理废气

（1）洗油吸收法 此法是用洗油在专门的吸收塔中回收苯族烃，将吸收了苯族烃的洗油，送至脱苯蒸馏装置中，提取粗苯，脱苯后的洗油冷却后重新回到吸收塔以吸收粗苯。如图 7-33 精萘排气洗净装置就是采用洗油吸收法处理废气。

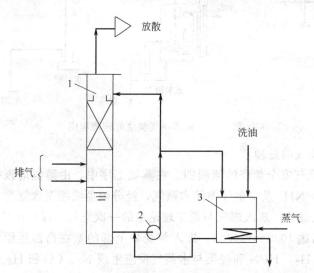

图 7-33　精萘排气洗净装置
1—填料式排气洗净塔；2—洗油循环泵；3—循环洗油槽

吸收液仍是焦油洗油，同时采用高效文氏管喷射器洗涤沥青烟气，如图 7-34。文氏管、洗涤净化塔、贮槽三位一体，占地面积小。另外，高效文氏管喷洒，具有足够的吸力和压头，维护方便，洗涤剂喷洒喷嘴采用具有特殊结构的喷心，喷洒断面实心。

（2）酸碱液吸收法 酚生产工序采用 NaOH 作吸收液处理排放的污染气体，图 7-35 为含酚气体净化系统。吡啶生产工序采用 H_2SO_4 作吸收液处理排放的污染气体，如图 7-36 所示。

2. 吸附法处理废气

用多孔性固体物质处理流体混合物，使其中所含的一种或几种组分浓集在固体表面，而与其他组分分离的过程称为吸附。吸附的固体物质称为吸附剂，被吸附的物质称为吸附质。常用的吸附剂有活性炭、硅胶及活性氧化铝等。

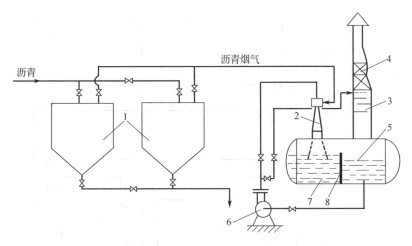

图 7-34 高效文氏管喷射器洗涤沥青烟气工艺流程图
1—沥青高置槽；2—高效文氏管；3—洗涤塔；4—捕雾层；5—洗涤油循环油槽；
6—循环油泵；7—洗涤油槽；8—油槽隔板

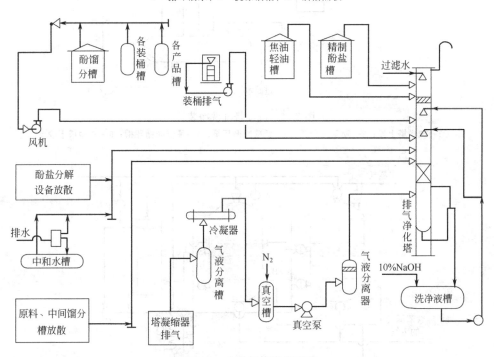

图 7-35 含酚气体净化系统

(1) 用吸附法处理苯类放散气体　图 7-37 为活性炭吸附回收苯的流程，该流程分为吸附、脱附（解吸）和再生三步。

含苯的废气进入吸附器（Ⅰ）进行吸附。此时在吸附器（Ⅱ）系统中，用作解吸剂的水蒸气进入吸附器（Ⅱ）进行脱附，脱附后的苯蒸气与水蒸气进入间接冷凝器 1，大部分水蒸气被冷凝后经分离器排出。在间接冷凝器 3 中继续将苯及剩余的水蒸气冷凝，冷凝的苯入贮槽，未冷凝的气体去燃烧。解吸后，对活性炭进行再生。在吸附器（Ⅰ）失效后，用吸附器（Ⅱ）吸附，吸附器（Ⅰ）按照上述流程进行再生，完成吸附器（Ⅰ）和吸附器（Ⅱ）轮换

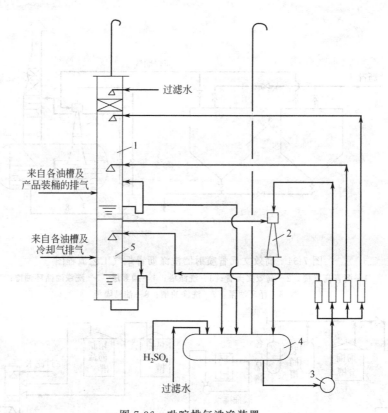

图 7-36　吡啶排气洗净装置
1—洗净塔上段；2—喷射混合器；3—稀硫酸循环泵；4—稀硫酸循环槽；5—洗净塔下段

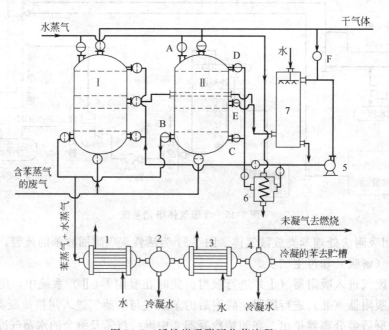

图 7-37　活性炭吸附回收苯流程
Ⅰ，Ⅱ—吸附器；1，3—间接冷凝器；2，4—气水分离器；5—风机；
6—预热器；7—直接冷凝器；A，B，C，D，E，F—阀门

操作。

(2) **吸附法处理沥青烟气**　在沸腾床、流动床或气力输送管中吸收沥青烟雾,可以用焦炭、氧化铝和活性白土等为吸附剂。现以焦炭为例,沥青烟气先经过喷雾冷却管,经初步净化后进入文氏管反应器,在反应器中与焦粉接触,而被吸附。尾气再进入布袋过滤器进一步净化,定期排出一部分吸附沥青后的焦粉,大部分焦粉返回系统循环使用。这种方法去除效率在95%以上。

3. 用冷凝和燃烧的方法处理废气

(1) **处理焦油工序的放散气体**　图7-38是焦油排气的冷凝和焚烧工艺。

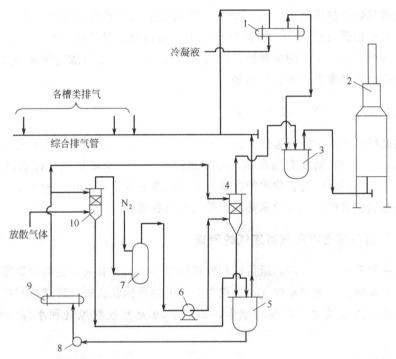

图7-38　焦油排气的冷凝和焚烧工艺
1—综合排气冷却器；2—焦油加热炉；3—排气密封槽；4—排气洗净塔；5—热洗油槽；
6—真空泵；7—真空槽；8—洗油泵；9—洗油冷却器；10—大气冷却器

(2) **焚烧法处理沥青烟气**　将沥青烟气在专用的焚烧炉中焚烧、热裂解,为破坏苯并[a]芘,通常需要较高的焚烧温度和较长的滞留时间,当温度为800～1000℃,滞留时间为3～13s时,苯并[a]芘的去除率可达99%,废气中苯并[a]芘的含量可降至20mg/m³以下。

4. 苯类产品贮槽

(1) **用氮气封闭苯类产品贮槽**　氮封技术是将一定数量、一定压力的氮气充满贮槽上部空间,使之覆盖在苯类产品的表面,这种方法的实施既能防止苯类挥发损失又能防止环境污染。

(2) **浮顶贮槽代替拱顶式贮槽**　苯类贮槽在进行呼吸和向槽内注油时,槽中的气层排入大气,造成产品损失和环境污染。油槽的呼吸作用是指由于白天气温上升或夜间气温下降,导致油槽的空间部分膨胀或收缩,引起内部气体进出的现象。浮顶槽没有空间部分,槽盖直接浮在槽内的油面上,随着油面一起上升或下降,防止轻质油蒸发,也就不存在采用拱顶槽因呼吸和注油引起的产品损失和环境污染。

第五节　气化过程的烟尘控制

一、气化过程控制煤气的泄漏

为控制煤气炉的加煤装置的煤气泄漏,常采用蒸气封堵设备活动部分,局部负压排风。平时,通过加强对设备的保养来控制气体泄漏污染。对于煤气炉开炉启动、热备鼓风、设备检修放空以及事故的放散操作造成的大气污染,由于放散气流量的大小多变和不连续性,目前国内基本上尚未进行治理。

二、煤气站循环冷却的废气治理

煤气站循环冷却水中的有害物质随着水分蒸气而逸出,逸出气体中的有害物质主要是酚、氰化物。这些有害物质飘逸在循环冷却水沉淀池、凉水塔周围,控制这样的有害气体,主要是降低循环水中有害物质的含量,其次是改进凉水塔设计。例如凉水塔塔顶设置更为有效的捕滴层来控制飘散的水雾及携带的有害物质。

三、吹风阶段排出吹风气时废气的治理

水煤气一般采用间歇生产,运行过程吹风阶段中吹出含有大量的烟尘和废气,还含有化学热和大量显热。在大型水煤气站均设置必要的热量回收装置,即燃烧蓄热室、废热锅炉,也设置离心式旋风除尘器控制烟尘,如图7-39是回收吹风气和水煤气显热的工艺流程。

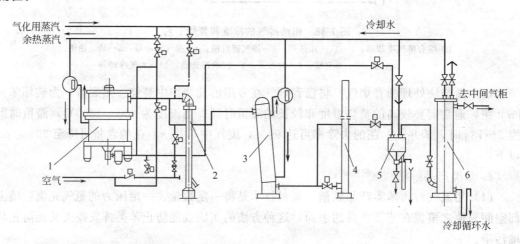

图7-39　回收吹风气和水煤气显热的工艺流程
1—水煤气炉；2—集尘器；3—废热锅炉；4—烟囱；5—洗气箱；6—洗涤塔

水煤气生产循环过程的吹风阶段,吹风气气流在旋风除尘器或冲击法集尘器分离出气流中的颗粒粉尘后,进入废热锅炉回收显热,再经旋风除尘器排入大气。制气阶段上吹制气时水煤气也经除尘器除尘,废热锅炉回收显热,再进入洗气箱,洗涤塔净化冷却,最后去中间气柜。水煤气站采用离心式除尘器收集吹风气的废气、烟尘是成功的。

四、改革气化的工艺和设备

① 采用高温气化工艺,如气流床和熔融床等。
② 提高煤气净化技术,如高温除尘和脱硫技术、甲醇洗技术等。

第八章 煤化工废液废渣的处理与利用

第一节 煤化工废液废渣的来源

一、焦化生产废液废渣的来源

焦化生产中的废液废渣主要来自回收与精制车间，有焦油渣、酸焦油（酸渣）和洗油再生残渣等。另外，生化脱酚工段有过剩的活性污泥，附带洗煤车间有矸石产生。炼焦车间基本不产生废渣，主要是熄焦池的焦粉。

1. 焦油渣

从焦炉逸出的荒煤气在集气管和初冷器冷却的条件下，高沸点的有机化合物被冷凝形成煤焦油，与此同时煤气中夹带的煤粉、半焦、石墨和灰分及清扫上升管和集气管带入的多孔性物质也混杂在煤焦油中，形成大小不等的团块，这些团块称为焦油渣。

焦油渣与焦油依靠重力的不同进行分离，在机械化澄清槽沉淀下来，机械化澄清槽内的刮板机，连续地排出焦油渣。因焦油渣与焦油的密度差小，粒度小，易同焦油黏附在一起，所以难以完全分离，从机械化澄清槽排出的焦油尚含 2%~8% 的焦油渣，焦油再用离心分离法处理，可使焦油除渣率达 90% 左右。

焦油渣的数量与煤料的水分、粉碎程度、无烟装煤的方法和装煤时间有关。一般焦油渣占炼焦干煤的 0.05%~0.07%，采用蒸汽喷射无烟装煤时，可达 0.19%~0.21%。采用预热煤炼焦时，焦油渣的数量更大，约为无烟装煤时的 2~5 倍，所以应采用强化清除焦油渣的设备。

焦油渣内的固定碳含量约为 60%，挥发分含量约为 33%，灰分约为 4%，气孔率 63%，密度为 1.27~1.3kg/L。

2. 酸焦油

（1）硫酸铵生产过程产生的酸焦油 当用硫酸吸收煤气中的氨以制取硫酸铵时，由于不饱和化合物的聚合和产生磺酸，以及从蒸氨塔来的酸性物质等各种杂质进入饱和器，在饱和器内产生酸焦油，酸焦油随同母液流到母液满流槽，再入母液贮槽，在母液贮槽中将其分离出来。

在硫酸铵生产过程产生的酸焦油的数量变动范围很大。通常取决于饱和器的母液温度和酸度，煤气中不饱和化合物和焦油雾的含量，硫酸的纯度和氨水中的杂质含量等。而煤气中焦油雾的含量，主要取决于煤气的冷却程度和电捕焦油器的工作效率。一般酸焦油的产率约占炼焦干煤质量的 0.013%。

在硫酸铵生产过程中产生的未经处理的酸焦油约含 50% 的母液，其中硫酸铵 46%，硫酸4%。另外酸焦油中还含有许多芳香族化合物（苯族烃、萘、蒽）、含氧化合物（酚、甲酚）、含硫化合物（噻吩）和含氮化合物（吡啶、氮杂萘、氮杂芴）等。

(2) 粗苯酸洗过程产生的酸焦油　苯、甲苯、二甲苯的混合馏分使用硫酸洗涤时，其中所含的不饱和化合物，在硫酸作用下，发生聚合反应。以异丁烯为例

$$(CH_3)_2C=CH_2 + HOSO_3H \longrightarrow (CH_3)_3COSO_3H$$
（异丁烯）　　　　　　　　　　　　　（酸式酯）

$$(CH_3)_2C=CH_2 + (CH_3)_3COSO_3H \longrightarrow (CH_3)_2C=CHC(CH_3)_3 + H_2SO_4$$
（异丁烯）　　　（酸式酯）　　　　　　　　（异丁烯二聚物）

生成的二聚物还可与酸式酯反应生成三聚物，连续进行聚合反应，生成更高聚合度的产物——树脂。酸焦油主要含有硫酸、磺酸、巯基乙酸、苯、甲苯、二甲苯、萘、蒽、酚、苯乙烯、茚、噻吩等物质。酸焦油的平均组成为硫酸15%~30%，苯族烃15%~30%，聚合物40%~60%。

由聚合物所形成的酸焦油的生成量和黏稠度与酸洗馏分的性质和操作条件有关。当混合馏分中二硫化碳含量较多时，酸焦油的生成量和黏稠度均增加；反之，酸焦油的生成量较少，且生成同酸和苯族烃易于分离的稀酸焦油。当二甲苯含量较高或混合分中加入了重苯时，所生成的聚合物可溶解于苯族烃中，不生成或生成很少量的酸焦油，表8-1是不同原料洗涤时酸焦油的生成量。

表8-1　不同原料洗涤时酸焦油的生成量

原　料	酸焦油生成量同原料之比 /%
未提取 CS_2 的混合分	8
苯、甲苯混合分	3~6
苯、甲苯、二甲苯混合物	0.5~3

由表8-1和酸焦油组成成分数据可看出，粗苯中的不饱和化合物，应尽量通过初馏的方法分离出去，再对苯、甲苯、二甲苯混合分进行酸洗净化，这样酸焦油的生成量就减少。

3. 再生酸

再生酸是在粗苯精制进行酸洗净化时产生的。在酸洗净化过程中所消耗的硫酸量不多，其中大部分可用加水洗涤产生再生酸的方法予以回收。回收过程是在酸洗反应进行完毕后，将一定量的水加入洗涤混合物中，进行混合，终止酸洗反应。混合物静止分层，上层为混合分、中层为酸焦油、最下层为再生酸。

再生酸是由未反应的硫酸、磺酸类、有机聚合物等组成的复杂混合物，一般含硫酸45%~50%，密度为1.350~1.405g/cm³（20℃），其中有机物含量可高达15%。

再生酸的回收量随原料组成和洗涤条件的不同而波动于65%~80%之间，在酸洗过程中，酸焦油生成得越少，酸的回收量越高。

4. 洗油再生残渣

洗油在循环使用过程中质量会变差。为保证循环洗油的质量，将循环洗油量的1%~2%由富油入塔前的管路或脱苯塔加料板下的一块塔板引入洗油再生器。用0.98~1.176MPa中压间接汽加热至160~180℃，并用直接蒸汽蒸吹。蒸出来的油气及水气

（155~175℃）从再生器顶部逸出后进入脱苯塔底部。再生器底部的黑色黏稠的油渣（残油）排至残渣槽。

洗油残渣是洗油的高沸点组分和一些缩聚产物的混合物。高沸点组分如芴、苊、萘、二甲基萘、α-甲基萘、四氢化萘、甲基苯乙烯、联亚苯基氧化物等。洗油中的各种不饱和化合物和硫化物，如苯乙烯、茚、古马隆及其同系物、环戊二烯和噻吩等可缩聚形成聚合物。

缩聚物生成数量由洗油加热温度、粗苯组成、油循环状况等因素而定，与送进洗苯塔的洗油量有关，一般占循环油的 0.12%~0.15%。聚合物的指标为密度 1.12~1.15g/cm³（50℃）、灰分 0.12%~2.40%、甲苯溶物 3.6%~4.5%、固体树脂产率 20%~60%。

5. 酚渣

酚渣是由粗酚在精制过程中产生的。在原料粗酚中除酚类化合物外，还含有一定量的水分、中性油和酚钠等杂质。粗酚精馏前需进行脱水和脱渣，脱渣塔底排出的二甲酚残渣与间、对甲酚塔底排出的残液一起流入脱渣釜，由脱渣釜排出酚渣。

酚渣是一种类似于焦油的黏稠状黑色混合物，密度为 1.2g/cm³。酚渣主要含有中性油、树脂状物质、游离碳和酚类化合物。酚类化合物主要是二甲酚、3-甲基-5-乙基酚、2,3,5-三甲基酚及萘酚等高级酚。酚渣的平均组成是：酚 65%，聚合物 25%，含氮化合物 <2%，盐 4%~5%，苯不溶物 14%。

6. 脱硫废液

用碳酸钠或氨作为碱源的各种湿法脱硫，如 ADA、塔卡哈克斯法等均产生一定量废液。废液主要是由副反应生成的各种盐。

ADA 法脱硫过程中，发生的主要反应是碱液吸收反应、氧化析硫反应、焦钒酸钠被氧化反应以及 ADA 和碱液再生反应。但是由于焦炉煤气中含有一定量的二氧化碳和少量的氰化氢及氧，所以在脱硫过程中还发生下列副反应：

煤气中二氧化碳与碱液反应

$$Na_2CO_3 + CO_2 + H_2O == 2NaHCO_3$$

煤气中氰化氢和氧参与反应

$$Na_2CO_3 + 2HCN == 2NaCN + H_2O + CO_2 \uparrow$$

$$NaCN + S == NaCNS$$

$$2NaHS + 2O_2 == Na_2S_2O_3 + H_2O$$

部分 $Na_2S_2O_3$ 被氧化为 Na_2SO_4

$$Na_2S_2O_3 + \frac{1}{2}O_2 == Na_2SO_4 + 2S \downarrow$$

氨型塔卡哈克斯法是以煤气中氨作为碱源，以 1,4-萘醌-2-磺酸铵作氧化催化剂。发生的主要反应有吸收反应，氧化反应和再生反应。生成的硫氢化铵和氰化铵在萘醌催化剂的作用下发生副反应生成 NH_4CNS、$(NH_4)_2S_2O_3$ 和 $(NH_4)_2SO_4$ 影响了吸收液。反应方程式如下：

$$NH_4HS + \frac{1}{2}O_2 == NH_3 \cdot H_2O + S$$

$$NH_4CN + S \Longrightarrow NH_4CNS$$
$$2NH_4HS + 2O_2 \Longrightarrow (NH_4)_2S_2O_3 + H_2O$$
$$NH_4HS + 2O_2 + NH_3 \cdot H_2O \Longrightarrow (NH_4)_2SO_4 + H_2O$$

7. 生化污泥

含酚污水的生化处理多用活性污泥法。污水进入曝气池内并曝晒24h左右，在好氧细菌作用下，对污水进行净化，污水曝气后进入二次沉淀池形成更多的污泥，部分污泥回流到曝气池，其余的就是剩余污泥，送污泥处理装置。

二、气化生产过程的废渣

煤的燃烧会产生大量的灰渣，全年煤灰渣量达几千万吨。其中仅有20％左右得到利用，大部分贮入堆灰场，不仅占用农田，还会污染水源和大气环境。同样，煤在气化炉中，在高温条件下与气化剂反应，煤中的有机物转化成气体燃料，而煤中的矿物质形成灰渣。灰渣是一种不均匀的金属氧化物的混合物，表8-2为某厂造气炉的灰渣组成。

表8-2 灰渣组成

氧化物	SiO_2	Al_2O_3	Fe_2O_3	CaO	MgO	其他	总量
组成/％	51.28	30.85	5.20	7.65	1.23	3.79	100

由于煤的气化方法很多，反应器类型不同，排灰的方式也不同，图8-1为3种气化排渣方式。

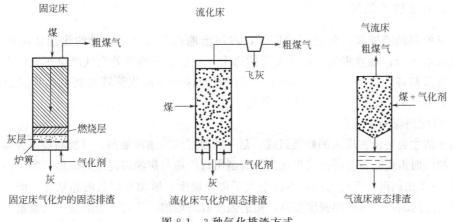

图8-1 3种气化排渣方式

1. 固定床气化排渣

(1) **固态排渣** 常压固定床气化炉一般使用块煤或煤焦为原料，筛分范围为6～50mm。气化原料由上部加料装入炉膛，整个料层由炉膛下部的炉栅（炉箅）支撑。气化剂自气化炉底部鼓入，煤或煤焦与气化剂在炉内进行逆向流动，经燃烧层后基本燃尽成为灰渣，灰渣与进入炉内的气化剂进行逆向热交换后自炉底排出。

(2) **加压液态排渣** 液态排渣气化炉为保证熔渣呈流动状态，使排渣口上部区域的温度高达1500℃。从排渣口落下的液渣，经渣箱上部增设的液渣急冷箱淬冷而形成渣粒。当渣粒在急冷箱内积聚到一定高度后，卸入渣箱内，定期排出。

液态灰渣经淬冷后成为洁净的黑色玻璃状颗粒，由于它的玻璃特性，化学活性极小，不存在环境污染问题，只是占用土地。

2. 流化床气化排渣

以温克勒气化炉为例，氧气（空气）和水蒸气作为气化剂自炉算下部供入，或由不同高度的喷嘴环输入炉中，通过调整气化介质的流速和组成来控制流化床温度不超过灰熔点。在气化炉中存在两种灰，一种灰是密度大于煤粒，沉积在流化床底部，由螺旋排灰机排出，在温克勒炉中，30%左右的灰分由床底排出；另一种是均匀分布并与煤的有机质聚生灰，与煤有机质聚生的矿物质构成灰的骨架，随着气化过程的进行骨架崩溃，富灰部分成为飞灰。其中总带有未气化的碳，并由气流从炉顶夹带而出。在气化炉中适当的高度引入二次气化剂，在接近于灰熔点的温度下操作，此时气流夹带而出的碳充分气化。产品气再经废热锅炉的冷却作用，使熔融灰粒在此重新固化。

3. 气流床气化排渣

气流床气化，一般将气化剂夹带着煤粉或煤浆，通过特殊喷嘴送入炉膛内。气流床采用很高的炉温，气化后剩余的灰分被熔化成液态，即为液渣排出。液渣经过气化炉的开口淋下在水浴中迅速冷却然后成为粒状固体排出。

第二节　焦化废渣的利用

一、焦油渣的利用

大量的焦油渣堆放在焦化厂的厂区，占用土地；下雨时，大量的焦油渣随雨水到处流，造成水污染；随着焦油渣的挥发分的逸出，使焦油渣堆放处空气严重污染。由于其成分中含有某些毒性物质，早在1976年，美国资源保护与回收管理条例就已确定焦油渣是工业有害废渣，因此应对焦油渣加以利用，变废为宝。

1. 回配到煤料中炼焦

焦油渣主要是由密度大的烃类组成，是一种很好的炼焦添加剂，可提高各单种煤胶质层指数。如山西焦化股份有限公司焦化二厂研制出将焦粉与焦油渣混配的炼焦方案，按焦粉与焦油渣 3∶1 比例混合进行炼焦，不仅增大了焦炭块度，增加装炉煤的黏结性，而且解决了焦油渣污染问题，焦炭抗碎强度提高，耐磨强度有所增加，达到一级冶金焦炭质量。

马鞍山钢铁公司焦化公司，在煤粉碎机后，送煤系统皮带通廊顶部开一个 0.5m×0.5m 的洞口，作为配焦油渣的输入口。利用焦油渣在 70℃ 时流动性较好的原理，用 12 只（1700mm×1500mm×900mm）带夹套一侧有排渣口的渣箱，采用低压蒸汽加热夹套中的水，间接地将渣箱内焦油渣加热，使焦油渣在初始阶段能自流到粉碎机后皮带上。后期采用台车式螺旋卸料机辅助卸料，使焦油渣均匀地输送到炼焦用煤的皮带机上，通过皮带送到煤塔回到焦炉炼焦。

2. 作为煤料成型的黏结剂

焦油渣可作为黏结剂，在电池用的电极生产中采用。

3. 作燃料使用

一些焦化厂的焦油渣无偿或以极低的价格运往郊区农村,作为土窑燃料使用,但热效率较低。通过添加降黏剂降低焦油渣黏度并溶解其中的沥青质,若采用研磨设备降低其中焦粉、煤粉等固体物的粒度,添加稳定分散剂避免油水分离及油泥沉淀等,达到泵送应用要求,可使之具有良好的燃烧性能的工业燃料油。

图 8-2 是焦油渣和焦油(降黏剂)制备燃料混合物的流程图。首先焦油渣用提升机从料斗撒在接收槽的筛条上,接收槽用隔热层保温。闸板保证焦油渣从接收槽均匀地通过螺旋给料器供入球磨机内。从球磨机出来的已粉碎的焦油渣进入中间槽,然后用齿轮泵将焦油渣粉通过调节系统和过滤器送入管道,在管道内主要的燃料是焦油,经球磨机粉碎的焦油渣与焦油混合送入燃烧炉燃烧。焦油渣燃料油应燃烧稳定完全、燃烧温度高、雾化效果好、无断流及烧嘴堵塞现象。

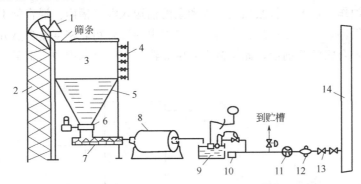

图 8-2 焦油渣和焦油制备燃料混合物的流程
1—料斗;2—提升机;3—接收槽;4—排氨水开闭器;5—隔热层;6—闸板;7—螺旋给料机;
8—球磨机;9—中间贮槽;10—齿轮泵;11,13—调节系统;12—过滤器;14—管道

二、酸焦油的利用

1. 硫铵生产过程产生的酸焦油的回收

图 8-3 是硫铵工段酸焦油回收装置。由满流槽溢流出的酸焦油和母液进入分离槽,

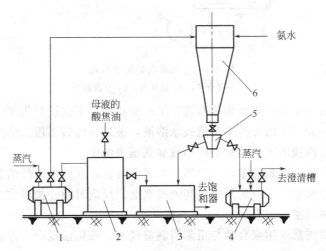

图 8-3 酸焦油洗涤回收装置
1—酸焦油槽;2—分离槽;3—母液贮槽;4—焦油槽;5—窥镜;6—洗涤器

在此将母液与酸焦油分离。母液自流至母液贮槽，酸焦油则经溢流挡板流入酸焦油槽。用直接蒸汽将酸焦油压入洗涤器，用来自蒸氨塔前的剩余氨水进行洗涤，然后静置分层。下层经中和的焦油放入焦油槽，用蒸汽压送至机械化氨水澄清槽。上层氨水放至母液贮槽。

此法的优点是：①该工艺对焦油质量影响不大。②洗涤器内温度保持在90～100℃，不会发生乳化现象。③洗涤后的氨水含有30～35g/L的硫铵得到回收。缺点是氨水带入母液系统的杂质影响硫铵的质量。

2. 粗苯酸洗产生的酸焦油的利用

（1）回收苯 酸焦油回收苯的整个处理工艺包括三种装置，分别是萃取装置、中和装置和溶剂再生装置。萃取装置是由混合槽、循环泵和分离器组成。工艺过程如图8-4所示。采用杂酚油作萃取剂，将酸焦油、水和杂酚油送入混合槽内。混合物不断用循环泵抽出来，一部分循环，一部分送到分离器。分离器中的混合物靠密度差自然分层，上层是溶解了酸焦油中聚合物的溶剂层，此层被引入中和器，用浓氨水中和。下层是略带色、不含有机物质的酸。

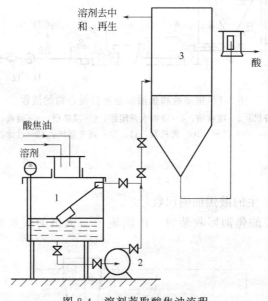

图8-4 溶剂萃取酸焦油流程
1—混合槽；2—循环泵；3—分离器

采用杂酚油溶剂萃取法处理粗苯酸洗产生的酸焦油，不仅使酸焦油中的硫酸与聚合物分离，同时由中和器放出的分离水为硫铵水溶液，被送往硫铵工段。溶剂送去再生回收苯和杂酚油。再生釜内残渣可作燃料油使用或加到粗焦油中。

（2）制取减水剂 酸焦油中的磺化物具有表面活性，在残余硫酸的催化作用下，酸焦油与甲醛发生缩合反应，可合成混凝土高效减水剂。反应时间、加料方式和甲醛加入量是影响减水剂减水率的主要因素。

（3）制取石油树脂 用混合苯与粗苯精制釜残液、酸焦油混合，在催化剂的作用下聚合可得石油树脂。

3. 集中处理硫铵生产和粗苯酸洗过程产生的酸焦油

(1) 直接混配法 即直接掺入配煤中炼焦,酸焦油配入量主要是根据精制车间酸焦油的产量来决定的,大约在 0.3%。在炼焦煤中添加酸焦油可使煤堆密度增大,焦炭产量增加,焦炭强度有不同程度改善,尤其焦炭耐磨指标 M_{10}、焦炭反应性及反应后强度改善较为明显。酸焦油对炼焦煤的结焦性和黏结性有一定的不利影响,同时高浓度酸焦油对炉墙硅砖有一定的侵蚀作用。

(2) 中和混配法 先用剩余氨水中和,再与煤焦油和沥青等混配成燃料油或制取沥青漆的原料油。

三、再生酸的利用

国外大多是将再生酸送往硫铵工段生产硫铵,但由于再生酸中含有大量的杂质,引起饱和器母液起泡和粥化,破坏饱和器的正常工作,同时也使所生产的硫铵质量下降,颗粒变细、颜色变黑。国内一些单位对精苯再生酸的净化与利用进行了大量的研究,但至今为止尚未研究出一种经济上合理、技术上可行的方法,仍停留在实验室和工业性试验阶段。归纳起来有喷烧法、合成聚合硫酸铁法、萃取吸附法、热聚合法等。

1. 焙烧炉喷烧法

在生产硫酸的装置上,用再生酸代替部分工业水向焙烧炉内喷洒,在 850~950℃ 的高温下,再生酸中的有机物氧化生成 CO_2、H_2O 和 CO,再生酸中的硫酸则生成 SO_3 和 H_2O,再用接触法吸收 SO_3,制得浓硫酸。但此法仅限于有硫酸生产车间的焦化厂考虑。

2. 合成聚合硫酸铁 (PFS)

聚合硫酸铁是优良的无机高分子絮凝剂,目前广泛地用于工业水和生活用水的处理。其合成方法是以硫酸和硫酸亚铁为原料,经氧化、水解和聚合反应制成。

首先将精苯再生酸与废铁屑按一定比例混合,于 80℃ 左右温度下反应 4~5h。然后趁热减压过滤,滤液快速冷却至室温,待硫酸亚铁结晶充分析出后再一次进行减压过滤,得到硫酸亚铁。合成的硫酸亚铁与硫酸(分析纯)物质的量比为 1:0.4,将反应液酸度控制在一定范围内,分批加入催化剂 $NaNO_2$ 和助催化剂 NaI,在加热搅拌下通入氧气反应。当反应温度 50℃,催化剂 $NaNO_2$ 的投入量为 1.6%,助催化剂 NaI 的投入量为 0.4% 时,反应时间为 4h。

3. 萃取-吸附法净化再生酸

首先采用合适的萃取剂将再生酸中的有机物萃取出来,通常使用的萃取剂多为焦化厂的副产品,一般有洗油、酚油、脱酚酚油、粗酚、二混酚、二甲苯残油、重苯溶剂油等。然后用活性炭对萃取后得到的再生酸进行脱色处理。

4. 外掺沉淀吸附法

用一种价格低廉的外掺剂加入到再生酸中(1:25 体积比),在 20℃ 的温度下,搅拌反应 3h,外掺剂与再生酸中的有机物反应生成沉淀,过滤后滤液为红色透明液体,滤渣为褐色粒状物。然后再将滤液用活性炭吸附脱色,净化后的再生酸的 COD 值去除率可达 80%~86% 以上。净化后再生酸的硫酸含量基本不变,仍为 40%~60%,可作为生产一些化工产品的原料,如聚合硫酸铁、硫酸亚铁、硫酸铜、硫酸锌、氧化铁黑、氧化铁红等,也可用于饱和器生产硫铵及钢材的清洗,如减压蒸馏浓缩至 93% 左右,可重新用于精苯的酸洗精制。

四、洗油再生残渣的利用

1. 掺入焦油中或配制混合油

洗油再生残渣通常配到焦油中。洗油再生残渣也可与蒽油或焦油混合,生产混合油,作为生产炭黑的原料。

2. 生产苯乙烯-茚树脂

残油生产苯乙烯-茚树脂可以通过在间歇式釜或连续式管式炉中加热和蒸馏的途径实现,图 8-5 是苯乙烯-茚树脂生产工艺流程。

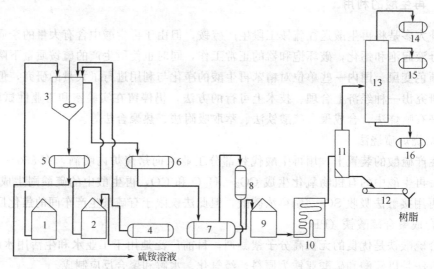

图 8-5 苯乙烯-茚树脂生产工艺流程
1,2,9—贮槽;3—脱灰设备;4—容槽;5,14,15,16—容器;6—中间槽;7—蒸馏釜;
8—冷凝冷却器;10—管式炉;11—蒸发器;12—运输带;13—精馏塔

来自贮槽 1 的残油和来自贮槽 2 的溶剂油稀释剂按 1∶1 的比例送入带有搅拌与加热的设备 3。残油用来自容槽 4 的硫酸铵水溶液进行处理脱灰。在 60~80℃ 下混合,经过处理的洗涤液在沉淀后收集在容器 5。从容器或直接送至回收车间硫铵工段,析出硫铵,或送去再生硫酸。净化过的残油溶液经过中间槽 6 至蒸馏釜 7 用以蒸出溶剂,溶剂在冷凝冷却器 8 中冷却以后回至净化循环系统。除去溶剂的残油收集于贮槽 9,再送往用焦炉煤气加热的管式炉 10,残油加热至所需温度,进入蒸发器 11,通过相分离分成蒸气相和液相,液相为苯乙烯-茚树脂,从蒸发器底部送到运输带 12 上,在带上进行固化与冷却,再经过料斗装袋。馏出液蒸气从蒸发器 11 进入精馏塔,在冷凝冷却以后分别收集于容器 14、15、16。

从粗苯工段聚合物制取苯乙烯-茚树脂的过程原则上与残油加工一样,可以在同样的设备中进行。在实际生产中,也可利用残油和聚合物的混合物生产苯乙烯-茚树脂。制得的苯乙烯-茚树脂可作为橡胶混合体软化剂,加入橡胶后可以改善其强度、塑性及相对延伸性,同时也减缓其老化作用。

五、酚渣的利用

酚渣由间歇釜排放时,温度高达 190℃ 左右,烟气扩散,污染非常严重。采用图 8-6

所示的工艺流程可使酚渣在密闭状态得到处理和利用。首先将酚渣放入沥青槽中，按 1：1 的混合比，由管道配入约 130℃软沥青，经循环泵搅拌均匀，再送回软沥青槽中，混合后的温度为 103～105℃，酚渣再送去焦油蒸馏工段。

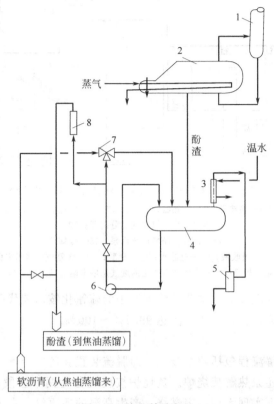

图 8-6　酚渣利用流程
1—酚间歇蒸馏塔；2—间歇釜；3—排气冷却器；4—沥青槽；5—排气凝液罐；6—循环泵；7—三通阀；8—流量计

酚渣可以用来生产黑色石炭酸，也可作溶剂净化再生酸。

六、脱硫废液处理

1. 希罗哈克斯（湿式氧化法）

该法的工艺流程如图 8-7 所示，由塔卡哈克斯装置来的吸收液被送入希罗哈克斯装置的废液原料槽 1，再往槽内加入过滤水、液氨和硝酸，经过调配使吸收液组成达到一定的要求。用原料泵将原料槽中的混合液升压到 9.0MPa，另混入 9.0MPa 的压缩空气，一起进入换热器并与来自反应塔顶的蒸汽换热，加热器采用高压蒸汽加热到 200℃以上，然后进入反应塔。反应塔内，温度控制在 273～275℃，压力是 7.0～7.5MPa 时，吸收液中的含硫组分反应生成 H_2SO_4 和 $(NH_4)_2SO_4$。

从反应塔顶部排出的废气，温度为 265～270℃，主要含有 N_2、O_2、NH_3、CO_2 和大量的水蒸气，利用废气作热源，给硫酸液加热，经换热器后成为气液混合物，被送入第一气液分离器。进行分离后，冷凝液经冷却器和第二气液分离器再送入塔卡哈克斯装置的脱硫塔，作补给水。废气进入洗净塔，经冷却水直接冷却洗净，除去废气中的酸雾等杂质，再送入塔卡哈克斯装置的第一、第二洗净塔，与再生塔废气混合处理。经氧化反应后的脱硫液即硫铵母液,从反应塔断塔板处抽出,氧化液经冷却器冷却后进入氧化液槽,然后再用泵送往硫铵母液循环槽。

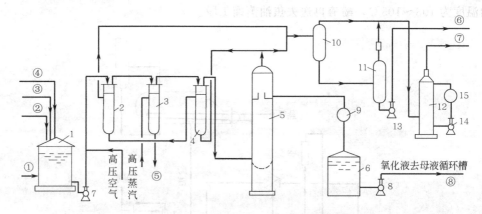

图 8-7　希罗哈克斯湿式氧化法处理废液工艺流程

1—废液原料槽；2,4—换热器；3—加热器；5—反应塔；6—氧化液槽；7—原料泵；8—氧化液；
9—冷却器；10—第一气液分离器；11—第二气液分离器；12—排气洗净塔；13—冷凝液泵；
14—排气洗净塔循环水泵；15—冷却器

①—由塔卡哈克斯装置来的吸收液；②—过滤水；③—硝酸；④—液氨或由蒸氨来的浓氨水；⑤—冷凝水；
⑥—冷凝液去塔卡哈克斯装置；⑦—由洗净塔排出的废气送塔卡哈克斯装置；⑧—氧化液去母液循环槽

采用湿式氧化法处理废液,主要是使废液中的硫氰化铵、硫代硫酸铵和硫磺氧化成硫铵和硫酸,无二次污染,转化分解率高达 99.5%～100%。

2. 还原热解法

脱硫废液还原分解流程包括两个装置,即脱硫装置和还原分解装置。该法的主要设备是还原分解装置中的还原热解焚烧炉。焚烧炉按机理分为两个区段,炉上部装有燃烧器,它能在理论空气量以下实现无烟稳定燃烧,产生高温的还原气。在上部以下的区段,把废液蒸气雾化或机械雾化喷入炉膛火焰中,在还原条件下分解惰性盐。燃烧产生的废气通过碱液回收槽的液封回收碱,余下的不凝气体经冷却后进入废气吸收器,H_2S 被回收。

还原热解法处理废液的反应原理如下:

$$Na_2SO_4 + 2H_2 + 2CO \longrightarrow Na_2CO_3 + H_2S + H_2O + CO_2$$

$$Na_2SO_4 + 4H_2 \longrightarrow Na_2S + 4H_2O$$

$$Na_2SO_4 + 3H_2 + CO \longrightarrow Na_2CO_3 + H_2S + 2H_2O$$

$$Na_2S_2O_3 + H_2 + 3CO \longrightarrow Na_2S + H_2S + 3CO_2$$

3. 焚烧法

以碳酸钠为碱源,苦味酸作催化剂的脱硫脱氰方法,部分脱硫废液经浓缩后送入焚烧炉进行焚烧,使废液中的 $NaCNS$、$Na_2S_2O_3$ 重新生成碳酸钠,供脱硫脱氰循环使用,从而可减少新碱源的添加量。

七、污泥的资源化

中国每年产生的污泥量约 420 万吨,折合含水 80% 的污泥为 2100 万吨。随着城市污水处理普及率逐年提高,污泥量也以每年 15% 以上的速度增长。近几年来,世界各国污泥处理技术,已从原来的单纯处理处置逐渐向污泥有效利用,实现资源化方向发展,下面介绍几种污泥的资源化。

1. 污泥的堆肥化

（1）污泥堆肥的一般工艺流程　主要分为前处理、一次发酵、二次发酵和后处理四个过程。

（2）新堆肥技术　日本札幌市在实际使用污泥堆肥时，为了防止污泥的粉末化而使一部分不能使用，目前采取在堆肥中加水使污泥有一定粒度，再使其干燥成为粒状肥料并在市场上销售。还利用富含 N 和 P 的剩余活性污泥的特点，把含钾丰富的稻壳灰加在污泥中混合得到成分平衡的优质堆肥。

2. 污泥的建材化

（1）生态水泥　近年来，日本利用污泥焚烧灰和下水道污泥为原料生产水泥获得成功，用这种原料生产的水泥叫"生态水泥"。污泥作为生产水泥原料时，含量不得超过 5%，一般情况下，污泥焚烧后的灰分成分与黏土成分接近，因此可替代黏土作原料，利用污泥作原料生产水泥时，必须确保生产出符合国家标准的水泥熟料。

目前，生态水泥主要用作地基的增强固化材料——素混凝土。此外，也应用于水泥刨花板、水泥纤维板以及道路铺装混凝土、大坝混凝土、消波砌块、鱼礁等海洋混凝土制品。

（2）轻质陶粒　有研究报道，污泥与粉煤灰混合烧结制陶粒，每生产 $1m^3$ 陶粒可处理含水率 80% 的污泥 0.24t（折成干泥 0.048t）。可以大量"干净"地处理污泥和粉煤灰，处理成本也大大低于焚烧处理。轻质陶粒一般可作路基材料、混凝土骨料或花卉覆盖材料使用。图 8-8 为利用污泥制轻质陶粒烧结工艺流程。

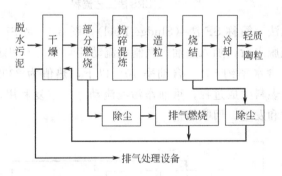

图 8-8　污泥制轻质陶粒烧结工艺流程

（3）其他用途　污泥可用来制熔融材料、微晶玻璃、制砖和纤维板材等。

3. 污泥的能源化技术

污泥能源化技术是一种适合处理所有污泥，能利用污泥中有效成分，实现减量化、无害化、稳定化和资源化的污泥处理技术。一般将污泥干燥后作燃料，不能获得能量效益。现采用多效蒸发法制污泥燃料可回收能量。下面介绍两种方法。

（1）污泥能量回收系统　简称 HERS 法（Hyperion Energy Recovery System），图 8-9 是 HERS 法工艺流程。此法是将剩余活性污泥和初沉池污泥分别进行厌氧消化，产生的消化气经过脱硫后，用作发电的燃料，一般每立方米消化气流可发 $2kW \cdot h$ 的电能。再将消化污泥混合并经离心脱水至含水率 80%，加入轻溶剂油，使其变成流动性浆液，送入四效蒸发器蒸发，然后经过脱轻油，变成含水率2.6%，含油率0.15%的污泥燃料，污泥燃料燃烧产生的蒸汽一部分用来蒸发干燥污泥，多余的蒸汽用于发电。

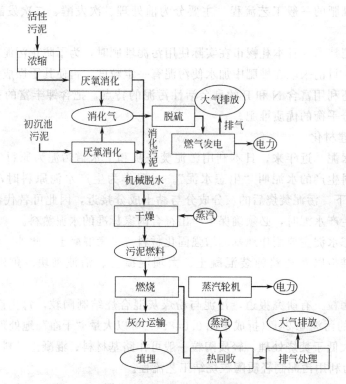

图8-9 HERS法工艺流程

（2）污泥燃料化法 简称SF法（Sludge Fuel），图8-10是SF法工艺流程，此法是将生化污泥经过机械脱水后，加入重油，调制成流动性浆液送入四效蒸发器蒸发，再经过脱油，此时污泥成为含水率约5%、含油率10%以下，热值为23027kJ/kg的干燥污泥，可作为燃料。在污泥燃料生成过程，重油作污泥流动介质重复利用，污泥燃料产生蒸汽，作为干燥污泥的热源和发电，回收能量。

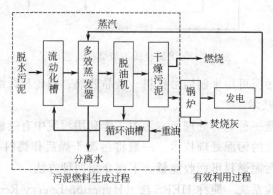

图8-10 SF法工艺流程

4. 剩余污泥制可降解塑料技术

1974年有人从活性污泥中提取到聚羟基烷酸（PHA），聚羟基烷酸是许多原核生物在不平衡生长条件下合成的胞内能量和碳源贮藏性物质,是一类可完全生物降解、具有良好加工性能和广阔应用前景的新型热塑材料。它可作为化学合成塑料的理想替代品,已成为微生物工程学研究的热点。

焦化厂一般将生化处理排出的剩余污泥和混凝处理的沉淀污泥进行浓缩,使污泥含水98.5%,再经污泥脱水机脱水,成为含水80%左右的泥饼,将此泥饼送到备煤车间,配入煤中炼焦。因泥饼中含有大量的污染物,如苯并[a]芘约达87mg/kg。如果泥饼用来作土地还原或作填埋,会造成二次污染。

第三节 气化废渣的利用

一、筑路

用炉渣灰加以适量的石灰(氧化钙)拌和后,可作为底料筑路,目前这种工艺虽已被采用,但由于在使用中拌和的不够均匀,降低了使用效果。

二、用于循环流化床燃烧

气化炉排出的灰渣残碳量都较高,如某化肥厂的德士古气化炉渣含碳在25%左右,灰渣尚有很高的热量利用价值。以煤气化炉渣掺和无烟煤屑作为燃料,使用循环流化床锅炉燃烧,既可充分利用炉渣中残余的有效可燃物,节约能源,又可解决炉渣的环境污染问题。

三、建材

1. 灰渣用于制砖

上海振苏砖瓦厂生产烧结黏土空心砖,是利用上海杨浦煤气厂、上海焦化厂等厂的灰渣和焦粉作为内燃料,表8-3为所用灰渣和焦粉性能指标。图8-11是上海市振苏砖瓦厂的生产流程。该空心砖曾用于上海希尔顿饭店、宝钢工程等上海市的一些重点工程。

表8-3 灰渣和焦粉性能指标

品 种	含水率/%	固定碳/%	发热量/(kJ/kg)	
			干 样	湿 样
炉渣	10	19.35	6646	5983
焦粉	12	66.75	22936	20183

利用煤矸石和粉煤灰也可制砖,30%~40%的煤矸石经粉碎磨细至4900孔/cm^2,筛上剩余不大于10%,加入60%~70%粉煤灰,在箱式给料机进行配料,再经过对辊压碾轮、搅拌、压砖机成型、干燥、轮窑焙烧后成品出库。粉煤灰烧结砖质量轻、抗碎性能好,是一种好的建筑材料。但半成品早期强度低,在人工运输和入窑阶段易于脱棱断角,影响产品外观,烧结温度不能波动太大。

2. 用灰渣作骨料

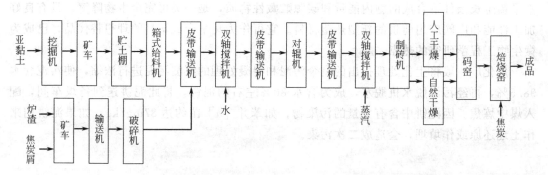

图 8-11　上海振苏砖瓦厂的生产流程

灰渣由于密度较小，可作为轻骨料使用。北京、武汉等地用灰渣做蒸养粉煤灰砖骨料。上海、苏南等地用灰渣作为硅酸盐砌块的骨料。四川、河南等地用灰渣代替石子生产灰渣小砌块。图 8-12 是粉煤灰空心砌块生产工艺流程。

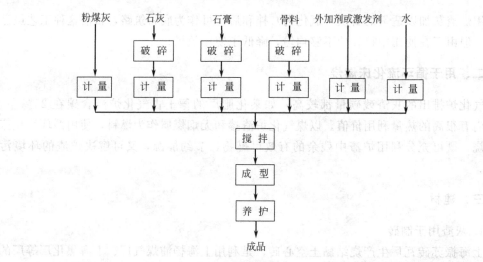

图 8-12　粉煤灰空心砌块生产工艺流程

利用灰渣还可制成灰渣陶粒，灰渣陶粒作为骨料具有质量轻，隔热性能好，降低墙体自重，减少建筑物能耗的优点。灰渣陶粒是用粉煤灰（79%～83%）加黏土（13%～15%）及少量燃料（4%～6%）混合制成球形，经过高温焙烧而获得产品。产品制成对原料有一定要求，粉煤灰细度在 4900 孔/cm^2，筛上剩余量小于 40%，黏土细度为筛余 7%以下，燃料可用无烟煤或粉焦，细度为筛余 50%以下。

陶粒灰混凝土主要用粉煤灰陶粒、砂、水泥配制，配比为水泥∶砂∶陶粒＝1∶(2.09～3)∶(2.09～3)。这种混凝土制成的构件可用于 6m 跨度的各种楼板和梁，经实际使用和检验，它在承载能力、变形、裂缝等方面均能满足建筑设计要求。

3. 用灰渣制取水泥

根据灰渣经历温度的不同，灰渣可分为以下三类。

第一类灰渣经历 1000℃左右的燃烧，其中的氧化物结晶水已去除，$CaCO_3$ 已分解为 CaO 和 CO_2，但矿石成分的晶体结构几乎没有变动，灰渣表面熔化约为 20%。因此，这一类灰渣的活性差,只能用于铺路制砖或低标准的混凝土掺和料,不能用作水泥原料。

第二类灰渣经历1100~1400℃的燃烧,这一类灰渣结晶水已去除,矿石大部分已熔化,飞灰粒度与水泥相同,但与$Ca(OH)_2$的反应相当缓慢,要经过较长时间的硬化后才具有较高的强度。在某些情况下可部分用作水泥原料。例如山东泰安水泥厂利用化肥厂造气炉渣代替部分黏土配料,生产水泥,取得较好的成效。该厂的配比方案见表8-4。

表8-4 造气炉渣水泥配比方案

组　分	石灰石	黏　土	炉　渣	铁　粉	无烟煤	萤　石
配比/%	69.14	9.0	6.0	3.24	11.57	1.05

该方法的优点主要体现在以下两个方面。

(1) 提高了熟料质量　使用炉渣后,由于炉渣带入了较多的Al_2O_3,使得熟料中铝的含量增加,提高了水泥熟料的强度,特别是早期强度提高幅度更大。

(2) 节约能源,主要是节煤　由于造气炉渣中常含有一部分未燃尽的煤,有一定的发热量,它既是一种原料,又是一种低热值的骨料,用这种炉渣配料,就可以减少无烟煤的配入量,从而达到节煤的目的。

第三类灰渣经历1500~1700℃的燃烧,全部矿石均熔化,飞尘粒度比水泥更细,比表面积约为$5000cm^2/g$。这一类灰渣和$Ca(OH)_2$反应较好,活性较高,可用作水泥原料。如粉煤灰经历了1500~1700℃的燃烧,它可作为火山灰质混合物,与水泥熟料混合磨细后制成粉煤灰水泥。图8-13为粉煤灰水泥生产工艺。

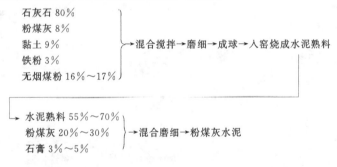

图8-13　粉煤灰水泥生产工艺

四、化工

由于炉渣灰中含有55%~65%的二氧化硅,所以可用作橡胶、塑料、油漆(深色)、涂料(深色)以及黏合剂的填料。炉渣灰中又含有三氧化二铝,因此用炉渣灰制备的填料,有强渗透性,可以高充填,能在被充填的物料中起润滑作用,具有分布均匀、吃粉快、混炼时间短、粉尘少、表面光滑等特点。由于二氧化硅中的硅氧键断裂能高达452kJ/mol,所以具有较好的阻燃性能和较宽的湿度适性,因而可以广泛地应用在橡胶制品中,取代碳酸钙、陶土、普通炭黑、半补强炭黑、耐磨炭黑等传统填料。

五、轻金属

目前国内已有生产硅铝粉的厂家。经分析炉渣灰中三氧化二铝最高含量达35%,一般也在20%左右。二氧化钛在0.5%~1.5%。因此，用炉渣灰生产硅钛氧化铝粉，具有化学元素基础。可进一步加适量氧化铝粉进行混合电解生产硅钛铝合金。过去传统工艺生产是用铝、硅钛混合熔炼法生产硅钛铝合金。由于钛的稀有短缺，价格昂贵，使这一合金的发展受到限制，用此新工艺生产硅铁铝合金，不但可综合利用废物——炉渣灰，生产工艺简便，产品生产成本低，而且具有较高的经济效益。

第三篇
煤化工职业卫生

职业卫生（也称工业卫生或劳动卫生）是识别和评价生产中的有害因素对劳动者健康的影响，提出改善劳动条件，预防、控制和消除职业病危害，达到防治职业病的目的。在煤化工生产中，存在着毒物、粉尘、噪声、高温等许多威胁职工健康、使劳动者发生慢性病或职业中毒的因素，因此在生产过程中必须加强防护措施，改善职工的操作环境，保证安全生产。从事煤化工生产的职工，应该掌握相关的职业卫生基本知识，自觉地避免或减少在生产环境中受到伤害。

第三篇
煤化工职业卫生

第九章 煤化工职业危害与防护

第一节 毒物的危害与防护

煤化工生产过程中产生许多有毒物质，炼焦过程的装煤及推焦操作、炉顶与炉门的泄漏等排放出苯并[a]芘、SO_2、NO_x、H_2S、CO、NH_3 等毒物，焦炉煤气经燃烧后产生的废气由烟囱排出，其中含有 SO_2、NO_x、CO 等毒物。

由于这些物质都具有一定的毒性，浸入人体，会引起中毒。轻则头晕、恶心、乏力，重则神智昏迷甚至死亡。由于各焦化厂生产条件所限，有些工段工人长期处于亚毒性环境，所以防毒安全在煤化工生产中具有十分重要的地位。

一、职业中毒分类及特点

1. 职业中毒分类

(1) 急性中毒 是指一个工作日或更短的时间内接触了高浓度毒物所引起的中毒。急性中毒发病很急，变化较快，多数是由于生产中发生意外事故而引起的，如果抢救不及时或治疗不当，易造成死亡或留有后遗症。

(2) 慢性中毒 是指长时期不断接触某种较低浓度工业毒物所引起的中毒。慢性中毒发病慢，病程进展迟缓，初期病情较轻，与一般疾病难以区别，容易误诊。如果诊断不当，治疗不及时，会发展成严重的慢性中毒。

(3) 亚急性中毒 是指介于急性和慢性中毒之间的职业中毒。一般是指接触工业毒物时间为一个月至六个月，发病比急性中毒缓慢一些，但病程进展比慢性中毒快得多，病情较重。

(4) 亚临床型职业中毒 是指工业毒物在人体内蓄积至一定量，对机体产生了一定损害，但在临床表现上尚无明显症状和阳性体征，称为亚临床型职业中毒。它是职业中毒发病的前期，在此期间若能及时发现，与毒物脱离接触，并进行适当疗养和治疗，可以不发病且很快恢复正常。

2. 职业中毒特点

职业中毒是指中毒者有明确的工业毒物职业接触史，包括接触毒物的工种、工龄以及接触种类和方式等，都是有案可及的。职业中毒具有群发性的特点，即同车间同工种的工人接触某种工业毒物，若有人发现中毒，则可能会有多人发生中毒。职业中毒症状有特异性，毒物会有选择地作用于某系统或器官，出现典型的系统症状。

一般急性中毒属于安全技术范畴，其余中毒则属职业卫生管理。防止急性中毒引起的伤亡事故是煤化工安全生产的主要任务。

二、常见毒物性质及危害

1. 硫化氢（H_2S）

（1）理化性质　硫化氢是无色透明的气体，具有臭鸡蛋味。密度为空气的1.19倍，溶于水、乙醇、甘油、石油溶剂。在地表面或低凹处空间积聚，不易飘散。硫化氢的化学性质不稳定，在空气中容易燃烧，燃烧时火焰呈蓝色。它能使银、铜及金属制品表面发黑，与许多金属离子作用，生成不溶于水或酸的硫化物沉淀。

（2）危害　硫化氢属Ⅱ级毒物，车间空气中硫化氢的最高容许浓度为$10mg/m^3$。硫化氢是强烈的神经毒物，对黏膜有明显的刺激作用，其中毒表现如下。

① 轻度中毒。有畏光流泪、眼刺痛、流涕、鼻及咽喉灼热感，数小时或数天后自愈。

② 中度中毒。出现头痛、头晕、乏力、呕吐、运动失调等中枢神经系统症状，同时有喉痒、咳嗽、视觉模糊、角膜水肿等刺激症状。经治疗可很快痊愈。

③ 重度中毒。表现为骚动、抽搐、意识模糊、呼吸困难，迅速陷入昏迷状态，可因呼吸麻痹而死亡，抢救治疗及时，1～5天可痊愈。在接触极高浓度时（$1000mg/m^3$以上），可发生"闪电式"死亡，即在数秒钟突然倒下，瞬间停止呼吸，立即进行人工呼吸可望获救。

2. 一氧化碳（CO）

（1）理化性质　一氧化碳为无色、无臭、无刺激性气体，相对密度0.91。不溶于水，易溶于氨水。焦炉煤气中一氧化碳体积百分数为5%～8%，发生炉煤气中一氧化碳体积百分数高达23%～28%，甚至更高。

（2）危害　一氧化碳是一种窒息性毒气，属Ⅱ级毒物，空气中一氧化碳控制标准为小于$30mg/m^3$。一氧化碳被吸入后，经肺泡进入血液循环。由于它与血液中的血红蛋白的亲和力比O_2大200～300倍，故人体吸入一氧化碳后，即与血红蛋白结合，生成碳氧血红蛋白（COHb）。碳氧血红蛋白无携氧能力，又不易解离，造成全身各组织缺氧，甚至窒息死亡。空气中一氧化碳浓度达到$1.2g/m^3$时，短时间可致人死亡。中毒表现如下。

① 轻度中毒。吸入一氧化碳后出现头痛、头沉重感、恶心、呕吐、全身疲乏无力、耳鸣、心悸、神志恍惚。稍后，症状便加剧，但不昏迷，离开中毒环境，吸入新鲜空气能很快自行恢复。病人体内的碳氧血红蛋白一般在20%以下。

② 中度中毒。除上述症状加重外，面颊部出现樱桃红，呼吸困难，心率加快，大小便失禁，昏迷。大多数病人经抢救后能好转，不留后遗病症。病人体内的碳氧血红蛋白在20%～50%之间。

③ 重度中毒。多发生于一氧化碳浓度极高时，患者很快进入昏迷，并出现各种并发症，如脑水肿、心肌损害、心力衰竭、休克。如能得救也留有后遗症，如偏瘫、植物神经功能紊乱、神经衰弱等。病人体内碳氧血红蛋白在50%以上。

3. 苯（C_6H_6）、甲苯（C_7H_8）、二甲苯（C_8H_{10}）

（1）理化性质　苯、甲苯、二甲苯是粗苯精制的主要产品，三者均为无色透明具有特殊芳香味的液体，常温下极易挥发，易燃，不溶于水，溶于乙醇、乙醚等有机溶剂。苯的沸点 80.1℃，相对密度 0.879。甲苯沸点 110.6℃，甲苯的相对密度为 0.867。二甲苯有三种同分异构体，沸点范围为 138.2～144.4℃，二甲苯的相对密度为 0.860。

(2) 危害　苯属Ⅰ级毒物，车间空气中苯的短时间接触容许浓度为 $40mg/m^3$。高浓度苯对中枢神经系统有麻醉作用，引起急性中毒；长期接触苯对造血系统有损害，引起慢性中毒。

急性中毒。轻者有头痛、头晕、恶心、呕吐、轻度兴奋、步态蹒跚等酒醉状态，俗称"苯醉"；严重者发生昏迷、抽搐、血压下降，以致呼吸和循环衰竭。

慢性中毒。主要表现有神经衰弱综合征；白细胞、血小板减少；重者出现再生障碍性贫血，少数病例在慢性中毒后可发生白血病（以急性粒细胞性为多见）。皮肤损害有脱脂、干燥、皲裂、皮炎。

甲苯、二甲苯毒性较低，属Ⅲ级毒物。车间空气中甲苯、二甲苯的短时间接触容许浓度均为 $100mg/m^3$。甲苯、二甲苯主要以蒸气态经呼吸道进入人体，皮肤吸收很少。急性中毒表现为中枢神经系统的麻醉作用和植物性神经功能紊乱症状，眩晕、无力、酒醉状，血压偏低、咳嗽、流泪，重者有恶心、呕吐、幻觉甚至神志不清。慢性中毒主要因长期吸入较高浓度的甲苯、二甲苯蒸气所引起，可出现头晕、头痛、无力、失眠、记忆力减退等现象。

除此之外，苯、甲苯、二甲苯对女性还有如下几方面影响。

① 经调查发现，接触同样浓度的男、女职工的血液中和呼出气中的苯浓度测定结果表明，苯在妇女体内存留时间长，而 15%～20%可蓄积在体内含脂肪较多的组织中，这可能与女性脂肪较丰富有关。

② 对皮鞋厂接触混苯的女工进行调查，发现月经不调患病率高，特别是血量过多，经期延长。动物实验表明，高浓度苯对生殖机能和胚胎发育有影响，说明具有弱胚胎毒性。对接触苯的女工乳汁检查，苯可直接通过乳汁排出，给小儿喂奶时，有拒乳现象发生。

③ 苯、甲苯、二甲苯相对分子质量低，可透过胎盘屏障而直接作用于胚胎组织；苯能使母亲贫血从而影响胎儿的营养；甲苯、二甲苯的代谢产物与甘氨酸结合后被排出，与其转化解毒的过程中能大量消耗母体的蛋白质贮存；苯的代谢产物酚能抑制 DNA 的合成。凡此种种均可对胎儿发育带来不良影响。

4. 氨（NH_3）

(1) 理化性质　氨为无色、强烈刺激性气体，比空气稍轻，易液化，沸点 -33.5℃，相对密度 0.76。可液化成无色液体。易溶于水而生成氨水，呈碱性。

(2) 危害　氨属Ⅱ级毒物，主要是对上呼吸道有刺激和腐蚀作用，车间空气中 NH_3 的短时间接触容许浓度为 $30mg/m^3$，人对氨的嗅觉阈为 $0.5～1mg/m^3$，大于 $350mg/m^3$ 的场所无法工作。接触氨后，患者眼和鼻有辛辣和刺激感，流泪、咳嗽、喉痛，出现头痛、头晕、无力等全身症状。重度中毒时会引起中毒性肺水肿和脑水肿，可引起喉头水肿、喉痉挛，中枢神经系统兴奋性增强，引起痉挛，通过三叉神经末梢的反射作用引起心脏停搏和呼吸停止。液氨或高浓度氨可致眼灼伤；液氨可致皮肤灼伤。

5. 氰化氢（HCN）

（1）理化性质　无色液体，有苦杏仁味易溶于水及有机溶剂，极易挥发，相对密度 0.933，熔点 -13.2℃，沸点 25.7℃。

（2）危害　氰化氢属Ⅰ级毒物，最高允许浓度 $0.3mg/m^3$。吸入低浓度氰化氢，可出现头痛、头晕、乏力、胸闷、呼吸困难、心悸、恶心、呕吐等表现。短时间内吸入高浓度氰化氢气体，可立即呼吸停止而死亡，并称之为"电击型"死亡，原因是氰离子能迅速与氧化型细胞色素氧化酶的三价铁结合，造成细胞内窒息，引起组织缺氧而中毒。眼和皮肤沾染氰化氢，也可吸收中毒，并产生局部刺激症状。

6. 苯酚（C_6H_5OH）

（1）理化性质　无色针状结晶或白色结晶，有特殊气味，遇空气和光变红，遇碱变色更快。相对密度 1.071。熔点 42.5～43℃。可溶于水，易溶于醇、氯仿、乙醚、丙三醇、二硫化碳、凡士林、碱金属氢氧化物水溶液，几乎不溶于石油醚。

（2）危害　苯酚属Ⅲ级毒物，最高允许浓度 $5mg/m^3$。

急性中毒。吸入高浓度苯酚蒸气可引起头痛、头昏、乏力、视物模糊、肺水肿等表现。误服可引起消化道灼伤，出现烧灼痛，呼出气带酚气味，呕吐物或大便可带血，可发生胃肠道穿孔，并可出现休克、肺水肿、肝或肾损害。一般可在48h内出现急性肾功能衰竭，血及尿酚量增高。

皮肤灼伤。创面初期为无痛性白色起皱，继而形成褐色痂皮。常见的有浅度灼伤。苯酚可经灼伤的皮肤吸收，经一定潜伏期后出现急性肾功能衰竭等急性中毒表现。眼接触苯酚可致灼伤。

7. 二硫化碳（CS_2）

（1）理化性质　二硫化碳是无色易燃物体，工业品呈黄色。纯品有微弱芳香味，粗品有不愉快臭气。相对密度 1.261，沸点 46.5℃，易挥发。

（2）危害　二硫化碳属Ⅱ级毒物，最高允许浓度 $10mg/m^3$。二硫化碳是损害血管和神经的毒物，急性轻度中毒有头痛、头晕、眼及鼻黏膜刺激症状；急性中度中毒尚有酒醉表现；急性重度中毒可呈短时间的兴奋状态，继之出现谵妄、昏迷、意识丧失，伴有强直性及阵挛性抽搐，可因呼吸中枢麻痹而死亡。严重中毒后可遗留神经衰弱综合征，中枢和周围神经永久性损害。

慢性中毒主要为神经衰弱综合征和植物神经功能紊乱，可引起多发性神经炎，出现视、听、味觉障碍，可致性功能障碍，对妇女影响尤为明显。二硫化碳可引起女工月经失调，通过胎盘屏障侵入胎体，二硫化碳作业可使女工自然流产率增加，二硫化碳也可自乳汁排出。

8. 吡啶（C_5H_5N）

（1）理化性质　无色或微黄色液体。恶臭，味辛辣。相对密度 0.987，沸点 115℃，能与水、乙醇等混溶。

（2）危害　吡啶属Ⅱ级毒物，最高允许浓度 $4mg/m^3$。溶剂和蒸气对皮肤和黏膜有刺激作用。吸入高浓度蒸气能引起头晕、头胀、口苦、咽干、无力、恶心、呕吐、步态不稳、呼吸困难、意识模糊、大小便失禁、强直性抽搐、血压不稳、昏迷等症状。

9. 二氧化硫（SO_2）

（1）理化性质　SO_2 是无色、不燃、有恶臭并具有辛辣味的窒息性气体。密度为 1.434，熔点 $-72.7℃$，沸点 $-10℃$。易溶于甲醇和乙醇，溶于硫酸、乙酸、氯仿和乙醚等。

（2）危害　车间空气中二氧化硫最高容许浓度为 $15mg/m^3$。二氧化硫对眼及呼吸道黏膜有强烈的刺激作用，大量吸入可引起肺水肿、喉水肿、声带痉挛而致窒息。急性中毒表现为：轻度中毒时，发生流泪、畏光、咳嗽、咽灼痛等呼吸道及眼结膜刺激症状；严重中毒可在数小时内发生肺水肿；极高浓度时可引起反射性声门痉挛而致窒息。慢性中毒的表现是：长期接触二氧化硫，有头痛、头昏、乏力等全身症状以及慢性鼻炎、支气管炎、嗅觉及味觉减退、肺气肿等；少数工人有牙齿酸蚀等。

大气中的 SO_2 在阳光、水汽和飘尘的作用下，生成的 SO_3 与水滴接触形成酸雾。它以气溶胶的形式附着于云雾和尘埃上，遇雨则形成酸雨（pH<5.6）。酸雾和酸雨除对自然界有严重危害外，对人体的影响远大于 SO_2，空气中酸雾达到 $0.8mg/m^3$ 时，人即有不适感觉。

10. 氮氧化物（NO_x）

（1）理化性质　氮氧化物种类很多，主要包括氧化亚氮、氧化氮、三氧化二氮、二氧化氮、四氧化二氮和五氧化二氮。在工业生产中引起中毒的多是混合物，但主要是一氧化氮和二氧化氮，一氧化氮为无色无臭的气体，密度为 1.037，在空气中易氧化为二氧化氮，二氧化氮为红棕色有毒的恶臭气体。

（2）危害　氮氧化物属Ⅲ级毒物，车间空气中最高容许浓度 $5mg/m^3$。二氧化氮在水中的溶解度低，对眼部和上呼吸道的刺激性小，吸入后对上呼吸道几乎不发生作用。当进入呼吸道深部的细支气管与肺泡时，可与水作用形成硝酸和亚硝酸，对肺组织产生剧烈的刺激和腐蚀作用，形成肺水肿。接触高浓度二氧化氮可损害中枢神经系统。氮氧化物急性中毒可引起肺水肿、化学性肺炎和化学性支气管炎。长期接触低浓度氮氧化物除引起慢性咽炎、支气管炎外，还可出现头昏、头痛、无力、失眠等症状。

从污染源排出的 NO_x 进入大气后，与其他有害物如 CO、C_mH_n 和 SO_2 等混合，在阳光、紫外线的照射下，经一系列的化学反应，最终形成一种浅蓝色烟雾，即所谓的"光化学烟雾"，可使晴朗天空烟雾迷漫，严重影响人体健康。

11. 多环芳烃（C_mH_n）

（1）理化性质　煤化工生产进入大气的多环芳烃如苯并[a]芘、7,12-二甲基苯并[a]蒽、3-甲基胆蒽、二苯并[a,h 或 a,i]蒽、苯并[i]萤蒽、二苯并[a,h]芘、二苯[a,i]芘等约 100 多种。其中已被证实的致癌物有 22 种。苯并[a]芘（BaP）是焦化生产中排放量最多的多环芳烃，熔点 179℃，沸点 310～320℃，黄色结晶。能溶于苯，但不溶于水。

（2）危害　苯并[a]芘是含碳燃料及有机物在一定温度条件下，经热解、环化、聚合作用而生成的一种稠环芳烃，具有致癌性，潜伏期可长达 10～15 年，此滞后现象易淡化病情而导致严重后果。它一般附着于小颗粒粉尘之上，污染大气；也可渗入地下污染地下水及土壤，但可通过生物降解作用和其他因素作用降低其浓度。

三、中毒急救

1. 煤气中毒急救

煤气中毒通常指的就是一氧化碳中毒，煤气中毒急救即为一氧化碳中毒急救。

① 将中毒者救出危险区，转移到空气新鲜的地方。只要中毒者仍在呼吸，一接触新鲜空气，人体生物化学性的修复作用就立即开始。

② 如果中毒轻微，出现头痛、恶心、呕吐症状的，可直接送医务部门急救。

③ 对于中毒较重，出现失去知觉，口吐白沫等症状的，应立即通知煤气防护站和医务部门到现场急救。并采取以下措施：使之躺平，把腿垫高，使血液回流；松开衣领腰带，使之呼吸通畅；掏出口内的假牙、食物等，以防阻塞呼吸；适当保暖，以防受凉；使中毒者吸氧气。

④ 对于停止呼吸的，立即进行口对口人工呼吸。抢救者要避免吸入中毒者呼出的气体。

⑤ 中毒者未恢复知觉前，应避免搬动、颠簸，不要送医院。如果送高压氧舱抢救，途中应采取有效的急救措施，并有医务人员护送。

⑥ 应避免使用刺激性药物。

2. 其他中毒急救

① 吸入。迅速脱离现场至空气新鲜处，保持呼吸道通畅。如呼吸困难，应输氧。如呼吸停止，立即进行人工呼吸。氨中毒严重损害呼吸道和肺部组织，抢救时严禁使用压迫式人工呼吸法，尽快就医。

② 误服。尽快催吐，神志清醒者用手指刺激舌根或咽部引吐。意识不清或消化道已有严重腐蚀时不要进行上述处理。误服强腐蚀性的毒物者，应饮入一些牛奶、豆浆、面糊、蛋清、氢氧化铝凝胶等保护胃黏膜，尽快就医。

③ 皮肤接触。脱去被污染的衣服，用肥皂水和清水彻底冲洗皮肤。氨的灼伤可用2%硼酸液冲洗，尽快就医。

④ 眼睛接触。提起眼睑，使毒物流出，用流动清水或生理盐水冲洗，尽快就医。

四、毒物泄漏处置

① 泄漏污染区人员迅速撤离至上风处，并隔离至气体散尽，严格限制出入。

② 切断火源。

③ 建议应急处理人员佩戴自给式呼吸器，针对不同毒物穿相应的防护服。

④ 切断泄漏源。对于苯类物质应防止进入下水道、排洪沟等限制性空间。

⑤ 喷雾状水或其他水溶液稀释、溶解，注意收集并处理废水。对于苯的小量泄漏，用活性炭或其他惰性材料吸收，也可以用不燃性分散剂制成的乳液刷洗，洗液稀释后放入废水系统。对于苯的大量泄漏，构筑围堤或挖坑收容，用泡沫覆盖，降低蒸气灾害；用防爆泵转移至槽车或专用收集器内，回收或运至废物处理场所处置。

⑥ 抽排（室内）或强力通风（室外）。如有可能，将残余气体或漏出气用排风机送至

洗水塔或与塔相连的通风橱内，硫化氢可使其通过三氯化铁水溶液。对于一氧化碳气体，将漏出气用排风机送至空旷地方或装设适当喷头烧掉，也可以用管路导至炉中、凹地焚之。

五、预防措施

(1) 密闭　加强设备的密闭化和自动化，防止跑、冒、滴、漏。使用、运输和贮存有毒物质时应注意安全，防止容器破裂和冒气。

(2) 通风排毒　产生有毒气体的生产过程和环境应加强通风。

(3) 定期监测　凡进入可能产生硫化氢的地点均应先进行测定浓度。采用贫煤气加热时，煤气区可能有一氧化碳泄漏，应设一氧化碳报警系统。有时需进入煤气设备内部检修，人进入前一定要取样分析氧和一氧化碳含量，根据含量控制进入操作时间，并对含量不断监视。在设备内的操作时间要根据一氧化碳含量不同而确定（见表9-1），而氧含量接近对比环境中的氧含量时才能进入。

表 9-1　一氧化碳含量与可在设备内的操作时间

一氧化碳含量/(mg/m³)	设备内的操作时间/h	一氧化碳含量/(mg/m³)	设备内的操作时间/h
<30	可长时间操作	100~200	<15~20min
30~50	<1		（每次操作的间隔2h以上）
50~100	<0.5	>200	不准入内操作

(4) 个人防护　呼吸系统防护为空气中毒物浓度超标时，佩戴自吸过滤式防毒面具。带煤气作业时必须带防毒面具。眼睛防护是戴化学安全防护眼镜。身体防护为穿防毒物渗透工作服。手防护是戴橡胶手套。对于接触苯的工作岗位禁止吸烟、进食和饮水，工作完毕，淋浴更衣。

第二节　粉尘的危害与防护

一、粉尘的种类

工业废气中的颗粒物即粉尘，粒径范围为 0.001~500μm，按粒径大小分为两类。直径大于 10μm 者，易于沉降，称为降尘；直径小于等于 10μm 者，以气溶胶的形式长期漂浮于空气中，称为飘尘，直径在 0.5~5μm 者，对人体危害最大。因为大于 5μm 者由于惯力作用，易被鼻毛和呼吸道黏液阻挡；而小于 0.5μm 者由于扩散作用，又易被上呼吸道表面所黏附，随痰排出。只有 0.5~5μm 的飘尘可直接进入人体，沉积于肺泡内，并有可能进入血液，扩散至全身。由于飘尘表面积很大，能够吸附多种有毒物质，且在空气中滞留时间较长，分布较广，故危害也最严重。尤其是粉尘表面尚有催化作用以及附着的有害物之间的协同作用，由此而形成新的危害物，毒性远大于各个单体危害性的总和。由于吸附的有害物不同，可以形成多种疾病。

焦化生产中，备煤、炼焦及筛焦工段为粉尘的主要排放源，粉尘主要是煤尘和焦尘。

作业场所空气中的粉尘浓度不得大于 $10mg/m^3$，外排气体的含尘浓度应符合现行的工业三废排放标准。

二、粉尘的危害

① 人吸进呼吸系统的粉尘量达到一定数值时，能引起鼻炎，各种呼吸道疾病以及肺癌等疾病。长期吸入大量的煤尘后，可得煤肺病，最后可使人的肺部失去功能而窒息死亡。

② 粉尘与空气中的 SO_2 协同作用会加剧对人体的危害。当 SO_2 的浓度为 $0.4mg/m^3$ 时，人体并未受到严重危害；但同时存在 $0.3mg/m^3$ 飘尘时，呼吸道疾病显著增加。

③ 人吸进含有重金属元素的粉尘危害性更大。

④ 由于粉尘能吸收大量紫外线短波部分，当空气中粉尘浓度达 $0.1mg/m^3$，紫外线减少 42.7%；浓度为 $1mg/m^3$ 时，减少 71.4%；达到 $2mg/m^3$ 以上时，对人伤害很大。

⑤ 烟尘使光照度和能见度减弱，严重影响动植物的生长，也在一定程度上影响城市交通秩序，造成交通事故的多发。

⑥ 某些粉尘，当达到爆炸极限时，若存在着足够的火源将引起爆炸。煤尘爆炸与其在空气中的含量有关，褐煤在 $45\sim2000mg/m^3$，烟煤在 $110\sim2000mg/m^3$，能形成爆炸性混合物。空气中煤尘含量在 $300\sim400mg/m^3$ 时，爆炸威力最大。这是因为煤尘和空气的混合比例适中，煤尘充分燃烧。粉尘的粒径越小，粉尘和空度的湿度越小，爆炸的危险性越大。另外，沥青、萘、蒽粉尘的爆炸下限分别为 $80g/m^3$、$28\sim30g/m^3$、$29\sim39g/m^3$。

煤尘爆炸后不仅产生冲击波而伤人和破坏建筑物，同时产生大量的一氧化碳，可使人中毒死亡。煤尘爆炸还会引起连锁反应，即一次爆炸后，使已沉落的煤尘飞扬起来再次发生爆炸。因此，煤尘爆炸的危害很大，甚至可使整个厂房毁灭。

三、粉尘的防护

① 密闭尘源。粉碎机室、筛焦楼、贮焦槽、运焦系统的转运站以及熄焦塔应密闭皮带，可减少或消除尘源。

② 通风除尘。通过通风除尘措施尽量减少煤尘在空气中的含量，同时防止在有煤尘污染的地区使用明火，防止粉尘爆炸。

③ 湿式作业。煤的输送过程，可以在皮带运输的尾部加上水幕或喷雾，以减少粉尘飞扬。

④ 个人防护。因生产条件暂时得不到改善的场所，可以采取个人防护。煤场的煤尘用通风除尘或湿式作业难以控制，要强调戴防尘口罩。

⑤ 测定粉尘浓度和分散度。测定粉尘中的游离二氧化硅、粉尘浓度和分散度，特别是对粉尘浓度的日常测定，对制定防尘措施，是十分重要的依据。

⑥ 定期体检。发现有严重鼻炎、咽炎、气管炎，哮喘者应脱离粉尘作业。长期吸入粉尘，群体气管炎等可明显增多、肺通气功能下降，要考虑粉尘的影响，应及时改善生产作业环境条件。

第三节　高温辐射的危害与防护

一、高温中暑

高温作业是指工作地点具有生产性热源，气温高于本地区夏季室外通风设计计算温度2℃或2℃以上的作业。在高温作业环境下，作用于人体的热源传递一般有对流、辐射两种方式。在炼焦岗位热源主要是通过高温辐射向人体传递。

当外界温度很高或热辐射很强时，会引起人体体温调节紊乱，使体温升高。此时人体会排出大量的汗液，致使水盐代谢发生紊乱，血液浓缩，尿量减少，心脏、肾脏负担加重，消化机能减退，耗氧量增大，能量消耗增多，基础代谢增高，这种情况称为中暑。

高温中暑分为以下三种类型。

(1) 热射病　高温环境引起的急性病症，表现为体温调节发生障碍，体内热量蓄积。轻者有虚弱表现，重者高温虚脱，严重者会出现意识不清、狂躁不安、昏睡或昏迷，并有癫痫性痉挛，大量出汗，尿量减少。体温可高达41℃以上。

(2) 热痉挛　在高温环境下作业，由于大量出汗，盐分流失，体内组织与血液中氯离子减少，造成水盐代谢紊乱，引起肌肉疼痛及痉挛。患者体温上升或轻微上升，属于重症中暑。

(3) 日射病　在烈日和高热辐射环境下露天作业，人体头部发生脑炎或脑病变。严重者会出现惊厥、昏迷及呼吸系统、循环系统衰竭。

二、高温辐射的危害

当工作场所的高温辐射强度大于 $4.2J/(cm^2 \cdot min)$ 时，可使人体过热，产生一系列生理功能变化。

(1) 体温调节失去平衡　在高温作业条件下，人体受热多而散热不畅，就会使人体内蓄热，体温升高（>38.5℃）。

(2) 水盐代谢出现紊乱　出汗多，人体水分损失也多，汗液中除水分外，还有NaCl及水溶性维生素，也随之丧失，如果不能及时补充，则会引起水盐代谢紊乱，酸碱平衡失调，轻者恶心、无力；重者血液浓缩，心肾衰竭，直至发生休克。

(3) 消化及神经系统受到影响　高温时，唾液分泌减少，淀粉酶活性降低，从而食欲不振、消化不良。另外，中枢神经系统受到抑制，表现为注意力不能集中，动作协调性、准确性差，极易发生事故。

三、防止高温辐射的措施

1. 隔热

利用热绝缘性能良好或反射热辐射能力强的材料，设置在热源表面、热源周围或人体表面（如隔热工作服），阻挡和削弱热辐射对人体的作用。采取隔热措施还可以降低热对流。在焦炉的上升管，必须设防热挡板或采取其他隔热措施。熄焦车、拦焦车的驾驶室，应有隔热措施。人体隔热的有效措施是穿戴专门的隔热工作服。

常用的隔热材料有石棉制品（如石棉水泥板、锯末石棉板）、沥青制品（如沥青纤维板、沥青稻草板）、石膏制品（如填充石板、泡沫石膏板）、填充料（如硅藻土、陶土、多孔黏土）、玻璃制品（如玻璃板、玻璃丝、泡沫玻璃）、矿物制品（如油制毛毡、矿渣）等。

2. 减少高温接触时间

在非操作时间尽量远离高温工作场所，在焦炉炉顶、机、焦侧应设工人休息室，调火工应有调火工室，减少受高温辐射的机会。

3. 通风

通风是消除热对流的主要方法。

4. 绿化和清凉饮料

（1）绿化　在建筑物周围绿化，可以降低周围空气温度，减弱地面热反射强度，遮蔽太阳直射，形成荫凉环境，达到防暑降温的目的。

（2）清凉饮料　对于炼焦岗位等高温作业的人员必须供给足够的含盐清凉饮料。现在的各种饮料很多，在选用时要注意饮料的盐含量，或自行配制加入一定的食盐，以保证体内盐平衡，避免水盐代谢失衡，发生中暑。

第四节　噪声的危害与防护

一、声音的物理量

声音的强度主要是音调的高低和声响的强弱。表示音调高低的是声音的频率即声频，表示声响强弱的有声压、声强、声功率和响度。人耳感受声音的大小，主要与声压及声频有关。

1. 声压及声压级

由声波引起的大气压强的变化量为声压。正常人刚刚能听到的最低声压为听阈声压。对于频率为1kHz的声音，听阈声压为 2×10^{-5} Pa，当声压增大至20Pa时，使人感到震耳欲聋，称为痛阈声压。听阈声压与痛阈声压的绝对值相差一百万倍，因此用声压绝对值来衡量声音的强弱很不方便。为此，通常采用按对数方式分等级的办法作为计量声音大小的单位，这就是通常用的声压级，单位为分贝（dB），其数学表达式为：

$$L_p = 20\lg\frac{p}{p_0} \tag{9-1}$$

式中　L_p——声压级，dB；

　　　p——声压值，Pa；

　　　p_0——基准声压（2×10^{-5}Pa）。

用声压级代替声压可把相差一百万倍的声压变化，简化为0~120 dB的变化，这给测量和计算都带来了极大的方便。

2. 声频

声频指声源振动的频率,人耳能听到的声频范围一般在 20~20000 Hz 之间,低于 20Hz 的声音为次声,超过 20000 Hz 的声音为超声,次声和超声人的听觉都感觉不到。声频不同,人耳的感受也不一样,中高频(500~600Hz)声音比低频(低于 500Hz)声音响些。

3. 响度

响度是人对声音的主观感觉,通常是声压大,音响感强;频率高,感觉音调高。当声压相同频率不同时,音响感也不同。因此仅用声压级是不能完全准确地表示响度的大小。人耳具有对高频敏感、对低频不敏感这一特性,于是在用声压和频率这两个因素时以 1000Hz 纯音为基础,定出不同频率声音的主观音响感觉量,这称为响度级。其单位为方(phon)。

"A"声级网络是模仿人耳对 40phon 纯音响测得的噪声强度,称为 A 声级(A 声级对低频音有较大的衰减),表示方法为 dB(A)。此外还有"B"声级网络和"C"声级网络。

二、噪声的来源及分类

产生噪声的声源称为噪声源,噪声源分为交通运输噪声,包括汽车、火车、轮船和飞机等产生的噪声;建筑施工噪声,像打桩机、混凝土搅拌机、和挖土机发出的声音;日常生活噪声,例如,高音喇叭、收音机等发出的过强声音;工厂噪声,如鼓风机、汽轮机、织布机和冲床等所产生的噪声。

按噪声产生的方式来划分,可将噪声分为机械噪声、气体动力噪声、电磁噪声三大类。

(1) 机械噪声 由机械撞击、摩擦、转动而产生。如破碎机、球磨机、电锯、机床等。

(2) 气体动力噪声 由气体振动产生。当气体中存在涡流,或发生压力突变时引起的气体扰动。如通风机、鼓风机、空压机、高压气体放空时产生的噪声。

(3) 电磁噪声 由于磁场脉动、电源频率脉动引起电器部件振动而产生。如发电机、变压器、继电器产生的噪声。

如果按噪声随时间的变化来划分,可分成稳态噪声和非稳态噪声两大类。

(1) 稳态噪声 如果声音或噪声在较长一段时间保持恒定不变,这种噪声就称为稳态噪声。

(2) 脉冲噪声 如果噪声随时间变化时大时小,这种噪声称为脉冲噪声。这种噪声对人的听力影响更大些。

焦化厂的噪声主要来自各种风机产生的气体动力噪声及粉碎机、振动筛、泵、电机的机械噪声等,主要操作工序的噪声级及频率特性见表 9-2。

表 9-2 焦化厂各工序的噪声特性

噪声源	噪声频率特性	噪声级/dB(A)	噪声源	噪声频率特性	噪声级/dB(A)
配煤室	低频	81~83	硫铵干燥		97
粉碎机室	低频	88~97	氨水泵房	中频	88~92
转运站	低中频	90~100	粗苯泵房	中频	91~96
煤塔		97	焦油泵房	中频	92~95
筛焦楼	中频	92~99	酚水站	低中频	95~112
鼓风机室	中高频	91~96	操作室		70~80

三、噪声的危害

(1) 干扰人们的睡眠和工作　人们休息时，要求环境噪声小于 45dB（A），若大于 63.8dB（A），就很难入睡。噪声分散人的注意力，容易疲劳，反应迟钝，神经衰弱，影响工作效率，还会使工作出差错。

(2) 对听觉器官的损伤　人听觉器官的适应性是有一定限度的，在强噪声下工作一天，只要噪声不要过强 [120dB（A）以上]，事后只产生暂时性的听力损失，经过休息可以恢复。但如果长期在强噪声下工作，每天虽可恢复，但经过一段时间后，耳器官会发生器质性病变，出现噪声性耳聋，俗称噪声聋。

(3) 噪声对心血管系统有影响　它可使交感神经紧张，从而出现心跳加快，心律不齐，心电图 T 波升高或缺血型改变，传导阻滞，血管痉挛，血压变化等症状。

(4) 噪声对视力也有影响　可造成眼疼、视力减退、眼花等症状。

(5) 噪声会使人胃功能紊乱　出现食欲不振、恶心、肌无力、消瘦、体质减弱等症状。

(6) 噪声对内分泌系统有影响　使人体血液中油脂及胆固醇升高，甲状腺活动增强并轻度肿大，人尿中 17-酮固醇减少等。

(7) 噪声影响胎儿的发育成长。

四、噪声控制

噪声是由声源、声的传播途径和接收者三部分组成。因此，可以从以下三方面控制噪声。

1. 从声源上降低噪声

降低噪声源的噪声这是治本的方法。如能既方便又经济的实现，应首先采用，主要是减少噪声源和合理布局来实现。

(1) 减少噪声源　用无声的或低噪声的工艺和设备代替高噪声的工艺和设备，提高设备的加工精度和安装技术，使发声体变为不发声体，这是控制噪声的根本途径。无声钢板敲打起来无声无息，如果机械设备部件采用无声钢板制造，将会大大降低声源强度。在选用设备时，应优先选用低噪声的设备。如电机可采用低噪声电机；采用胶带机代替高噪声的振动运输机；采用沸腾干燥法代替振动干燥法干燥硫铵；选用噪声级低的风机等。

(2) 合理布局　在总图布置时考虑地形、厂房、声源方向性和车间噪声强弱、绿化植物吸收噪声的作用等因素进行合理布局，起到降低工厂边界噪声的作用。如把高噪声的设备和低噪声的设备分开；把操作室、休息间、办公室与嘈杂的生产环境分开；把生活区与厂区分开，使噪声随着距离的增加自然衰减；城市绿化对控制噪声也有一定作用，40m 宽的树林就可以降低噪声 10～15dB（A）。

在许多情况下，由于技术上或经济上的原因，直接从声源上控制噪声往往是不可能的。因此，还需要采用吸声、隔声、消声、隔振等技术措施来配合。

2. 控制噪声的传播途径

控制噪声的传播途径就是降低已经发出来的噪声的方法，主要有以下几种。

(1) 吸声处理　主要利用吸声材料或吸声结构来吸收声能而降低噪声。

吸声材料在噪声控制技术里应用很广泛。选择吸声材料的首要条件，是它的吸声性能，表示吸声材料性能的量是吸声系数。吸声系数由式（9-2）定义：

$$\alpha = 1 - \frac{I_r}{I_i} \tag{9-2}$$

式中　α——吸声系数；
　　　I_i——入射到材料中的声强，W/m^2；
　　　I_r——从材料中反射出来的声强，W/m^2。

吸声系数在0～1之间，吸声系数愈大，吸声效果越显著。光滑水泥面的吸声系数为0.02，吸声材料和吸声结构的吸声系数一般在0.2～0.7之间。

多孔吸声材料的特点是在材料中有许多微小间隙和连续气泡，因而具有适当的通气性。当声波入射到多孔材料时，首先引起小孔或间隙的空气运动，但紧靠孔壁或纤维表面的空气受孔壁影响不易动起来，由于空气的这种黏性，一部分声能就转变为热能，从而使声波衰减，多孔吸声材料的厚度、堆密度及使用条件都对吸声性能有影响。常用的吸声材料有玻璃棉、毛毡、泡沫塑料和吸声砖等。

采用吸声结构降低噪声的主要途径有薄板振动吸声结构和穿孔板结构。

薄板吸声结构在声波作用下将发生振动，板振动时由于板内部和木龙骨间出现摩擦损耗，使声能转变为机械振动，最终转变为热能而起吸声作用。由于低频声波比高频声波容易激起薄板产生振动，所以它具有低频吸声特性。当入射声波的频率与薄板振动的固有频率一致时，将发生共振。在共振频率附近吸声系数最大，约在0.2～0.5。影响吸声性能的主要因素有薄板的质量、背后空气层厚度以及木龙骨构造和安装方法等。

穿孔板结构是在石棉水泥板、石膏板、硬质板、胶合板以及铝板、钢板等金属板上穿孔，并在其背后设置空气层，吸声特性取决于板厚、孔径、背后空气层厚度及底层材料。

经过吸声处理的房间，降低噪声的量根据处理面积的多少而定，一般可降低7～15dB（A）。由于吸声处理技术效果有限，一般是与隔声处理技术综合应用。

(2) 隔声处理　隔声处理是将噪声源和人们的工作环境隔开，以降低环境噪声。典型的隔声设备有隔声罩、隔声间和隔声屏。

隔声罩是由隔声材料、阻尼材料和吸声材料构成，主要用于控制机器噪声。隔声材料多用钢板，将钢板做成的罩子并涂上阻尼材料，以防罩子共振。罩内加吸声材料，做成吸声层，以降低罩内的混响，提高隔声效果。如用2mm厚的钢板加5cm厚的吸声材料，可以降低噪声10～30dB（A）。

隔声间分固定隔声间与活动隔声间两种。固定隔声间是砖墙结构，活动隔声间是装配式的。隔声间不仅需要有一个理想的隔声墙，而且还要考虑门窗的隔声以及是否有空隙漏声。门应制成双层中间充填吸声材料的隔声门。隔声窗最好做成双层不平行不等厚结构。门窗要用橡皮、毛毡等弹性材料进行密封。较好的隔声间减噪量可达25～30dB（A）。

隔声屏主要用在大车间内以直达声为主的地方，将强噪声源与周围环境适当隔开。隔声屏对减低电机、电锯的高频噪声是很有效的，可减噪声5～15dB（A）。焦化厂各工序的操作室或工人休息室应采取隔声措施以减少噪声的危害。将噪声较大的机械设备尽可能置于室内防止噪声的扩散与传播，同时对煤塔、煤粉碎机室、煤焦转运站的操作室、除尘地面站操作室、热电站主厂房、压缩空气站、氮气站操作室、汽轮机操作室等处设置隔声门窗；粉碎机室、焦炭筛分系统等噪声较大的设备置于室内隔声；汽轮机本体配带消声隔声罩，发电机励磁机本体配带消声隔声罩；各除尘风机及前后管道隔声。

例如某厂鼓风机室的屋顶和墙面采用了超细玻璃棉吸声板，厚度为80mm，外层为高穿孔率纤维护面层，穿孔率为25.6%；隔声窗为双层5mm玻璃，连空气层厚度为10mm；隔声门由2mm厚钢板和100mm厚超细玻璃棉及穿孔率为20%的穿孔薄钢板构成；煤气管道用阻尼浆和玻璃纤维布包扎。采取上述措施后，机房内噪声降低了20dB(A)。

(3) 消声处理　消声处理的主要器件是消声器，消声器是降低空气动力性噪声的主要技术措施。主要应用在风机进、出口和排气管口。目前采用的消声器有阻性消声器、抗性消声器、抗阻复合式消声器和微孔板消声器四种类型。

① 阻性消声器　这种消声器是借助镶饰在管内壁上的吸声材料或吸声结构的吸声作用，使沿管道传播的噪声能量转化为热能而衰减，从而达到消声目的。其作用类似于电路中的电阻，故称之为阻性消声器。阻性消声器的优点是对处理高中频率噪声有显著的消声效果，制作简单，性能稳定。其缺点是在高温、水蒸气以及对吸声材料有腐蚀作用的气体中使用寿命短，对低频噪声效果差。

② 抗性消声器　这种消声器是利用管道内声学特性突变的界面把部分声波向声源反射回去，从而达到消声的目的。扩张室消声器、共振消声器、干涉消声器以及穿孔消声器，都是常见的抗性消声器。该形式消声器对处理低、中频噪声有效。若同时采用吸声材料，对高频也有明显效果。抗性消声器的优点是具有良好的低、中频消声性能，结构简单、耐高温、耐气体腐蚀。缺点是消声频带窄，对高频消声效果差。

③ 阻抗复合式消声器　这种消声器是将阻性和抗性消声器结合起来，使其在较宽的频带上具有较好的消声效果。某罗茨鼓风机上用的阻抗复合式消声器由两节不同长度的扩张室串联而成。第一扩张室长1100mm，扩张比6.25；第二扩张室长400mm，扩张比6.25。每个扩张室内，从两端分别插入等于它的各自长度的1/2和1/4的插入管，以改善消声性能。为了减少气动阻力，将插入管用穿孔管（穿孔率为30%）连接。该消声器在低、中频范围内平均消声值在10dB(A)以上。

④ 微孔板消声器　这种消声器的结构是将金属薄板按2.5%~3.0%的穿孔率进行钻孔，孔径0.5~1mm，作为消声器的贴衬材料。并根据噪声源的强度、频率范围及空气动力性能的要求，选择适当的单层或双层微孔板构件来作为消声器的吸声材料。微孔板消声器适用于各种场合消声，压力降比较小，如高压风机、空调机、轴流式与离心式风机、柴油机以及含有水蒸气和腐蚀性气体的场所。优点是质量轻、体积小、不怕水和油的污染。

3. 采取个人保护措施

由于技术和经济的原因，在用以上方法难以解决的高噪声场合，佩戴个人防护用品，则是保护工人听觉器官不受损害的重要措施。理想的防噪声用品应具有隔声值高，佩戴舒适，对皮肤没有损害作用。此外，最好不影响语言交谈。常用的防噪声用品有耳塞、耳罩和头盔等。这些措施可以降低噪声级20~30dB(A)。

第五节　振动的危害与防护

一、振动及其类型

振动是指在力的作用下，物体沿直线经过一个中心（平衡位置）往返重复运动。按振动作用到人体的方式，振动分为局部振动和全身振动两种类型。局部振动是指局部作用到手、足或局部，传送的范围较局限；全身振动是指通过身体的某一支撑部位传送到全身，并作用到全身大部分器官。

煤破碎机、粉碎机、煤气鼓风机、各种除尘风机、各种泵、电动机、空压站等都能产生振动，尤其是筛焦楼的振动筛振动最为强烈。

二、振动的危害

1. 局部振动

长期接触局部振动的人，可有头昏、失眠、心悸、乏力等不适，还有手麻、手痛、手凉、手掌多汗、遇冷后手指发白等症状，甚至工具拿不稳、吃饭掉筷子。

2. 全身振动

长期全身振动，可出现脸色苍白、出汗、唾液多、恶心、呕吐、头痛、头晕、食欲不振等不适，体温、血压降低等。

振动可以使妇女的生殖器官受到影响，使子宫或附件的炎症恶化，导致子宫下垂、痛经、自然流产和异常分娩的百分率增加。

三、振动对人体影响的因素

1. 振动参数

① 加速度。加速度越大，冲力越大，对人体产生的危害也越大。
② 频率。高频率振动主要使指、趾感觉功能减退，低频率振动主要影响肌肉和关节部分。

2. 振动设备的噪声和气温

噪声和低气温能加重振动对人体健康的影响。

3. 接振时间长短

接振时间越长，振动形成的危害越严重。

4. 肌体状态

体质好坏、营养状况、吸烟、饮酒习惯、心理状态、作业年龄、工作体位、加工部件的硬度都会改变振动对人体健康的影响。

四、振动控制

1. 控制振动源

主要方法是减小和消除振源本身的不平衡力引起的对设备的激励，从改进振动设备的设计和提高制造加工和装配的精度方面，使其振动幅值达到最小。

采用各种平衡方法来改善机器的平衡性能。必要时甚至可以更换机型，修改或重新设计机械的结构，如重新设计凸轮轮廓线，缩短曲柄行程，减小摆动质量，改变磁通间隙等减小振动幅度；或改变机器结构的尺寸，采取局部加强的办法，改变机器结构的固有频率；或从改变机器的转速，采用不同叶数的叶片，改变振动系统的扰动频率；改变干扰力的频谱结构，防止共振。改进和提高制造质量，提高加工精度和降低表面粗糙度，提高静、动平衡，精细修整轮齿的啮合表面，减小制造误差，提高安装时的对中质量等。

另外，改变扰动力的作用方向，增加机组的质量，在机组上装设有动力吸振器等均可减小振源底座处的振动。

2. 控制共振

共振是振动的一种特殊状态，当振动机械的扰动激励力的振动频率与设备的固有频率一致时，就会使设备振动得更厉害，甚至起到放大作用，这个现象称共振。

共振不仅是一种能量的传递，而且具有放大传递、长距离传递的特性。共振就像一个放大器，小的位移作用可以得到大的振幅值。共振又像一个贮能器，它以特有的势能与弹性位能的同步转换与吸收，能量越来越大。

工程上常应用共振原理制成的各种机械设备，使微小的动力可以得到较大的振动力，这是共振积极的一面。但它不利的一面是共振放大作用带来的破坏与灾害，这时需要防止共振发生。防止共振出现的方法主要如下。

① 改变机械结构的固有频率，从改变物体、设备、建筑物等的结构和总的尺寸，或采取加筋、多加支撑点的局部加强法来改变其固有频率。

② 改变各种动力机械振源的扰动频率，如改变机器的转速或更换机型等办法。

③ 振动源安装在非刚性基础上。管道及传动轴等必须正确安装，可采用隔离固定，这对减小墙、板、车船体壁的共振影响十分有效。

④ 对于一些薄壳体、仪表柜或隔声罩等宜采用黏弹性高阻尼材料，增加其阻尼，以增加振动的逸散，降低其振幅。阻尼材料主要由填料和黏合剂组成。填料是一些内阻较大的材料，如蛭石粉和石棉绒等。黏合剂有各种漆、沥青、环氧树脂、丙烯酸树脂及有机硅树脂等。此外，还配有发泡剂和防火剂等。目前常用的阻尼材料有 J70-1 防振隔热阻尼浆、沥青石棉绒阻尼浆、软木防隔热隔振阻尼浆等。

3. 隔振技术

振动影响，特别是针对环境来讲，主要是通过振动传递来达到的，减少或隔离振动就可使振动得到控制。隔振有三种形式。

① 采用大型基础。这是最常用和最原始的办法，根据工程振动学的原则，合理地设计机器的基础，可以尽量减少基础的振动和振动向周围传递。在带有冲击作用时，为保护基座和减少振动冲击的传递，采用大的基础质量块更为理想。根据常规经验，一般的切削机床的基础是自身质量的 1~2 倍，特殊的振动机械往往达到自身设备质量的 2~5 倍，有的可达到 10 倍以上。对于煤粉碎机、煤气鼓风机、各除尘风机、煤气吸气机等振动较大的设备，设置单独基础。

② 开防振沟。在机械振动基础四周开有一定宽度和深度的沟槽，里面充填以松软物质（如木屑等），亦可不填，用来隔离振动的传递，不足之处是防振沟对高频隔振效果好，

对低频振动效果较差，时间长，沟内难免堆有杂物，一旦填实，效果会更差。

③ 采用隔振元件。在振动设备下方安装隔振器，如橡胶、弹簧或空气减振器等，它是目前工程上最为广泛控制振动的有效措施，能起到减少力的传递作用，如果选择和安装隔振元件得当，可有85%～90%的隔振效果。

4. 加强个人防护

① 配备减振手套和防寒服。

② 休息时用40～60℃热水浸泡手，每次10min左右。

③ 供给高蛋白、高维生素和高热量饮食。

第六节　电磁辐射危害与防护

由电磁波和放射性物质所产生的辐射，根据其对原子或分子是否形成电离效应而分成两大类型，即电离辐射和非电离辐射。不能引起原子或分子电离的辐射称为非电离辐射。如紫外线、红外线、射频电磁波、微波等都是非电离辐射。而电离辐射是指能引起原子或分子电离的辐射。如α粒子、β射线、γ射线、X射线、中子射线的辐射都是电离辐射。各种辐射线的波长（λ）和频率（f）范围见表9-3。

表 9-3　各种辐射线的波长和频率范围

射线种类	γ射线	X射线	紫外线	可见光	红外线	射频电磁波
λ/m	$<10^{-10}$	$10^{-10}\sim10^{-8}$	$10^{-8}\sim10^{-7}$	$10^{-7}\sim10^{-6}$	$10^{-6}\sim10^{-4}$	$10^{-4}\sim10^{3}$
f/Hz	$>3\times10^{18}$	$3\times10^{16}\sim3\times10^{18}$	$3\times10^{15}\sim3\times10^{16}$	$3\times10^{14}\sim3\times10^{15}$	$3\times10^{12}\sim3\times10^{14}$	$3\times10^{5}\sim3\times10^{12}$

一、非电离辐射的危害与防护

1. 射频电磁波

任何交流电路都能向周围空间放射电磁波，形成一定强度的电磁场。当交变电磁场的变化频率达到100kHz以上时，称为射频电磁场。射频电磁辐射包括$1.0\times10^{2}\sim3.0\times10^{7}$kHz的宽广的频带。射频电磁波按其频率大小分为中频、高频、甚高频、特高频、超高频、极高频六个频段。在以下情况中人们有可能接触射频电磁波。

高频感应加热：如高频热处理、焊接、冶炼、半导体材料加工等。

高温介质加热：如塑料热合、橡胶硫化、木材及棉纱烘干等。

微波应用：如微波通讯、雷达、射电天文学。

微波加热：如用于食物、纸张、木材、皮革以及某些粉料的干燥。

（1）对人体的影响　射频电磁波对人体的主要危害是引起中枢神经的机能障碍和以迷走神经占优势的植物神经紊乱。临床症状为神经衰弱症候群，如头痛、头晕、乏力、记忆力减退、心悸等。上述表现，高频电磁场与微波没有本质上的区别，只是程度上的不同。

微波接触者，除神经衰弱症状较明显、时间较长外，初期血压还会下降，随着病情的发展血压升高，造成眼睛晶体及视网膜的伤害、冠心病发病率上升、暂时性不育等。

（2）预防措施　采用屏蔽罩或小室的形式屏蔽场源，可选用铜、铝和铁为屏蔽材料。

对一时难以屏蔽的场源，可采取自动或半自动的远距离操作。进行合理的车间布局，高频车间要比一般车间宽敞，高频机之间需要有一定距离，并且要尽可能远离操作岗位和休息地点。一时难以采取其他有效防护措施，短时间作业时可穿戴防微波专用的防护衣、帽和防护眼镜。每 1～2 年进行一次体检，重点观察眼睛晶体变化，其次是心血管系统、外周血象及男性生殖功能。

2. 紫外线辐射

紫外线在电磁波谱中界于 X 射线和可见光之间的频带。自然界中的紫外线主要来自太阳辐射、火焰和炽热的物体。凡物体温度达到 1200℃ 以上时，辐射光谱中即可出现紫外线，物体温度越高，紫外线波长越短，强度越大。紫外线辐射按其生物作用可分为三个波段。

① 长波紫外线辐射。波长 $3.20 \times 10^{-7} \sim 4.00 \times 10^{-7}$ m，又称晒黑线，生物学作用很弱。

② 中波紫外线辐射。波长 $2.75 \times 10^{-7} \sim 3.20 \times 10^{-7}$ m，又称红斑线，可引起皮肤强烈刺激。

③ 短波紫外线辐射。波长 $1.80 \times 10^{-7} \sim 2.75 \times 10^{-7}$ m，又称杀菌线，作用于组织蛋白及类脂质。

(1) 对机体的影响 眼睛暴露于短波紫外线时，能引起结膜炎和角膜溃疡，即电光性眼炎。强紫外线短时间照射眼睛即可致病，潜伏期一般在 0.5～24h，多数在受照后 4～24h 发病。首先出现两眼怕光、流泪、刺痛、异物感，并带有头痛、视觉模糊、眼睑充血、水肿。长期受小计量的紫外线照射，可发生慢性结膜炎。

不同波长的紫外线，可被皮肤的不同组织层吸收；波长 2.20×10^{-7} m 以下的短波紫外线几乎全部被角化层吸收；波长 $2.20 \times 10^{-7} \sim 3.30 \times 10^{-7}$ m 的中短波紫外线可被真皮和深层组织吸收，数小时或数天后形成红斑。当紫外线与沥青同时作用于皮肤时，可引起严重的光感性皮炎，出现红斑及水肿。

(2) 预防措施 在紫外线发生装置或有强紫外线照射的场所，必须佩戴能吸收或反射紫外线的防护面罩及眼镜。此外，在紫外线发生源附近可设立屏障，或在室内和屏障上涂以黑色，可以吸收部分紫外线，减少反射作用。

3. 红外线辐射

红外辐射即红外线，也称热射线，温度 -273℃ 以上的物体，都能发射红外线。物体的温度愈高，辐射强度愈大，其红外成分愈多。如某物体的温度为 1000℃，波长短于 1.5μm 的红外线为 5%，当温度升至 1500℃ 和 2000℃ 时，波长短于 1.5μm 的红外线成分分别上升到 20% 和 40%。

(1) 对机体影响 较大强度的红外线短时间照射，皮肤局部温度升高、血管扩张，出现红斑反应，停止接触后红斑消失。反复照射局部可出现色素沉着。过量照射，除发生皮肤急性灼伤外，短波红外线还能透入皮下组织，使血液及深部组织加热。如照射面积较大、时间过久，可出现全身症状，重则发生中暑。

过度接触波长为 3μm～1mm 的红外线，能完全破坏角膜表皮细胞，蛋白质变性不透明。红外线可引起白内障，多发生在工龄长的工人，患者视力明显减退，仅能分辨明暗。波长小于 1μm 的红外线可达到视网膜，造成视网膜灼伤，损伤的程度取决于照射部分的强度,主要伤害黄斑区,发生于使用弧光灯、电焊、氧乙炔焊等作业。

(2) 预防措施　严禁裸眼观看强光源。司炉工、电气焊工可佩戴绿色玻璃片防护镜,镜片中需含氧化亚铁或其他有效的防护成分(如钴等)。必要时穿戴防护手套和面罩,防止皮肤灼伤。

二、电离辐射的危害与防护

1. 电离辐射的危害

电离辐射对人体的危害是由超过允许剂量的放射线作用在机体的结果。放射性危害分为体外危害和体内危害。体外危害是放射线由体外穿入人体而造成的危害,X射线、γ射线、β粒子和中子都能造成体外危害。体内危害是由于吞食、吸入、接触放射性物质,或通过受伤的皮肤直接侵入人体内造成的。

在放射性物质中,能量较低的β粒子和穿透力较弱的α粒子由于能被皮肤阻止,不致造成严重的体外危害。但电离能力很强的α粒子,当其侵入人体后,将导致严重危害。电离辐射对人体细胞组织的伤害作用,主要是阻碍和伤害细胞的活动机能及导致细胞死亡。

人体长期或反复受到允许放射剂量的照射可使人体细胞改变机能,出现白细胞过多,眼球晶体浑浊,皮肤干燥、毛发脱落和内分泌失调。较高剂量能造成贫血、出血、白细胞减少、肠胃道溃疡、皮肤溃疡或坏死。在极高剂量放射线作用下,造成的放射性伤害有以下三种类型。

(1) 中枢神经和大脑伤害　主要表现为虚弱、倦怠、嗜睡、昏迷、痉挛,可在两周内死亡。

(2) 胃肠伤害　主要表现为恶心、呕吐、腹泻、虚弱或虚脱,症状消失后可出现急性昏迷,通常可在两周内死亡。

(3) 造血系统伤害　主要表现为恶心、呕吐、腹泻,但很快好转,约2～3周无病症后,出现脱发、经常性流鼻血、再度腹泻,造成极度憔悴,2～6周后死亡。

2. 放射线最大允许剂量

(1) 自然本底照射　即使不从事放射性作业,人体也不能完全避免放射性照射。这是由于自然本底照射的结果。每人每年接受宇宙射线约 9.03×10^{-6} C/kg;接受大地放射性物质的射线约 2.58×10^{-5} C/kg;接受人体内的放射性物质的射线约 9.03×10^{-6} C/kg。以上三个方面是自然本底照射的基本组成,总剂量为每人每年约 4.39×10^{-5} C/kg。

(2) 最大允许剂量　国际上规定的最大允许剂量的定义为:在人的一生中,即使长期受到这种剂量的照射,也不会发生任何可察觉的伤害。中国1974年颁发的《辐射防护规定》中,对内、外照射的年最大允许剂量列于表9-4。

表9-4　内外照射的年最大允许剂量

分　类	器官名称	职业放射性 工作人员/mSv[①]	放射性工作场所 邻近地区人员/mSv
第一类	全身、性腺、红骨髓、眼晶体	50	5
第二类	皮肤、骨、甲状腺	300	30[②]
第三类	手、前臂、足、踝骨	750	75
第四类	其他器官	150	15

① 表内所列数值均指内、外照射的总剂量当量,不包括自然本底照射和医疗照射。
② 16岁以下少年甲状腺的限制剂量当量为15mSv/年。

3. 电离辐射的防护措施

① 利用放射性同位素进行检测、计量和通讯时，应遵守下列规定。

有确保放射源不致丢失的措施；可能受到射线危害的有关人员应佩带检测仪表，其最大允许接受剂量当量为每年 50mSv。

② 接近最大允许接受剂量的工作人员每年至少体检一次。特殊情况要及时检查。

③ 射线源处必须设有明确的标志、警告牌和禁区范围。

第十章　职业卫生设施与个人防护

第一节　职业卫生设施

一、暖通空调设施

1. 通风

通风的目的在于提供新鲜空气，排除车间或房间内的余热（防暑降温）、余湿（除湿）、有毒气体、蒸汽及粉尘（排毒防尘）等，工作环境保持适宜的温度、湿度和良好的卫生条件。

通风有自然通风和强制通风两种。

（1）自然通风　自然通风是不使用机械设备，借助于热压或风压让空气流动，使室内外空气进行交换的通风方式。采用自然通风，可以大大减少设备投资，是防暑降温首选的方法之一。

（2）强制通风　强制通风是借助于机械作用促使空气流动，将空气或冷气直接吹向操作者的通风方式。最常见的是风扇和空调。对于通风不好的比较小的操作空间，采用强制通风的方式很有效。

无论采用何种通风方式，一定要满足工人在车间中对新鲜空气的需求，并保证送入的空气不含有灰尘和有害气体。在车间生产中，每名工人所需新鲜空气量，是按其所占空间的容积计算的。每名工人所占空间的容积小于 $20m^3$ 的车间，应保证每人每小时不少于 $30m^3$ 的新鲜空气量；所占容积为 $20\sim40m^3$ 时，应保证每人每小时不少于 $20m^3$ 的新鲜空气量；所占容积超过 $40m^3$ 时，可以由门窗渗入的空气换气。采用空气调节的车间，应保证每人每小时不少于 $30m^3$ 的新鲜空气量。

在焦炉炉顶、机侧、焦侧工人休息室，高温环境下的热修工人休息室，调火工室，交换机工、焦台放焦工和筛焦工等的操作室需要采用通风降温的方法，以保持适宜的环境温度。对于通风设施有以下要求。

① 多尘或散发有毒气体的厂房内的空气不得循环使用。

② 甲、乙类生产厂房用的送风设备和排风设备不应布置在同一通风机室，也不应和其他房间的排送风设备布置在一起。相互隔离着的易燃易爆场所的通风系统不得连接在一起。

③ 有燃烧或爆炸危险场所的通风设备应由非燃烧材料制成，通风系统应有接地和消除静电的措施。

④ 含有爆炸危险粉尘的空气，宜在进入排风机前进行净化。

⑤ 事故风机应有两路电源，手动事故排风通风机的开关应分别设在室内、外便于操

作的地点。

⑥ 焦炉炉顶、炉门修理站、焦炉地下室等处应设轴流通风机组。

⑦ 鼓风机室，苯蒸馏泵房、蒸馏主厂房、精苯洗涤工段、室内库房，吡啶装置设备室、生产厂房、库房、泵房，这些场所应安装自动或手动事故排风装置。

2. 空调

作业场所的湿度，对人体散热有很大影响。当空气中水蒸气达到饱和时，人体蒸发散热困难，尤其是在高温、高湿作用下，体调节无法进行。但湿度过低也不好，如果周围空气湿度低于25％，就会使人感到干燥难受。湿度维持在30％～70％较宜，若能在40％～60％就更好。一般是通过空气调节控制湿度，在焦炉的推焦车、装煤车、拦焦车和熄焦车的司机室宜设空调设备。

3. 采暖

为保证工人身体健康和设备安全，防止寒冷的侵袭，应设置采暖装置，采暖系统分为局部采暖和集中采暖两种。按传热介质又可分为热水、蒸汽、空气三种类型。

在设计集中采暖车间时，为保证工人不因冬季温度降低而影响工作，轻作业地点温度不应低于15℃；中作业地点不应低于12℃；重作业地点不应低于10℃。当车间面积过大时，可在作业地点或休息地点设置局部采暖装置。

在设计采暖装置时，除注意满足温度要求外，还要注意以下安全。

① 对于能散发出可燃气体、蒸汽、粉尘，与采暖管道、散热器表面接触能引起燃烧的厂房，不应采用循环热风采暖。

② 在散发可燃粉尘、纤维的厂房，集中采暖的热媒温度不应过高，热水采暖不应超过130℃，蒸汽采暖不应超过110℃。

③ 经常运转的露天移动设备的司机室内的温度不应低于10℃。

④ 焦化厂的备煤、炼焦、回收和精制车间不宜采用翼型散热器取暖。

⑤ 生产闪点28℃以下的易燃易爆液体（如粗苯、苯、甲苯、二甲苯、二硫化碳和吡啶等）的车间或仓库不得采用散热器采暖，应采用不循环的热风采暖。

表10-1为焦化厂主要场所的通风、采暖及除尘措施。

表10-1 焦化厂主要场所的通风、采暖、除尘

车间	场所	采暖温度/℃	通风、除尘措施	车间	场所	采暖温度/℃	通风、除尘措施
备煤	受煤坑	10	自然通风或机械通风	回收	冷凝泵房	10 或 16	司机室设空调
	配煤室				鼓风机室		
	上层	10	每个槽可设自然排风帽		上层	10 或 16	
	下层	5	自然通风		下层	5	
	电机室	12	视需要设机械通风		硫铵结晶槽	16	
	焊锤间	16	机械排烟和自然通风		硫铵干燥室	10	
	粉碎机室	5	设除尘系统		硫铵仓库	5	
	煤塔顶层	5	自然通风排气		试剂库及其泵房	10	
	皮带运输机				氨水泵房	10	
	地上通廊	5	自然通风或机械除尘		粗苯泵房	10 或 16	
	地上转运站	12	自然通风或机械除尘				
	地下通廊	8	自然通风或机械除尘				

续表

车间	场所	采暖温度/℃	通风、除尘措施	车间	场所	采暖温度/℃	通风、除尘措施
炼焦	筛焦楼	8	室内设自然排风帽,筛分设备设机械除尘	精制	精苯洗涤泵房	10 或 16	机械排风或送风
	贮焦槽	8	皮带密闭,机械除尘		洗涤分离室	10 或 16	机械排风或送风
	皮带运输机				蒸馏泵房	10 或 16	机械排风
	通廊	8	自然排风		计量槽室	10 或 16	机械排风
	转运站	10	开气窗或排气筒		油库泵房	10	机械排风或送风
	工人休息室	16	高温环境设空调		馏分冷却器室	10 或 16	
	焦炉地下室		机械通风		蒽结晶机室	10 或 16	
	换向机室		操作室设空调		蒽离心机	16	
					焦油油库泵房	16	

注:室内采暖温度10℃或16℃应视工艺操作条件而定,有集中操作室者取10℃,否则取16℃。

二、采光与照明设施

职业卫生学证明,照明的加强能增加人的视力,同时,增加强度还可增加识别速度和明视持久程度。光线对人的生理和心理也能产生影响,足够的照明使人感觉愉快、容易消除疲劳等。因此,适宜的工业照明,不仅能避免事故的发生,还能提高产品质量和劳动生产率。

工业照明一般是通过天然采光和人工照明两种方式实现的。天然采光是利用太阳的散射光线,通过建筑物的采光窗照亮厂房。天然光光线柔和、照度大、分布均匀,工作时不易造成阴影,是一种经济合理的照明方法。天然采光分为侧方、上方和混合采光三种方式。人工照明按照明方式分为一般照明、局部照明和混合照明三种方式。按照明种类可分为正常照明、事故照明、值班照明、警卫照明和故障照明等。焦化厂的照明要求如下。

① 自然采光不足的工作室内,夜间有人工作的场所及夜间有人、车辆行走的道路,均应设置照明。

② 车辆及其附近的照明,不应使司机感到眩目。

③ 甲、乙类液体贮槽区,应采用从非爆炸危险区高处投光照明,甲类液体贮槽区需要局部照明时,应采用防爆灯。

④ 行灯电压不得大于36V,在金属容器内或潮湿场所,电压不得大于12V。安全电压的电路必须是悬浮的。

⑤ 受煤坑地下通廊、翻车机室底层、焦炉交换机室、地下室、烟道走廊、鼓风机室、精苯车间、中央变电所和集中控制的仪表室等场所应设事故照明。正常照明中断时,事故照明应能自动切换。

⑥ 生产装置上的照明灯,不宜面对可燃气体(蒸汽)的放散管、贮槽顶部入孔(观察孔)和管道法兰盘,也不宜装在可能喷出可燃气体的水封槽和满流槽上部。

⑦ 作业场所的照度不得低于表10-2的规定。

三、辅助设施

煤化工企业应根据生产特点、实际需要和使用方便的原则设置生产辅助用室。辅助用室的位置,应避免毒物、高温、辐射、噪声等有害因素的影响。浴室、盥洗室、厕所的设

表 10-2　主要作业场所的照度

车间和作业场所	最低照度/lx
露天贮煤场,焦炉炉顶及两侧操作平台,回收和精制车间的露天装置区	3
沥青池,解冻库,装卸台,卸料栈桥,楼梯间和走廊	5
受煤坑翻车机室,车库,转运站,凉焦台,炉端台和炉端台,胶带输送机通廊,材料库,通风柜,受煤坑下通廊	10
破、粉碎机室,配煤室,贮煤槽顶,焦炉地下室,焦炉烟道走廊,筛焦楼,熄焦泵房,回收和精制车间的室内	20

计,应按倒班中最大次总人数的93%计算,更衣室应按车间在册总人数计算。

接触有毒、恶臭物质或严重污染全身的粉尘车间的浴室,不得设浴池,均采用淋浴。因生产事故,可能发生化学灼伤或经皮肤吸收引起急性中毒的工作地点或车间,应设事故淋浴室,在易引起酸、碱烧伤的场所,应设洗眼设备,并保证不断水。食堂位置要适中,但不得与有毒气体车间相邻,以免受有毒气体影响。

职工人数不到300名的工业企业,根据生产需要可设卫生室。职工人数在300～5000名的工矿企业,应设置厂矿卫生所。职工人数在5000名以上的工矿企业,应设职工医院,职工医院应设置职业病防治科和工业卫生化验室。

最大班次人数在100名以上的企业,应设女工卫生室。全厂女职工人数在100名以上的,应设育婴室、托儿所,其床位应按最大班次女工人数的10%～15%计算。育婴室、托儿所的位置应在女工较多的车间附近,但不得设在散发有害物质车间的下风侧。

第二节　个人防护用品

个人防护用品指劳动者为防止一种或多种有害因素对自身的直接危害所穿用或佩戴的器具的总称。包括工业安全帽、呼吸器官护器具、眼面防护器具、护耳器、防护手套、防护鞋、防护服、安全带、安全绳、安全网、护肤用品、洗消剂等。为了保证劳动者在劳动中的安全和健康,应当用好个人防护用品,改善劳动条件,消除各种不安全、不卫生的因素。

一、头部、面部的防护

1. 安全帽

安全帽是用于保护劳动者头部,以消除或减缓坠落物、硬质物件的撞击、挤压伤害的护具,是生产中广泛使用的个人安全用品。安全帽(如图10-1所示)主要由帽壳和帽衬组成,帽壳为圆弧形,帽与衬之间有25～50mm间隙,当物件接触帽壳时,载荷传递分布在帽壳的整个面积上,由头和帽顶之间的系统吸收能量,减轻冲击力对头部的作用,从而达到保护效果。安全帽的帽衬与帽顶的垂直间距,塑料帽衬必须大于25mm;棉织(化纤)衬必须在30～50mm之间;衬与帽壳内侧面的水平间距应在5～20mm之间;帽质量应小于460g,特殊的(防寒)小于690g。

按结构对安全帽进行分类分为大檐、中檐、小檐和卷檐或无檐帽,帽顶有加强筋;按

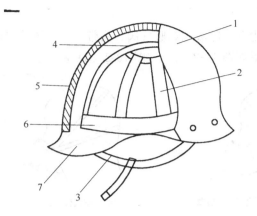

图 10-1 安全帽的结构示意

1—帽体；2—帽衬分散条；3—系带；4—帽衬顶带；5—吸收冲击内衬；6—帽衬环形带；7—帽檐

材料分有玻璃钢、聚碳酸酯、ABS塑料、聚乙烯塑料、金属、聚丙烯塑料、橡胶布、竹柳藤条、胶纸等品种。

根据用途，安全帽分为普通型安全帽、矿工安全帽、电工安全帽、驾驶安全帽等类型。普通型塑料安全帽，能承受 3m 高度 3kg 钢球自由坠落的冲击力，并具有耐酸、耐碱、耐油及各种化学试剂的功能，适用温度范围在 $-20\sim80℃$ 之间。矿工帽应能装置矿灯，并具有良好的绝缘性能。电工安全帽应能耐冲击和耐电击，在耐电实验水槽内，加压 20kV、1min，应不击穿。安全帽必须选择符合国家标准要求的产品，根据不同的防护目的选用适宜的品种，并应根据头型选用。

2. 面罩

防护面罩有有机玻璃面罩、防酸面罩、大框送风面罩几种类型。有机玻璃面罩能屏蔽放射性的 α 射线、低能量的 β 射线，防护酸碱、油类、化学液体、金属溶液、铁屑、玻璃碎片等飞溅而引起的对面部的损伤和辐射热引起的灼伤。防酸面罩是接触酸、碱、油类物质等作业用的防护用品。

二、呼吸器官的防护

在尘毒污染、事故处理、抢救、检修、剧毒操作以及在狭小舱室内作业，都必须选用可靠的呼吸器官保护用具。保护用具品种很多，按用途可分为防尘、防毒、供氧等。按作用原理可分为过滤式（净化式）、隔绝式（供气式）。

1. 过滤式呼吸器

过滤式呼吸器指有净化（或过滤）部件能滤除人体吸入空气中有害物质的呼吸器，具有轻便、有效、易携带的特点，已在国内外广泛使用。过滤式呼吸器包括防尘面具和防毒面具两大类，有的品种可同时防尘防毒。过滤式呼吸器的使用条件是：作业环境空气中含氧量不低于18%，温度 $-30\sim45℃$，空气中尘、毒浓度符合相应规定。一般不能在罐、槽等狭小、密闭容器中使用。

（1）防尘呼吸器　过滤式防尘呼吸器分自吸过滤式简易防尘口罩和自吸过滤复式防尘口罩两种。简易防尘口罩分为无呼吸阀和有呼吸阀两种。无呼吸阀，吸气和呼气都通过滤料的简易防尘口罩如图 10-2（a）所示；有呼吸阀，吸气和呼气分开的简易防尘口罩如图

10-2（b）所示。

复式防尘口罩是由滤尘盒、呼吸阀和吸气阀、头带、半面罩等组成。吸气和呼气分开通道的自吸过滤式防尘口罩如图 10-2（c）和图 10-2（d）所示。

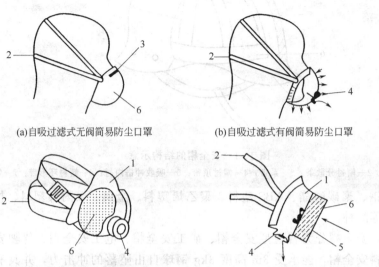

图 10-2　自吸过滤式防尘口罩示意

1—面罩底座；2—头带；3—调节阀；4—呼气阀；5—吸气阀；6—滤料（过滤器）

（2）自吸过滤式防毒呼吸器　一般由面罩、滤毒罐（盒）、导气管（直接式没有）、可调拉带等部件组成。面罩、滤毒罐（盒）是关键部件，如图 10-3 所示。

面罩指吸呼器中用于遮盖人体口、鼻或面部的专用部件，分全面罩和半面罩。全面罩

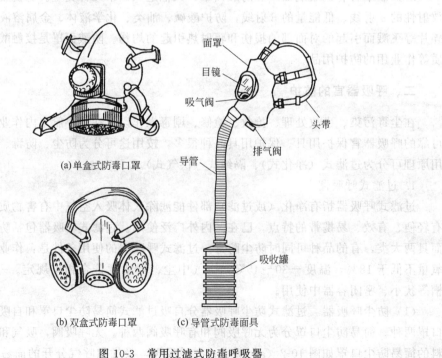

图 10-3　常用过滤式防毒呼吸器

由罩体、呼气阀、吸气阀、眼窗及固定拉带构成；半面罩由罩体、呼气阀、吸气阀、眼窗及可调拉带构成。对防毒面罩的要求是漏气系数小、视野宽、呼气吸气阻力低、实际有害空间小。

滤毒罐（盒）指过滤式防毒呼吸器中用以净化有毒气体、蒸气等的专用部件。一般由罐壳、滤毒药剂、弹簧、滤烟（尘）材料组装构成。按吸毒容量分大、中、小三种罐（盒）。对滤毒罐（盒）的要求是吸毒容量大、阻力低。

2. 隔绝式呼吸器

隔绝式呼吸器的功能是使戴用者呼吸系统与劳动环境隔离，由呼吸器自身供气（氧气或空气）或从清洁环境中引入纯净空气维持人体正常呼吸。适用于缺氧、严重污染等有生命危险的工作场所戴用。供气式防毒面具分为送风式和携气式两类。

（1）送风式呼吸器　送风式呼吸器有电动送风呼吸器、手动送风呼吸器和自吸式长管呼吸器三种。长管呼吸器是最常见的一种，它是通过机械动力或人的肺力从清洁环境中引入空气供人呼吸，亦可采用高压瓶空气作为气源。适合流动性小、定点作业的场合。长管呼吸器使用前要严格检查气密性，用于危险场所时，必须有第二者监护，用毕要清洗检查，保存备用；自吸式长管呼吸器，要求进气管端悬置于无污染的不缺氧的环境中，软管要力求平直，以免增加吸气阻力。

（2）携气式呼吸器　携气式呼吸器分为氧气呼吸器、空气呼吸器和化学氧呼吸器三种，均自备气源。

氧气呼吸器一般为密闭循环式，主要部件有面罩、氧气钢瓶、清净罐、减压器、补给器、压力表、气囊、阀、导气管、壳体等。工作原理是周而复始地将人体呼出气中的二氧化碳脱除，定量补充氧气供人吸入，使用时间根据呼吸器的贮氧量等因素确定。图 10-4 为国产 AHG-2 型氧气呼吸器。

空气呼吸器一般为开放式。主要部件有面罩、空气钢瓶、减压器、压力表、导气管等。压缩空气经减压后供人吸入，呼出气经面罩呼吸阀排到空气中。

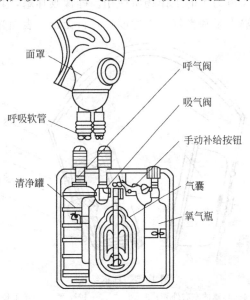

图 10-4　国产 AHG-2 型氧气呼吸器

化学氧呼吸器有密闭循环式和密闭往复式,主要部件有面罩、生氧罐、气囊、阀、导气管等。生氧罐内装填含氧化学物质,如氯酸盐、超氧化物、过氧化物等,均能在适宜的条件下反应放出氧气,供人呼吸。现在广泛采用金属超氧化物(超氧化钠、超氧化钾等),能同时解决吸收二氧化碳和提供氧气问题。

携气式呼吸器结构复杂、严密,使用者应经过严格训练,掌握操作要领,能做到迅速、准确地佩戴使用。携气式呼吸器应有专人管理,用毕要检查、清洗,定期检验保养,妥善保存,使之处于备用状态。

三、眼部的防护

眼、面部防护用品是用于防止辐射(如紫外线、X射线等)、烟雾、化学物质、金属火花、飞屑和尘粒等伤害眼、面部的可观察外界的防护用具,包括眼镜、眼罩(密闭型和非密闭型)和面罩(罩壳和镜片)3类。其主要品种包括焊接用眼防护具,炉窑用眼防护具,防冲击眼护具,微波防护镜,激光防护镜,X射线防护镜,尘、毒防护镜等。

眼防护用具的选用很重要,应根据伤害因素的性质选用,如焊接作业应选焊接用眼防护具,破碎作业应选防冲击眼护具等。应当注意,必须要选用符合标准或由专业技术部门进行质量检测认可的眼防护用具。

四、听觉器官的防护

防噪声用品即护耳器,是用于保护人的听觉、避免噪声危害的护具,有耳塞、耳罩和帽盔三类。如长期在90dB(A)以上或短期在115dB(A)的噪声环境中工作时,都应使用防护用品,以减轻对人的危害。

耳塞是用软橡胶或软塑料制成,将其塞入外耳道内,可以防止外来声波的侵入。这种耳塞的优点是体积小、隔声量大,但应注意佩带合适,否则会引起不适。耳塞对高频隔声量很大,适于在一些高频声为主的工作场所使用。硅橡胶耳塞,其形状与使用者的外耳道完全吻合,具有较高的隔声量和良好的舒适度。材料无毒、表面光滑、能耐高温,隔声值

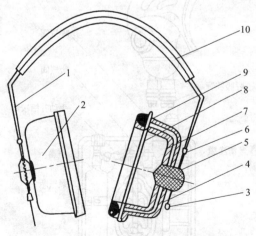

图 10-5 耳罩结构

1—头环;2,4—耳罩的左右外壳;3—小轴;5—橡胶塞;6—羊毛毡(吸声材料);
7—泡沫塑料(吸声材料);8—垫板;9—密封垫圈;10—护带

为 32~34dB(A)，对于强噪声环境中工作的人员有显著的听力保护效果。

防噪声耳罩是把整个耳廓全部密封起来的护耳器。由耳罩外壳、密封衬圈、内衬吸声材料和弓架四部分组成，如图 10-5 所示。耳罩外壳由硬质材料制成，以隔绝外来声波的侵入。内衬吸声材料可以吸收罩内的混响声。在罩壳与颅面接触的一圈，用软质材料，如泡沫塑料、海绵橡胶等做成垫圈。耳罩平均隔声值在 20dB(A) 以上，有的 A 级隔声值达 30dB(A) 以上。对于高噪声和 A 声级在 100dB(A) 的高频噪声，应佩戴耳罩。

帽盔是保护听觉和头部不受损伤的防噪声用品，有软式和硬式之分。软式防噪声帽由人造革帽和耳罩组成，耳罩固定在帽的两边，其优点是可以减少噪声通过颅骨传导引起的内耳损伤，对头部有防震和保护作用，隔声性与耳罩相同。硬式防噪声帽盔由玻璃钢壳和内衬吸声材料组成，用泡沫橡胶垫使耳边密封。只有在高噪声条件下，才将帽盔和耳塞连用。

五、手臂的防护

手部防护用品是指劳动者根据作业环境中的有害因素（有害物质、能量）而戴用的特制护具（手套），以防止各种手伤事故的发生。防护手套主要品种有耐酸碱手套，电工绝缘手套，电焊工手套，防寒手套，耐油手套，防 X 射线手套，石棉手套等 10 余种。

耐酸碱手套具有一定的强力性能，用于手接触酸碱液的防护，一般应具有耐酸碱腐蚀、防酸碱渗透、耐老化的功能。常用的耐酸碱手套有橡胶耐酸碱手套、乳胶耐酸碱手套和塑料耐酸碱手套（包括浸塑手套）。电工绝缘手套分橡胶和乳胶两类。电焊工手套多采用猪（牛）绒面革制成，配以防火布长袖，用以防止弧光辐射和飞溅金属熔渣对手的伤害。防寒手套有棉、皮毛、化纤、电热等几类。外形分为连指、分指、长筒和短筒等几种。

六、足部的防护

足部防护用品主要是指防护鞋，防护鞋是用于防止生产过程中有害物质和能量损伤劳动者足部、小腿部的鞋。中国防护鞋主要有防静电鞋和导电鞋、绝缘鞋、防酸碱鞋、防油鞋、防水鞋、防寒鞋、防刺穿鞋、防砸鞋、高温防护鞋等专用鞋。

防静电鞋和导电鞋用于防止因人体带静电而可能引起事故的场所。防静电鞋的电阻为 $10^5 \sim 10^9 \Omega$，将人体间接接地，同时对 250V 以下的电气设备能预防触电。导电鞋，电阻小于 $10^5 \Omega$，只能用于电击危险性不大的场所，防静电功能好，但防触电功能差，不适于用在有触电危险的场所。

防酸碱鞋用于地面有酸碱及其他腐蚀液，或有酸碱液飞溅的作业场所。防酸碱鞋的底和皮应有良好的耐酸碱性能和抗渗透性能。

绝缘鞋用于电气作业人员的保护，防止在一定电压范围内的触电事故。绝缘鞋只能作为辅助安全防护用品，要求其力学性能良好。

防刺穿鞋用于足底保护，防止被各种尖硬物件刺伤。防砸鞋的主要功能是防坠落物砸伤脚部。鞋的前包头有抗冲击材料。

高温防护鞋适用于焦炉各操作岗位，主要功能是防烧烫、刺割、不易燃，应能承受一定静压力和耐一定温度（300℃）。鞋面料采用耐高温的如牛或猪浸油革，结构上要求中底为隔热材料，外底为耐高温材料，工艺上需用模压方法制成鞋，质量应符合《高温防护鞋》(LD 32—1992) 标准的规定。高温防护鞋分为靴式（A型）和高腰鞋式（B型）。靴式帮高不低于 200mm，不超过 2.5kg；高腰鞋式帮高不低于 100～130mm，不超过 1.5kg。

七、躯体的防护

穿防护服是对躯体进行防护的措施，使劳动者体部免受尘、毒和物理因素的伤害。防护服分特殊作业防护服和一般作业防护服，其结构式样、面料、颜色的选择要以符合安全为前提。防护服应能有效地保护作业人员，并不给工作场所、操作对象产生不良影响。防护服主要包括防尘服、防毒服、防放射性服、防微波服、高温工作服、防火服、阻燃防护服、防水服、防寒服、防静电工作服、带电作业服、防机械外伤和脏污工作服等。

1. 防尘服

防尘服分为工业防尘服和无尘服，工业防尘服主要在粉尘污染的劳动场所中穿用，防止各类粉尘接触危害体肤。无尘服主要在无尘工艺作业中穿用，以保证产品质量。这类服装通常选用织密度高、表面平滑、防静电性能优良的纤维织物缝制，具有透气性、阻尘率高、尘附着率小的特点。防尘服的款式结构，应采用头部有遮盖帽或风帽、有连接至肩部的头巾、紧袖口、紧裤口、紧下摆的形式。

2. 防毒服

防毒服是用于防止酸、碱、矿植物油类、化学物质等毒物污染或伤害皮肤的防护服。分密闭型和透气型两类。前者用抗浸透性材料如涂刷特殊橡胶、树脂的织物或橡胶、塑料膜等制作，一般在污染危害较严重的场所中穿用，后者用透气性材料如特殊处理的纤维织物等制作，一般在轻、中度污染场所中穿用。常见的防毒服有送气型防毒服、胶布防毒衣、透气型防毒衣、防酸碱工作服等。

（1）送气型防护服 使用抗浸透、抗腐蚀的材料制作，整体为密闭结构，在腋下、袖口、裤口处设置排气阀门，清洁空气自头顶部送入，由排气阀排出，服内保持一定正压，造成穿用者自身舒服的小气候。既保证穿用人员的正常呼吸和散热，又能有效地防御毒、尘对人的危害。

（2）胶布防毒衣 用特制的防毒胶布缝制拼粘而成，有连式防毒衣和戴面罩防毒衣等品种。可防强烈刺激性毒气和烧伤性、脂溶性液体化学物质对皮肤的伤害。

（3）透气型防毒衣 使用特殊透气材料缝制，如纤维活性炭、碳纤织物、特殊浸渍织物等，防护服的袖、裤口设置纽扣或扎带，能防护一定量毒气、毒烟雾的危害，用毕应及时处理。

（4）防酸碱工作服 主要采用耐酸、碱材料制作，使操作人员体部与酸、碱液及汽雾隔离。防酸碱工作服原料通常采用具有耐酸、碱性能的橡胶布及聚氯乙烯膜、合成纤维织物、防酸绸、生毛呢、柞丝绸等。防酸服应有防酸渗透、耐酸和较高的拒酸性能。

3. 高温工作服、防火服、阻燃防护服

高温工作服用于高温、高热或辐射热场所作业的个人防护。材料必须具备隔挡辐射热效率高，热导率小，防熔融物飞溅、沾黏、不易燃和离火自灭以及外表反射率高的性能。结构式样一般为上下分身装。主要有石棉布工作服、白帆布工作服、铝膜布工作服、克纶布工作服、送风服、制冷服等。

防火服用于消防、火灾场所的防护。选用耐高温、不易燃、隔热、遮挡辐射热效率高的材料制作。常用的有 T 防火布、H 防火布、P 防火布、C 防火布、石棉布、铝箔玻璃纤维布、铝箔石棉布、碳素纤维布等。

阻燃防护服用阻燃织物缝制。适于工业炉窑、金属热加工、焊接、化工、石油等场所。

4. 防静电服、带电作业服

防静电服用于产生静电聚积、易燃易爆操作场所。可以消除服装本身及人体带电。防静电服分导电纤维交织防护服、抗静电剂浸渍织物防护服两类。导电纤维布防静电服，其作用是与带电体接触时，能在导电纤维周围形成较强的电场，发生电晕放电，使静电中和。导电纤维越细，电晕放电电压越低，防静电效果越好。常用的导电纤维有铜丝、铝丝、不锈钢丝、渗碳纤维、有机导电纤维等。用抗静电剂浸渍织物服，主要通过中和、增湿等降低纤维的电阻率，消除静电。两者相比较，后者耐久性差，防静电性能不稳定。

下列场所工作必须穿防静电工作衣、工作鞋。

① 处理泄漏的可燃气体，开敞式或溢出的易燃液体。
② 带煤气抽堵盲板，换阀门等。
③ 处理由于静电能形成生产故障的电子部件和薄膜的工作。

带电作业服包括等电位均压服和绝缘工作服。等电位均压服是等电位带电检修必备的安全用品。其作用是屏蔽高压电流和分流电容电流，均压服用金属丝布缝制。绝缘工作服是采用绝缘胶布织物缝制，只适于一般低电压情况下使用。在国内常用的是绝缘鞋和手套，服装极少。

5. 防机械外伤和脏污工作服

防机械外伤和脏污工作服宜于预防机械设备运转及使用材料工具时可能发生的机械伤害，或防止脏物污染。服料要求耐磨且具有一定强度。服式有分身式、连体式及背带裤等，服装应采用紧袖口、紧下摆、紧领口结构。

八、皮肤的防护

在生产作业环境中，常常存在各种化学的、物理的、生物的危害因素，对人体的暴露皮肤产生不断的刺激或影响，进而引起皮肤的病态反应，如皮炎、湿疹、皮肤角化、毛刺炎、化学烧伤等，称为职业性皮肤病。有的工业毒物还可经皮肤吸收，积累到一定程度后引起中毒。对待特殊作业人员的外露皮肤应使用特殊的护肤膏、洗涤剂等护肤用品保护，它们与日用化妆膏霜、洗涤剂在功能用途上有所区别。

1. 护肤膏

护肤膏用于防止皮肤免受化学、物理等因素的危害，如各种溶剂、涂料类、酸碱溶液，紫外线、微生物等的刺激作用。当外界环境有害因素强烈时，应采取专门的防护器具。

护肤膏一般在整个劳动过程中使用，上岗时涂抹，下班后清洗，可起一定隔离作用，使皮肤得到保护。护肤膏分水溶性和脂溶性两类，前者防油溶性毒物，后者防水溶性毒物。

2. 皮肤保洁剂

皮肤保洁剂主要用于洗除皮肤表面的各种污染，特别是毒、尘接触作业人员，需要及时清理除去附着在皮肤和工作服上的毒物。

九、防坠落用具

1. 安全带

安全带是高处作业人员用以防止坠落的护具，由带、绳、金属配件三部分组成。人从高处往低处坠落，冲击距离越大，冲击力越大，冲击力为体重的 5 倍左右时不会危及生命；如在体重的 10 倍以上，可能使人致死。安全带就是以此为基本依据设计制造，起到防止坠落冲击伤害的。中国规定在高处（2m 以上）作业时，为预防人或物坠落造成伤亡，除作业面的防护外，作业人员必须佩戴安全带。

2. 安全网

安全网是用于防止人、物坠落，或用于避免、减轻坠落物打击的网具，是一种用途较广的防坠落伤害的用品。一般由网体、边绳、系绳、试验绳等组成，网体的网目为菱形或方形。安全网分安全平网、安全立网和密目式安全立网三类。安全网由具有足够强度和耐候性良好的纤维织带编织而成。中国对安全网的使用材料，要求有良好的强度和耐老化性，一般采用尼龙和维纶，其他纤维材料未经试验不宜采用。选用时要注意选用符合标准或具有专业技术部门检测认可的产品。

附 录

附录1 焦化厂主要生产场所火灾危险性分类（摘自 GB 12710—91）

类别	备煤	炼焦	化产回收	粗苯加工	焦油加工
甲		集气管计器房，吸气管道，复热式焦炉地下室，侧喷式焦炉烟道走廊，焦炉煤气交换机室、煤气管沟、煤气预热器室、煤气水封室	初冷器，鼓风机室，电捕焦油器，硫铵饱和器，洗萘塔、终冷塔、洗氨塔、洗苯塔脱硫塔等煤气区域，粗苯生产装置区、贮槽区、装车站，吡啶生产装置区和油库区，溶剂脱酚（用易燃溶剂）生产装置区及溶剂贮槽区，直接式仪表室	生产装置区，油库区，化验室	
乙		高炉煤气单热式焦炉地下室、烟道走廊、煤气管沟、水封室、高炉煤气交换机室	硫磺库房，蒸氨装置区，氨压缩机房，浓氨水贮槽、装车站		焦油管式炉，蒸馏装置区，沥青高置槽，沥青加热炉，沥青反应釜，萘管式炉，酚精制，萘酐蒸馏及冷凝冷却装置区，结晶室，产品槽及泵房，精萘厂房
丙	煤场，贮胶带输送机通廊及转运站，配煤室，装卸煤区域，破碎粉碎机室	化验室，冷凝泵房，氨水泵房			焦油馏分冷却区及泵房，馏分洗涤室，蒽醌离心机室，蒽库房，化验室

附录2 焦化厂主要爆炸危险场所等级（摘自 GB 12710—91）

车间	场所或装置		等级 室内	等级 室外
炼焦	集气管直接式计器室		2区	
	焦炉地下室		2区	
	烟道走廊	下喷式	2区	
		侧喷式	1区	
	煤塔、炉间台和炉端台底层		2区	
	煤气预热器室、煤气水封室		1区	

续表

车间	场所或装置		等级	
			室内	室外
化产回收与精制	初冷器			2区
	鼓风机室		1区	2区
	电捕焦油器			2区
	硫铵饱和器			2区
	吡啶回收装置及贮槽			2区
	溶剂脱酚	萃取塔、碱洗塔、油水分离器		2区
		溶剂贮槽		1区
		泵房	1区	
	洗萘、终冷、洗氨、洗苯等塔			2区
	蒸氨装置			2区
	氨水泵房			2区
	浓氨水槽			2区
	粗苯	蒸馏装置		2区
		洗涤泵房	2区	2区
		产品泵房	1区	
		油水分离器及贮槽		2区
	脱硫塔			2区
	脱硫剂再生装置			2区
	氨压缩机房		1区	
	煤气放散装置			2区
粗苯加工	精制	蒸馏装置		2区
		洗涤装置	1区	
		酸焦油蒸吹装置	2区	
	苯加氢	氢压机室	1区	
		蒸馏、加氢、脱硫装置		2区
		氢气柜		2区
	古马隆	重苯、轻溶剂贮槽		2区
		泵房	2区	
		聚合釜		2区
	油库区	泵房	1区	
		装车台、洗车		1区
		贮槽	1区	2区
		装桶间	0区	1区

附录3 作业场所空气中有毒气体最高容许浓度（摘自 GBZ 2—91）

物质名称	最高容许浓度/(mg/m^3)	物质名称	最高容许浓度/(mg/m^3)
一氧化碳	30	二硫化碳	10
硫化氢（皮）	10	酚（皮）	5
氨	30	氰化氢	0.3
苯（皮）	40	吡啶	4

注：1. 表中最高容许浓度是工作地点空气中有害物质浓度不应超过的数值，工作地点是指工人在生产过程中观察和操作经常或定时停留的地点。如整个车间均为工作地点。

2. 有（皮）标记者是指毒物除呼吸道吸收外，尚易经皮肤吸收。

参 考 文 献

1　许文. 化工安全工程概论. 北京：化学工业出版社，2002
2　周忠元，陈桂琴. 化工安全技术与管理. 第 2 版. 北京：化学工业出版社，2002
3　朱宝轩，刘向东. 化工安全技术基础. 北京：化学工业出版社，2004
4　刘景良. 化工安全技术. 北京：化学工业出版社，2003
5　赵良省. 噪声与振动控制技术. 北京：化学工业出版社，2004
6　聂幼平，崔慧峰. 个人防护装备基础知识. 北京：化学工业出版社，2004
7　张东普. 职业卫生与职业病危害控制. 北京：化学工业出版社，2004
8　李英. 职业危害程度分级检测技术. 北京：化学工业出版社，2002
9　肖瑞华. 焦化工业环境保护. 沈阳：东北大学出版社，1994
10　刘天齐. 环境保护. 北京：化学工业出版社，2000
11　汪大翚，徐新华，杨岳平. 化工环境工程概论. 北京：化学工业出版社，2002
12　上海市环境保护局. 废水物化处理. 上海：同济大学出版社，2002
13　毛悌和. 化工废水处理技术. 北京：化学工业出版社，2003
14　赵庆良，李伟光. 特种废水处理技术. 哈尔滨：哈尔滨工业大学出版社，2004
15　余经海. 工业水处理技术. 北京：化学工业出版社，2003
16　唐受印，汪大翚. 废水处理工程. 北京：化学工业出版社，2003
17　章非娟. 工业废水污染防治. 上海：同济大学出版社，2001
18　施永生，傅中见. 煤加压气化废水处理. 北京：化学工业出版社，2001
19　李培红，张克峰，王永胜，严家适. 工业废水处理与回收利用. 北京：化学工业出版社，2001
20　台炳华. 工业烟气净化. 北京：冶金工业出版社，2000
21　汪群慧. 固体废物处理及资源化. 北京：化学工业出版社，2004
22　王同章. 煤炭灰利用技术. 北京：化学工业出版社，2001
23　韩怀强，蒋挺大. 粉煤灰利用技术. 北京：化学工业出版社，2001
24　郭树才. 煤化工工艺学. 北京：化学工业出版社，1992
25　姚昭章. 炼焦学. 第 2 版. 北京：冶金工业出版社，1995
26　肖瑞华，白金锋. 煤化学产品工艺学. 北京：冶金工业出版社，2003
27　王兆熊，高晋生. 焦化产品的精制与利用. 北京：化学工业出版社，1989
28　向英温，杨先林. 煤的综合利用基本知识问答. 北京：冶金工业出版社，2002
29　范伯云，李哲浩. 第 2 版. 焦化厂化产生产问答. 北京：冶金工业出版社，2003
30　周敏，倪献智，李寒旭. 焦化工艺学. 北京：中国矿业大学出版社，1995
31　上海市化工轻工供应公司. 化学危险品实用手册. 北京：化学工业出版社，1992
32　GB 12710—91. 焦化安全规程
33　GB 6222—86. 工业企业煤气安全规程
34　CECS 05：88. 焦化厂、煤气厂含酚污水处理设计规范

内 容 提 要

本书是教育部高职高专煤化工专业规划教材之一。全书共分三篇，煤化工安全生产篇内容包括安全生产概论、备煤与炼焦安全技术、化产回收与精制安全技术、气化安全技术。煤化工环境保护篇介绍了环境保护概论、煤化工废水、烟尘、废渣的污染与治理。职业卫生篇包括毒物、粉尘、高温辐射、噪声、振动及电磁辐射的危害与防护，还介绍了职业卫生防护设施与个人防护用品。

本书可作为高职高专煤化工专业安全与环保知识的教材，也适用于应用型本科人才的培养。也可作为从事煤化工生产与管理人员的参考用书及培训教材，以及煤化工安全评价和环境评价的参考资料。